Susanne Klein

60 Tools für den New Work Coach

Inspirierend für Führungskräfte, Trainer, Coachs, Moderierende, Workshopleitende, Scrum Master und vergleichbare Rollen

Susanne Klein

60 Tools für den New Work Coach

Transformation aktiv gestalten

Externe Links wurden bis zum Zeitpunkt der Drucklegung des Buches geprüft. Auf etwaige Änderungen zu einem späteren Zeitpunkt hat der Verlag keinen Einfluss. Eine Haftung des Verlags ist daher ausgeschlossen.

Bibliografische Informationen der Deutschen Nationalbibliothek

Die Deutsche Nationalbibliothek verzeichnet diese Publikation in der Deutschen Nationalbibliografie; detaillierte bibliografische Daten sind im Internet über http//dnb.d-nb.de abrufbar.

ISBN 978-3-96739-015-5

Lektorat: Susanne von Ahn, Hasloh
Umschlaggestaltung: Martin Zech Design, Bremen | www.martinzech.de
Coverabbildung: nd3000/AdobeStock
Autorinnenfoto: Ditmar Kerkhoff
Satz und Layout: Lohse Design, Heppenheim | www.lohse-design.de
Druck und Bindung: Salzland Druck, Staßfurt

Wir drucken in Deutschland.

www.gabal-verlag.de
www.facebook.com/Gabalbuecher
www.twitter.com/gabalbuecher
www.instagram.com/gabalbuecher

PEFC zertifiziert
Dieses Produkt stammt aus nachhaltig bewirtschafteten Wäldern und kontrollierten Quellen.
www.pefc.de

Dieses Buch ist, so gut es möglich war, gegendert. Zur Seite stand mir Geschicktgendern.de. Wenn ich für einen Begriff keine Formulierung gefunden habe, die beide Seiten bedient und gut lesbar ist, habe ich entweder zwischen den Geschlechtern gewechselt oder mich für die einfachste Version entschieden, mit der ich mich auf alle Gender beziehe.

Inhalt

II NEW WORK TEAM 97

New Work Coaching

Wäre es nicht schön, wenn New Work ein Selbstläufer wäre? Dann würde es ausreichen, ein cooles Start-up zu gründen oder einen Changeprozess in einem etablierten Unternehmen anzukündigen und fest daran zu glauben, dass ein neues Design oder eine Ansage allein dazu ausreicht, kollaborative Verhaltensweisen auf allen Ebenen zu produzieren. Oder man erwartet einfach, dass alle Personen im Unternehmen ihre Projekte agil managen, stellt einen Scrum Master zur Verfügung oder benennt ganz einfach einen Abteilungsleiter in Chapter Lead oder Squad Lead um. Noch einfacher wäre es, hybrides Führen auszurufen, offene Schreibtischwelten zu bauen oder Menschen ins Homeoffice zu schicken.

Das wäre zwar schön, aber es reicht eben nicht. Zu New Work gehören eine innovative Struktur, eindeutige Spielregeln, eine Kompetenzkultur und Konsequenz. New Work bedeutet, jeder Person im Unternehmen zu ermöglichen, sich selbst zu führen und ihre Kompetenz vollumfänglich einzubringen. Dafür erhält jede Person zugeschnitten auf ihre Kompetenz die entsprechende Verantwortung. Im Gegenzug bemühen sich alle, übergreifend zu denken und entsprechend umsichtig zu handeln. Unabhängig von Hierarchie zählt in New Work nur die Expertise. Notwendig sind ein anderes Denken, eine neue Haltung, das Prinzip Selbstverantwortung und jede Menge Reflexion. Jede Person hat die Aufgabe, sich aktiv zu involvieren und sich der Themen anzunehmen. Anstatt einer Hierarchie gibt es verbindliche Spielregeln, auf deren Einhaltung alle achten. Auch eine besondere Form der Teamarbeit und eine Versunkenheit in Deep Work zeichnen die neue Form der Arbeit aus.

Und: New Work muss gelernt werden. Genauso wie das Spielen eines Instruments. Spaß, Begeisterung und tägliche Übung gehören ebenso dazu wie Erfolgserlebnisse. Weitere Zutaten sind Neugier, eine gute Anleitung und ein Mindset, das von Interesse und Offenheit geprägt ist – unabhängig von der Rolle. Sich als Experte zu verstehen und entsprechend einzubringen und zu handeln ist Aufgabe jedes Mitarbeitenden. Und das Ganze unterstützt von innovativen Tools.

Die meisten New Work Tools sind schnell und einfach zu verstehen. Sie virtuos einzusetzen braucht Fingerspitzengefühl und Erfahrung. Jeder Mensch kann auch schnell begreifen, wie Klavierspielen funktioniert: wechselnd schwarze und weiße Tasten drücken. Der Ton kommt dann von alleine. Was einfach klingt, braucht einen langen Weg zur Virtuosität. „Klavierspielen geht nicht. Ich habe es selbst versucht", wäre ein vorschnelles Urteil, das uns um einen Mozart oder Einaudi gebracht hätte, hätten diese nach den ersten Versuchen aufgegeben … Und: Bei New Work sitzt man nicht alleine am Klavier. Es ist vielmehr eine Orchestrierung der Gegebenheiten.

Gegenseitige Unterstützung, Zielfokus und Innovation sind möglich, wenn Teamleistung belohnt wird. Das ist die Voraussetzung für Kollaboration. Der Wettbewerb in kollaborativen Teams findet nur außerhalb des Unternehmens statt. Und in außergewöhnlichen Situationen nicht einmal dort, wenn man an die Impfstoffentwicklung angesichts der Corona-Krise denkt. Die permanente Orientierung an den Geschehnissen des Marktes und der konsequente Fokus auf den Kunden machen stabile Zusammenarbeit und die Fähigkeit, sich als Team zu verstehen und entsprechend innerlich wie äußerlich aufzustellen, notwendig.

Die Entwicklung hin zu kompetentem und selbstverantwortlichem Handeln ist ein permanenter Prozess. Die meisten Menschen können es ja schon, wissen nur noch nicht, wie es im unternehmerischen Umfeld funktioniert. Denn in traditionellen Strukturen wurde ihnen diese Verantwortung abgenommen.

Dabei gibt es niemanden, der die neu gewählte Form der Zusammenarbeit „verordnen" könnte. Die Entwicklung findet vielmehr evolutiv statt: ein Experimentieren und Konsolidieren im Wechsel. Und nach und nach etabliert sich ein neuer Umgang, eine Kollaboration, wenn alle in ihrem Denken und Tun darauf bedacht sind. Wird diese gepflegt, bleibt sie erhalten. Auch das gehört zur Evolution. Diese Erfahrung machen wir alle im Alltag beim Gebrauch des Gehirns und bei der Benutzung der Muskulatur. Nach kurzer Zeit schon stehen neue Fähigkeiten und Kräfte zur Verfügung – wenn man dranbleibt.

In einem klassischen hierarchischen System zu arbeiten ist viel einfacher und fordert weniger. Mitarbeitende können sich immer rausziehen und sagen: „So wollten es die Führungskräfte …" Mit Verantwortung umgehen, sich selbst strukturieren, Aufgaben finden, priorisieren und sich immer aufmerksam mit seinem Umfeld abstimmen – auch das ist in konsequenter Form für viele Mitarbeitende neu. Sie damit alleine zu lassen, wäre nicht fair. Ein Lernbegleiter, eine Person, die Reflexion anleitet, die Muster bewusst macht und Impulse setzt, kann jetzt sehr hilfreich und unterstützend sein. Diese Aufgabe hat der New Work Coach.

Der New Work Coach ist mehr als ein Coach. Er ist gleichermaßen Mentor, Trainer, Berater und Begleiter. Er ist derjenige, der Unternehmensleitung und Fachkräfte unterstützt, der den Spiegel vorhält und der fordert. Denn das, was wir lernen sollen, ist für uns selbst nicht immer so offensichtlich. Manchmal entdeckt man es erst gemeinsam mit einer unterstützenden Person. Und auch bei dem Übergang von einer traditionellen zu einer modernen Organisation kann ein New Work Coach ein Katalysator sein.

Transition

Jeder Mensch kann sich selbst organisieren und verantwortlich handeln, vorausgesetzt, er ist körperlich und psychisch gesund und normal belastbar. Vielleicht hat dieser Mensch bisher in einem Unternehmen gearbeitet, in dem es wichtig war, genau umzusetzen, was die vorgesetzte Person wollte. Deswegen ist es möglich, dass eine Person nicht sicher ist, wie sie die neue Selbstverantwortung umsetzen soll. Vielleicht kommt sie auch zu dem Schluss, dass sie Selbstverantwortung nicht lernen oder umsetzen möchte. Möglicherweise ist es zu anstrengend, eventuell traut sie es sich selbst nicht zu oder sie ist einfach verunsichert. Selbstverantwortung kann man nicht aufzwingen. Man kann Menschen nur dafür interessieren und ihnen zeigen, wie sie in der Selbstverantwortung erfolgreich handeln können. Gleichzeitig ist es für viele vorsichtige Menschen wichtig zu lernen, wie sie sich selbst abgrenzen. Denn wenn sie tatsächlich in die Verantwortung gehen, dann fällt es manchem schwer, „Nein" zu sagen oder abzuschalten. Und auch das kann gelernt werden.

New Work zu verordnen ist nicht nur ein Widerspruch in sich, es funktioniert einfach nicht. Es gibt Menschen, die möchten lieber auf Anordnung arbeiten und keine Verantwortung für ihre Ergebnisse übernehmen. Ein Unternehmen muss sich überlegen, in welchen Bereichen das sinnvoll sein kann. Und ein Unternehmen, das sich weiterentwickeln möchte, hat eher die Aufgabe, Arbeitsgruppen für eine neue Herangehensweise zu interessieren. Für New Work finden sich

Menschen in Organisationen, die Lust haben und ausreichend neugierig sind, um sich auf ein Experiment einzulassen. Ein kleines gallisches Dorf, das die Dinge anders tut. Beobachtet von allen anderen. Und wenn es dort gut läuft, es den Menschen gut geht und die Ergebnisse stimmen, dann steigen weitere Gruppen und Teams darauf ein. Sie beobachten, schauen ab, erproben und wenden Dinge für sich an. So schafft eine Organisation neue Erfahrungen und nach und nach entwickelt sich die gesamte Organisation weiter. Ganz ohne Ansage, ohne Projekt oder Rollout. „Evolutiv" eben.

Die Unternehmensleitung zuerst

Voraussetzung für neues Arbeiten ist, dass die Leitung sich zuerst auf New Work ausrichtet – sie startet mit der Umstellung. Diese Personen entscheiden, mit welchen Elementen sie arbeiten wollen, erproben Tools, entwickeln sich weiter und finden so zu einem neuen Denken und Handeln. Nach diesem Vorbild können dann interessierte Einheiten folgen. Nicht umgekehrt. Ist der Prozess erst einmal gestartet und die Unternehmensleitung interessiert und als Vorbild dabei, können gegenseitige Impulse der wichtigste Auslöser für Weiterentwicklung sein. Jeder kann Neues initiieren. Denn Menschen entwickeln sich gerne durch Beobachtung und Voraussagen.

Durch die Entdeckung der Simulationsneuronen wurde in den letzten Jahren bewusst, dass Menschen andere beobachten und deren Handlungen und Entscheidungen gedanklich vorwegnehmen. Sie sind nach einiger Bobachtungszeit dazu in der Lage, das Denken und das Verhalten eines Gegenübers vorauszusagen. Und es besteht die Tendenz, dieses Verhalten zu kopieren. Sind wir also nach der Beobachtungsphase selbst in der Situation, eine vergleichbare Entscheidung treffen zu müssen, orientieren wir uns an unserem Vorbild.

Es ist mithin innerhalb einer Transition möglich, dass es in einem Unternehmen weiterhin Bereiche gibt, die klassisch arbeiten, während andere schon in der neuen Struktur zu Hause sind. In Ersteren gibt es noch eine Führungsperson, die die Dinge für das Team regelt. Der New Work Coach kann in diesen Teams Impulse setzen und Kooperationen mit anderen Personen anregen und initiieren, damit die Mitarbeitenden sehen, inwieweit die neue Arbeitsweise passen könnte. Vielleicht gibt es einzelne interessante Elemente? Die Entscheidung trifft jedes Team für sich selbst. Und so kann es sein, dass es nach einer Transition immer noch Bereiche gibt, die für sich entscheiden, dass die klassische Struktur für ihre Aufgaben die bessere ist. Und dann gibt es vielleicht einige Teams, die sich aus beiden Systemen das herauspicken, was für sie machbar ist. Pragmatisch eben. Solange etwas funktioniert, ist es nicht notwendig, eine Gleichheit der Arbeitsformen zu fordern. Was funktioniert und alle zufriedenstellt, darf sein. Auch über die Transition hinaus. Wobei wir durch den evolutiven Charakter von New Work im Grunde genommen immer in einer Transition sind. Denn je nach neuen Gegebenheiten geht es weiter – auf allen Ebenen.

Mindset, Strukturen und Zusammenarbeit anpassen oder ändern – das schreibt sich so leicht dahin. Dabei ist es alles andere als leicht. Meist verbirgt sich dahinter ein intensiver Prozess. Hier gilt das Pull-Prinzip: Wer anders arbeiten möchte, kann es, muss sich aber selbst darum kümmern. Es gibt keinen Lieferservice für New Work.

Um als Unternehmen erfolgreich sein zu können, braucht es allerdings mehr als New Work. Wenn es gut läuft, haben die Mitarbeitenden mehr Spaß, es gelingt mehr, es wird ergebnisreicher und es können in Folge auch die Umsätze steigen. Voraussetzung dafür ist aber auch, dass das Unternehmen in einem sich entwickelnden Markt tätig ist, den Nerv seiner Kunden trifft und akkurat geführt wird. Auch andere Faktoren spielen hier eine Rolle, denn die Interaktion zwischen einem Unternehmen und dem Markt ist äußerst komplex. Eindimensional etwas zuzuschreiben ist eher ungünstig.

Für junge, gut ausgebildete Menschen sind moderne Formen der Arbeit meist deutlich attraktiver. Viele haben schon im Kindergarten gelernt, Verantwortung zu übernehmen, in der Grundschule an Stationen gearbeitet, sich selbst die Zeit in ihren Wochenplänen eingeteilt und auch in der Schule, in der Ausbildung oder im Studium mussten sie selbstverantwortlich handeln. Ein Unternehmen kann also, wenn es selbst organisiertes Arbeiten anbietet, damit rechnen, dass mehr interessante und gut ausgebildete Menschen sich für diese Firma interessieren und eine Zeit lang in die Organisation kommen möchten. Das ist bereits ein erheblicher Wettbewerbsvorteil.

New Work Coach: Kontext und Rolle

Der New Work Coach sorgt dafür, dass alle Personen im Unternehmen optimal arbeiten können. Er unterstützt die Kultur, achtet auf die Zusammenarbeit, bietet neue Formate an, beobachtet und macht aufmerksam. Er ist Sparringspartner für Einzelpersonen und Teams. Der New Work Coach klinkt sich aktiv – auch ungefragt – ein, zeigt Muster auf und bietet Lösungen und Tools für Situationen an. So entwickelt er systematisch Einzelne, Teams und damit die Organisation weiter. Er kommt entweder als Freiberufler von außen ins Unternehmen oder ist als Coach angestellt, er steht auf jeden Fall außerhalb der Linienorganisation. In traditionellen Unternehmen beginnt er als Stabsfunktion, in neu organisierten Strukturen ist er positioniert wie jeder andere Mitarbeitende auch.

Der New Work Coach betreut 30 bis 50 Personen und hält einen intensiven Kontakt zur Unternehmensleitung. Wenn in kleinen Einheiten bis etwa 250 Personen zusammengearbeitet wird, braucht es keine mittlere Führungsebene mehr. Durch das selbstverantwortliche Arbeiten und ein New Work Coachteam von etwa fünf bis sieben Personen ist eine ausreichend stabile Verbindung geschaffen.

Die Coachs bilden ein Team, in dem sie ihre Beobachtungen austauschen. Ein New Work Coach ist ein Experte auf seinem Gebiet und kann sich nicht zum Chefcoach entwickeln. Ein New Work Coach wechselt etwa nach drei Jahren die Gruppe, die er betreut, um seinen Außenblick zu erhalten. Möglicherweise wechselt er auch das Unternehmen und kommt später wieder zurück. Denkbar ist ferner, dass mehrere Unternehmen über einen Coachpool verfügen und diesen gemeinsam nutzen. So bleibt der Coach in einem Kontext, wechselt aber spätestens nach drei Jahren die Organisation.

Der New Work Coach versteht sich als Impulsgeber für die Unternehmensleitung und für das Team. Er sorgt dafür, dass alle Personen den Markt dezidiert wahrnehmen, versteht die Richtung und fördert und hinterfragt Entscheidungen. Er kann kommunizieren, Brücken bauen und Konflikte antizipieren. Er versteht sich als aufmerksamer Beobachter, bringt Unangenehmes auf den Tisch und ist verantwortlich dafür, dass mit allen Ereignissen und Situationen konstruktiv umgegangen werden kann.

In einem integrativen Konzept, in dem New Work neben traditionellen Organisationsformen steht, betreut der New Work Coach die Führungskräfte gleichermaßen und sorgt dafür, dass nach und nach mehr Selbstverantwortung und Augenhöhe gelingen können.

Führungskräfte in traditionellen Strukturen können genauso mit New Work Coachingtools umgehen und so ihr Denken und Handeln weiterentwickeln. Denn wenn sie ihr Team stärken wollen, bedeutet das auch, dass sie ihre Rolle neu definieren werden. Genau wie ein Coach können sie ihr Team dabei unterstützen, zu neuen Formen der Zusammenarbeit zu finden und sich selbst anders zu organisieren. Sehr viele der hier beschriebenen Tools können eine gute Unterstützung leisten.

Auch Trainer, Coachs, Moderierende und Scrum Master können sich von den Tools inspirieren lassen und sie in ihren Kontexten und für ihre Herausforderungen nutzen.

Mehr als Coaching

Der New Work Coach unterstützt die neue Kultur. Er sorgt für das unternehmerisch relevante Mindset und die damit verbundene erfolgreiche Zusammenarbeit. Darüber hinaus trainiert er selbst die fehlenden Skills oder sorgt in anderer Form dafür, dass die Personen gut ausgestattet sind. Der New Work Coach ist auch dafür verantwortlich, dass sich die richtigen Personen für eine Mitarbeit im Unternehmen interessieren. Er führt die Erstgespräche und lotet aus, wie das Fitting stimmt. Dabei steht das Mindset im Vordergrund. Skills können leichter trainiert werden.

Der New Work Coach arbeitet nicht nur als Coach. Seine Spannbreite ist deutlich weiter. Seine Vorgehensweise bewegt sich zwischen Anleitung und Coaching. Es kann sein, dass er eine neu ins Unternehmen eingetretene Person anleitet, indem er ihr zeigt, welche Regeln es gibt, wie zusammengearbeitet wird, wo sie Informationen findet oder wie sie sich am besten organisiert. Oft geht der Coach auch in den Beratungsmodus. Dieser ist immer dann sinnvoll, wenn jemand nicht weiß, wie er methodisch vorgehen sollte, und eine Beratung sucht. Dies könnte geschehen, wenn mehrere Optionen vorliegen und eine Person nicht sicher ist, nach welchen Kriterien sie entscheiden sollte.

Wenn beispielsweise ein Team nach einem guten Format für eine Entscheidungsfindung sucht, ist der Coach als Trainer oder Moderator gefragt. Er kann dem Team verschiedene Formate anbieten und diese mit den Mitarbeitenden trainieren oder er kann auf Wunsch moderieren. Ziel bleibt, möglichst viel Kompetenz bei den Personen zu belassen bzw. auf sie zu übertragen. Im Mentoring gibt der New Work Coach seine Erfahrungen weiter, transformiert auf die aktuelle Situation. Denn Erfahrungen aus der Vergangenheit kommen aus einer „alten" Welt und sind heute oft nicht mehr uneingeschränkt übertragbar. Aktuelle Erfahrungen anderer Personen aus anderen Bereichen erweitern sein Repertoire. Alles, was er von anderen erzählt bekommt und miterlebt, bereichert seinen Fundus. Er sammelt Best Practice und gibt diese weiter. Der New Work Coach geht aktiv auf Personen zu und tippt freundlich und ermutigend auf die Schulter: „Magst du mal etwas Neues ausprobieren?"

Spektrum des New Work Coachs:

Anleiten — Beraten — Trainieren — Moderieren — Mentoring — Coachen

← Direktiv ——— Non-direktiv →

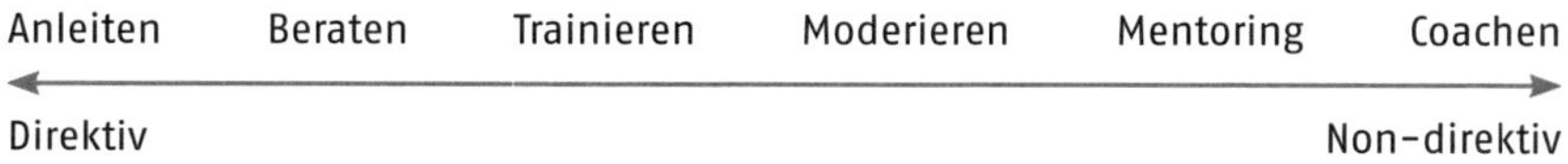

Coaching im eigentlichen Sinne kann ein New Work Coach immer dann anwenden, wenn eine Person oder ein Team dazu bereit ist, die volle Verantwortung für ihr Handeln und für ihre Entscheidungen zu übernehmen, wenn es Spielraum gibt und wenn er explizit beauftragt wird. Sonst sind andere Formen zielführender. Herauszufinden, für welche Person, für welches Team oder für welche Situation welcher methodische Schwerpunkt im Moment genau der richtige ist, bleibt Kernaufgabe des Coachs. Im Laufe der evolutiven Entwicklung des Unternehmens wird es immer mehr Situationen geben, in denen ein Coaching passend ist. Alle anderen Formen bleiben aber relevant.

Kompetenzen des New Work Coachs

Das Aufgabenspektrum des New Work Coachs legt nahe, dass es sich um eine erleuchtete Person handeln muss. Das, was hier beschrieben ist, kann eine einzelne Person nur schwer zu jedem Zeitpunkt liefern. Deswegen agieren auch die Coachs im Team. Und auch hier hat jeder seine Stärken und kann Aufgaben für die Kollegin übernehmen, die wiederum in einem anderen Bereich unterstützt.

Eine Kernkompetenz ist die Fähigkeit, Spannungen in Einzelpersonen und Teams zu identifizieren und aufzulösen. Darüber hinaus wünschenswert sind Erfahrung in der Zusammenarbeit mit Menschen, eine solide Coachausbildung mit einem hohen Anteil an Selbstreflexion, ein souveräner Umgang mit Tools, eine außergewöhnliche Beobachtungsgabe und ein Gespür für die richtige Intervention zur richtigen Zeit. Unnötig zu betonen, dass der New Work Coach vom Konzept überzeugt sein muss und daran arbeitet, es jeden Tag zu verbessern. Souveränität im Umgang mit der Unternehmensleitung und mit Fachleuten ist genauso Voraussetzung wie eine sensible Beobachtungsgabe bei Eingriffen in Situationen und Szenen. Der Verführung, zu polarisieren oder sich instrumentalisieren zu lassen, sollte er standhaft widerstehen. Dabei unterstützen ihn die Reflexionsprozesse mit seinen Coachkollegen.

Peer-Coaching und Supervision für den New Work Coach

Ein New Work Coach ist vielleicht ein bisschen erleuchtet, aber nicht so, dass er ohne Feedback einen guten Job machen könnte. New Work Coachs brauchen eine Peergroup, um gründend auf ihren Wahrnehmungen und Erfahrungen im Unternehmenssystem hinreichend gute Schlüsse ziehen zu können. Um seine Eindrücke zu objektivieren, braucht der New Work Coach die Wahrnehmungen und Ideen anderer Coachs. Gemeinsam gelingt es so, ein Bild des Systems zu entwerfen, das der Realität näherkommt, und Überlegungen zur Unterstützung und Justierung abzuleiten.

Coachs agieren in den Teams, die ihnen zugewiesen sind. Und sie empowern einzelne Personen. Die Abstimmung im Coachteam dient dem Alignment. Man betrachtet gemeinsam Muster und es gibt aufgrund der unterschiedlichen Vorbildung mehr Ideen zum Umgang mit Personen, Teams und Situationen.

Meist schätzen es Einzelne und Teams sehr, einen Coach im Hintergrund zu wissen, mit dem sie hin und wieder Themen besprechen können. Sie nehmen einen Impuls oder eine Idee dankend an und optimieren damit ihre Kompetenz. Und es ist einfach gut, wenn einer ab und zu mit dem Finger auf die Schulter tippt und fragt: „Merkste was?“ Denn jeder steht mal vor der Wand und schlägt mit dem Kopf dagegen, anstatt die Tür zu benutzen.

Drei Felder – neun Themen – sieben Basisprinzipien

Der New Work Coach ist vor allem in drei Feldern aktiv:

1. New Work Culture
2. New Work Team
3. New Work Self

Für diese drei Felder sind hier Tools in neun Kapiteln zusammengestellt. Die Felder beschreiben keine Abfolge. Sie stehen nebeneinander und können entsprechend genutzt werden. Allein die Tools für die Unternehmensleitung haben einen zeitlichen Vorrang. Das Leitungsteam braucht eine konkrete Vorstellung von der Art und Weise der Zusammenarbeit. Der Korridor sollte definiert und eine kulturelle Richtung festgelegt sein. Ausgehend von diesem Konzept entwickelt sich das Unternehmen evolutiv weiter.

Diese neun Bereiche werden in den nächsten Kapiteln mit Tools gefüllt. Dafür wird immer das gleiche Format genutzt: Es gibt einen Namen für das Tool, eine Einführung und eine kurze Zielformulierung. Dann kommen die Story und eine Beschreibung. Abschließend folgen Tipps und Erfahrungen und Ideen zur digitalen Umsetzung, denn diese gewinnt zunehmend an Bedeutung. Es ist erstaunlich, wie einfach – sobald man sich einmal an eine Remote-Zusammenarbeit gewöhnt hat – eine digitale Umsetzung der Tools möglich ist. Vorausgesetzt, die technischen Möglichkeiten passen.

Die kurzen Storys zeigen oder ergänzen das Tool und spielen alle im gleichen Unternehmen, einem Softwarehaus mit Schwerpunkt Medizintechnik. Mit folgenden Protagonisten werden Sie es zu tun haben: Marc ist der Unternehmensgründer. Seine Partnerin Hannah gehört mit ins Leitungsteam. Sie ist kurz nach der Gründung hinzugestoßen und hat Finanzmittel bereitgestellt. Als Experten finden sich Martina, eine sehr erfahrene Mitarbeiterin, die von Anfang an dabei ist, und Henrik, der seit einem Jahr mitarbeitet. Peter und Annika sind seit vier Jahren im Unternehmen, beide sehr erfahren, aber sehr unterschiedlich in ihren Bedürfnissen und Erwartungen an ihr Arbeitsumfeld. Und dann sind da noch Eleonora und Paul, die gerade starten. Und nicht zu vergessen Aron, der Betriebspraktikant. Auf Coachseite gibt es Justus, ein sehr erfahrener Coach, Konstantin und Johanna, die beide jünger sind, auch schon Erfahrungen sammeln konnten, aber noch im engen Austausch mit Justus arbeiten. Johanna mehr als Konstantin.

1. Das Leitungsteam:
Das Coachteam unterstützt bei Klarheit, Transparenz, Kommunikation, Konsequenz, Evolution und spiegelt das System.

2. Kultur und Vertrauen:
Der Coach unterstützt und schützt die gewählte Kultur und achtet auf einen vertrauensvollen Umgang miteinander. Er transportiert den Korridor.

3. Mindset:
Der Coach fokussiert das besondere Mindset in New Work und unterstützt jede Person dabei, es umzusetzen.

4. Working Sessions:
Der Coach zeigt neue Formate des ergebnisorientierten Austauschs. Er stellt Personen und Teams Beobachtungen zur Verfügung.

5. Solution Sessions:
Der Coach stellt Formate zur Lösungsfindung zur Verfügung, beobachtet die Interaktion und gibt Feedback.

6. Decision Sessions:
Der Coach stellt Formate zur Entscheidungsfindung zur Verfügung und begleitet die Entscheidungsfindung.

7. Kollaboration:
Der Coach achtet auf die besondere Form der Zusammenarbeit und unterstützt alle Personen dabei, die entsprechenden Fähigkeiten zu erwerben.

8. Individuen begleiten:
Der Coach unterstützt Individuen in ihrer besonderen Art und fordert auch ungefragt ihr Denken und Handeln heraus.

9. Konflikte und Krisen:
Der Coach macht schwierige Themen besprechbar, Mechanismen transparent und unterstützt bei der Lösungsfindung.

Mit dieser Struktur können Sie ein Tool aus drei Richtungen erfahren: Beschreibung, Story und Erfahrungen. Fragen, die möglicherweise bei der Beschreibung offenbleiben, klären sich bei den Tipps oder in der Story. Vermutlich ist es nicht möglich, alle Eventualitäten abzubilden. Deswegen sind Sie eingeladen, mit den Tools zu experimentieren und diese für Ihre Situationen und für Ihre Zwecke entsprechend anzupassen und Ihren Toolkoffer damit zu erweitern.

Die Tools, die Sie hier zusammengestellt finden, haben sich in der Praxis bewährt – ohne Vollständigkeit zu beanspruchen. Sie bilden den Basis-Werkzeugkasten. Und: Man kann die Tools sinnvoll kombinieren. Auch Führungskräfte, die ihre Führungsarbeit weiterentwickeln möchten, können mit diesen Tools neue Ansatzpunkte für sich, ihren Vorgesetzten und ihr Team finden.

Jedes Tool ist eine Anregung, die auf die entsprechende Situation angepasst werden muss und hier in einer besonderen Kombination mit anderen Tools wirken kann. Es wird ein Vorgehen vorgeschlagen, das der New Work Coach kreativ ein- und umsetzen, erweitern und ergänzen kann. Und bei jeder Anwendung entwickelt sich das Tool. Ganz im Sinne der modernen Unternehmensführung sind diese Tools evolutiv nutzbar.

So verschieden wie einzelne Menschen, Teams und Unternehmen sind, so flexibel müssen auch die Arbeitsprinzipien und -formen auf sie ausgerichtet sein. Was in der Produktion gelingt, passt nicht zum Handel oder zur Beratung, und umgekehrt. Jedes Umfeld ist anders spannend, jede Aufgabe herausfordernd und jedes Unternehmen neu zu denken. Deswegen passt für jedes Unternehmen eine andere Form von New Work.

New Work folgt verschiedenen Basisprinzipien, die sich hier als Tool oder auch in Tools zeigen. An diesen Basisprinzipien orientiert sich der Coach bei seiner Arbeit. Folgende sieben Prinzipien werden hier fokussiert:

Basisprinzip 1: Aktiv zur Reflexion bringen

In diesem Modell wartet der Coach nicht, bis er beauftragt wird. Der New Work Coach beobachtet und schaltet sich – auch ungefragt – ein. Sein Ziel ist es, die Arbeit des Einzelnen und die Zusammenarbeit zu optimieren – über Reflexion und konsequente Außenorientierung. Durch seine Vorgehensweise ist er Vorbild und Ideengeber zugleich. Denn er verfügt über vielfältige Tools, die er zur Verfügung stellt.

Basisprinzip 2: Minimax – mehr Ergebnis durch Timeboxing

Es gilt, mehr gemeinsam zu tun, anstatt viel zu reden. Denn reden bringt nicht immer weiter. Erst im gemeinsamen Tun im vorgegebenen Zeitrahmen können Ergebnisse erkannt und bewertet werden. Eine vorgegebene Zeit hilft, um sich nicht zu verzetteln. Denn mehr geht immer. New Work basiert auf dem Minimax-Prinzip: möglichst geringer Aufwand mit möglichst hohem Ergebnis. In jeder Hinsicht.

Basisprinzip 3: Evolutiv vorgehen

Idee, Plan und Durchführung sind keine getrennten Prozesse. Es wird in jedem Fall pilotiert und probiert. Die Ergebnisse dieser Piloten werden zur Verfügung gestellt. Jeder, der möchte, kann die Erfahrungen für sich nutzen und auf seine Arbeitsweise übertragen. Es herrscht ein striktes Pull-Prinzip. Wir fangen einfach da an, wo wir sind.

Basisprinzip 4: Imperfektion

Dinge werden nicht erst dann umgesetzt, wenn sie zu 100 Prozent sicher funktionieren. Das erste Ziel ist, 10 bis 15 Prozent zu erreichen und diese bereits zu nutzen. Erst wenn sich das bewährt, wird überlegt, ob ein weiterer Ausbau sinnvoll ist. Bei New Work strebt man nicht die Perfektion an, sondern arbeitet mit der Imperfektion. Ganz pragmatisch.

Basisprinzip 5: Funktionalität

Unsere Umwelt ist hochgradig ambig. Richtig und falsch sind heute irrelevante Kategorien. Die meisten Dinge sind in Teilen günstig und in Teilen ungünstig – gleichzeitig. In New Work strebt man nicht nach dem richtigen Weg, sondern betrachtet die Zieldienlichkeit der gefundenen Lösungen. Dabei behält man eine Lösung so lange bei, bis man etwas Besseres gefunden hat. Ganz pragmatisch.

Basisprinzip 6: Fokus auf Gelingendes

Dinge gelingen dann besonders gut, wenn man das Funktionierende im Blick hat und immer weiter ausbaut, ohne dysfunktionale Anteile aus dem Auge zu verlieren. Der konsequente Blick auf das Gelingende trägt zur Stimmung und zu einem positiven Umgang bei. Denn das Prinzip bezieht sich auch auf Menschen.

Basisprinzip 7: Distanz
Pausen sind Teil der Leistung. Eine hohe Leistungsfähigkeit kann über einen langen Zeitraum nur aufrechterhalten werden, wenn dem ein diszipliniertes Pausenverhalten gegenübersteht. In der Pause regenerieren Menschen nicht nur ihre Kräfte, sie bekommen auch Distanz zum Geschehen und können es neu betrachten. Aus der Distanz heraus finden sich ganz neue Lösungsansätze.

Diese Basisprinzipien leiten das Denken und Handeln im Umfeld von New Work. Alleine diese Prinzipien bieten schon Lösungsideen für viele verschiedene Situationen.

NEW WORK CULTURE

1. Das Leitungsteam

Ein Unternehmen muss gut geführt werden, damit hierarchiefreies Arbeiten möglich wird. Deswegen kommt der Unternehmensleitung eine besondere Rolle zu. Je besser das Leitungsteam aufgestellt ist und agiert, umso mehr Selbstführung wird im gesamten Unternehmen möglich. Und auch wenn jeder mit jedem spricht und jeder seine Ideen einbringen kann, liegt doch ein besonderes Augenmerk darauf, wie das Leitungsteam funktioniert.

Die Unternehmensleitung braucht daher einen regelmäßigen Blick in einen ungetrübten Spiegel. Der Coach ist hier Frondeur oder Sparringspartner, da er das Bild nicht weichzeichnet. Er transportiert Eindrücke und gibt Einschätzungen der Mitarbeitenden zum Markt, zum Unternehmen selbst, zu Partnern und Kunden wieder. Er konfrontiert und beschreibt auch unangenehme Themen, denen sich das Leitungsteam stellen sollte. Darüber hinaus bringt er wesentliche Informationen ein, die die Unternehmensleitung selbst nicht wahrnehmen kann. Da er gemeinsam mit seinen Kollegen Eindrücke und Wahrnehmungen austauscht, bildet er in seinem Kopf Muster, die nur entstehen können, wenn intensiv mit Personen und Teams im Unternehmen gearbeitet wird. Dieses Erkennen und Wissen um Muster ist für die Unternehmensleitung eine besondere Quelle der Inspiration.

Seine zweite Aufgabe ist, die Kommunikation innerhalb des Leitungsteams zu beobachten und zu reflektieren. Dafür bedient er sich der gleichen Methodik, die er bei den Mitarbeitenden nutzt. Auch im Leitungsteam können Konflikte auftreten, sich Einschätzungen unterscheiden oder es wird um Entscheidungen gerungen. Der Coach fungiert hier als Beobachtender und als Mediator. Immer im Sinne des unternehmerischen Handelns und des Resultats.

Die dritte Aufgabe besteht darin, gemeinsam mit der Unternehmensleitung Kultur und Korridor (siehe Tool 2) des Unternehmens zu definieren und zu transportieren. Für diese Themen braucht es Einigkeit im Leitungsteam und mit dem Coachteam. Denn die Umsetzung der Kultur wird vom Leitungsteam gelebt, vom Coach transportiert und von Mitarbeitenden aufgenommen und umgesetzt. Unternehmensleitung und Coachs suchen dementsprechend Menschen zum Onboarding, die in dieses Kulturverständnis hineinpassen. Und in den ersten Wochen des Onboardings nimmt sich die Unternehmensleitung sehr viel Zeit für die einzelnen Neuankömmlinge, um ihnen Philosophie, Werte und Kollaborationsform zu vermitteln. Auch der Coach unterstützt hier, aber die Unternehmensleitung kann diese Aufgabe nicht vollständig abgeben.

Tool 1 Komische Phänomene

Reden wird überschätzt. Menschen nehmen das, was sie sehen und erleben, sehr viel stärker wahr als das, was gesprochen wird. Wenn sich Reden und Erleben widersprechen, dann setzen wir auf das Erleben. Und wir kopieren auch eher Verhalten als Worte. Deswegen ist es in jeder Funktion im Unternehmen wichtig, darauf zu achten, wie das Handeln auf andere wirkt. Oft bleiben wir gedanklich in der Absicht stecken. Wir überlegen, was wir möchten, und setzen es um. Dann sind wir schon zufrieden. Nach der Handlung aufmerksam zu bleiben und die Wirkung zu betrachten, macht das Miteinander erfolgreich. Denn dann lernt man, wie sich Absicht und Wirkung unterscheiden und was es tatsächlich braucht, um eine gewünschte Wirkung zu erzielen.

Im Unternehmen kann es zu komischen Phänomenen kommen. Ein rüder Umgangston macht sich breit, Unpünktlichkeit wird zur Tagesordnung, man gibt sich überlastet, Fokus geht verloren und vieles mehr. Was Unternehmensleitung und Führungskräfte oft wundert, haben sie manchmal selbst mit verursacht, bemerken das aber nicht. Sie beobachten zwar die Wirkungen, führen das Phänomen aber nicht auf ihr eigenes Verhalten zurück.

Da die Unternehmensleitung im besonderen Fokus steht und sie besonders aufmerksam beobachtet wird, potenziert sich hier die Wirkung des Handelns. Deswegen lohnt es sich, als Coach genau zu beobachten und allen Führungspersonen im Unternehmen zu helfen, diese Zusammenhänge erkennen und verstehen zu können.

Ziel

Der Coach macht der Unternehmensleitung bewusst, wie ihr Auftreten ankommt und welche komischen Phänomene sie mitverursacht.

Story

„Ich verstehe gar nicht, warum alle in letzter Zeit hier mit einem trüben Gesicht herumlaufen. Macht ihnen denn die Arbeit keinen Spaß mehr?“ Marc zeigt sich etwas irritiert. Und weil er von Justus, seinem Coach, schon gelernt hat, dass Mitarbeitende sich sehr am Vorbild der Unternehmensleitung orientieren, packt er auch gleich Hannah am Wickel: „Warum schaust du so ernst, Hannah?“ Ihm gefällt nicht, dass Hannah seit einiger Zeit mit einem sehr ernsten Gesicht durch die Gegend läuft. Was ist das denn für ein Vorbild?! Diese ernste Stimmung überträgt sich bereits auf die gesamte Mannschaft. Deswegen treffen sich die drei heute zu einer Solution Session, um eine Vorgehensweise zur aktuellen Lage zu entwickeln. Denn die Zahlen bleiben hinter den Erwartungen zurück.

Justus, Marc und Hannah schauen sich ihr Auftreten in aller Form an: Face-to-Face, Chats, Mails, Sessions. „Das Regenwetter, das du in Hannahs Gesicht siehst, trägst du selbst auch spazieren“, bringt Justus es auf den Punkt. „Wie meinst du das konkret?“, fragt Marc nach. „Na ja, lies mal diese Mail. Da schießt nun nicht gerade die Zuversicht raus. Aber weißt du“, fährt Justus fort, „vielleicht ist es gar nicht so wichtig, zuversichtlich dazustehen und so zu tun, als stünde man über allem … Vielleicht gibt es dazu auch eine Alternative?“ „So betrachtet“, meint Hannah, „könnten wir die Situation auch ehrlich mit allen teilen und gemeinsam mit ihnen schauen, wie wir wieder Oberwasser erhalten.“ Marc unterstützt das. Vielleicht haben die Menschen ja auch in seinen Augen gelesen. Da er in letzter Zeit schlecht schläft, wundert ihn nicht, dass von seiner Irritation etwas ankommt. Gemeinsam arbeiten sie einen Plan aus, wie sie authentisch und gleichermaßen souverän mit der Situation umgehen möchten.

Ablauf

Das Tool beginnt mit der Formulierung des Ziels: Wie möchte das Leitungsteam wahrgenommen werden? Das Tool hat vier Phasen.

Phase 1: Komische Phänomene

Unternehmensleitung und Coach tauschen sich über komische Phänomene aus. Damit sind Phänomene in der Zusammenarbeit gemeint, die ungewöhnlich erscheinen oder wenig produktiv sind. Sie sind hinderlich, vielleicht sogar ärgerlich.

Phase 2: Der Coach befragt die Unternehmensleitung

- Wie genau fühlt und denkt ihr dazu?
- Was bewegt euch?
- Worüber denkt ihr nach, wenn ihr am Abend nach Hause fahrt?
- Was ist beim Aufwachen euer erster Gedanke?
- Worüber habt ihr keine Lust, nachzudenken?

Phase 3: Feedback

Der Coach formuliert seine Beobachtungen zu Auftreten und Wirkung als Feedback. „Möglicherweise nehmen die Menschen auch das wahr, was ich wahrnehme, nämlich …"

Phase 4: Reflexion

Der Coach fragt dann, inwiefern diese Phänomene mit dem Denken und Handeln der Unternehmensleitung zu tun haben könnten:

- Wenn es eine Verbindung zwischen diesem Phänomen und der Vorbildrolle der Unternehmensleitung gäbe, welche könnte es dann sein?
- Inwiefern hat sich möglicherweise dieses Phänomen von euch auf die Organisation übertragen?
- An welcher Stelle gibt es Interpunktionen?

Diese Fragen sind bewusst indirekt gestellt, denn der Coach möchte ja nicht unterstellen, dass es eine Verbindung gibt. Wenn es aber eine gäbe, wäre es wichtig, diese bewusst zu machen und an der Vorbildrolle weiter zu arbeiten. Denn Verhaltensweisen bedingen sich gegenseitig und im Zweifel hat jeder das Gefühl, nur auf den anderen zu reagieren. Es gibt in der Tat auch keinen Verursacher, denn die Personen reagieren jeweils auf die Wirkung des anderen, nicht auf die Absicht. So produzieren wir ein komisches Phänomen. Wenn beispielsweise eine Person für eine andere Person eine Präsentation erstellt, gibt sie sich womöglich Mühe und steckt einige Ideen und Gedanken hinein. Ist die andere Person nicht zufrieden, weil sie selbst andere Ideen und Gedanken hat und für sich eine Story Line bauen muss, da sie die Präsentation vorstellt, kann es sein, dass sie die Arbeit der ersten Person kritisiert. Diese Kritik wird nicht unbedingt dazu führen, dass sich die andere Person bei der Erstellung einer zweiten Präsentation mehr Mühe gibt – im Gegenteil … Beide reagieren aufeinander und beide können unzufrieden werden: Warum gibt sie sich keine Mühe mehr? Warum ist sie immer so kritisch?

Phase 5: Strategie

Nach der Reflexion unterstützt der Coach bei der Erarbeitung einer Strategie zum Umgang mit den komischen Phänomenen. Es geht darum, so zu intervenieren, dass die Phänomene zurückgehen oder sich lösen. Die Strategie dafür wird gemeinsam besprochen und umgesetzt.

Tipps und Erfahrungen

Oft ist der Unternehmensleitung nicht bewusst, welche Wirkung ihr Verhalten hat. Erweitern sie ihre Wahrnehmung, können sich die Personen neu justieren und einstimmen. Verhalten, das zum Vorbild genommen wird, ersetzt Regeln und Normen.

Beim Thema „Feedback“ geben scheiden sich oft die Geister. Manche sind der Auffassung, dass ein Feedback immer genau an den klassischen Feedbackregeln orientiert sein muss: Wahrnehmung beschreiben, Wirkung beschreiben, nicht bewerten usw. Oft erlebe ich, dass aber genau diese Bewertung eingefordert wird: „Und, wie findest du das? Sag ehrlich!“ Die Art und Weise, wie Feedback gegeben wird, hängt nach meiner Erfahrung sehr deutlich vom Verhältnis der Gesprächspartner ab. Und von der Fähigkeit, mit Kritik umzugehen. Nicht unbedingt nur von der Wörtlichkeit der Formulierung. Wenn sichergestellt ist, dass es konstruktiv und hilfreich gemeint und aufgenommen wird, passt es in der Regel. Gerade das Feedback zu komischen Phänomenen hat eine durchschlagende Kraft. Denn über die eigene Wirkung sind sich die wenigsten Menschen bewusst. Überzeugt davon, ein nettes Gesicht zu machen, tragen sie doch ihre Sorgen vor sich her.

Digitale Umsetzung

Dieses Tool kann sehr gut digital umgesetzt werden. Da es hier auf Details und Formulierungen ankommt, ist es wichtig, auf eine sehr gute Übertragungsqualität zu achten. Auch sollten die Kameras leistungsfähig sein.

Tool 2 Den Korridor definieren

Ohne einen definierten und verlässlichen Korridor wirkt Zusammenarbeit willkürlich und ein Unternehmen hat keine Form. Wenn alles möglich ist, es keinen Handlungsrahmen gibt, werden Forderungen und Erwartungen uferlos und die Motivation nimmt ab. Jedes Unternehmen agiert in einem festen Rahmen. Teilweise ist er selbst gewählt, teilweise definieren ihn Markt, Umfeld und Produkt oder Dienstleistung. Den Korridor festzulegen und transparent zu kommunizieren bringt ein verlässliches Umfeld, eindeutige Spielregeln und einen voraussagbaren Handlungsrahmen. Innerhalb dieses Korridors gibt es maximale Freiheit, die jeder für sich nutzen kann, bei gleichzeitigem Bewusstsein der Grenzen.

Einen Korridor zu definieren, zu kommunizieren, weiterzuentwickeln und sein Handeln daran auszurichten ist wesentliche Aufgabe der Unternehmensführung. Grundsätzlich wird der Korridor vom Kunden her definiert. Es wird von außen nach innen gedacht: „Wenn wir diesen und jenen Service liefern wollen, wie müssen wir dann intern aufgestellt sein?", ist beispielsweise eine relevante Frage, um sich dem Korridor einen Schritt zu nähern. Der Coach unterstützt das Finden, das Weiterentwickeln und das Kommunizieren des Korridors in jeder Phase.

Etwa einmal im Jahr werden die Erfahrungen zusammengetragen und in einem Offsite mit einer ausgewählten Gruppe neu betrachtet. Denn mit zunehmender Unternehmensgröße oder auch mit Marktveränderungen passen Dinge nicht mehr, die man sich einmal überlegt hat, oder andere werden notwendig, auf die man eigentlich verzichten wollte. Vielleicht kann auch etwas abgeschafft werden, weil der Bedarf nicht mehr besteht? Ein starrer Korridor schränkt genauso ein wie kein Korridor. Das Diskussionsteam, in dem Experten aus verschiedenen Bereichen vertreten sind, sammelt vorher bei allen Mitarbeitenden Ideen, die es in diese Offsitetage hineinträgt, damit sie betrachtet werden können.

Ziel

Das Leitungsteam definiert Grenzen, innerhalb derer sich jeder im Unternehmen frei bewegen kann. Die Grenzen sollen eindeutig, transparent und nachvollziehbar sein.

Story

Justus und Konstantin als Coachs ziehen sich mit Hannah, Martina und drei weiteren Experten für einen Tag zurück. Aufgrund der starken Vergrößerung des Unternehmens auf über 100 Personen möchten sie den Korridor neu definieren und die Kommunikation dazu überlegen. Dafür wählen sie als Ort eine Waldlichtung, weil sie sich durch die Gesetze der Natur inspirieren lassen möchten. Der Workshop beginnt mit einer Einstimmung von Konstantin zur bewussten Wahrnehmung der Umgebung. Als alle körperlich und geistig angekommen sind, startet die erste Aufgabe. Jeder geht still für sich spazieren und notiert seine Wahrnehmungen. Danach werden diese ausgetauscht und Regeln für die Zusammenarbeit im Unternehmen abgeleitet. Folgende Themen werden eingehend diskutiert: Symbiose verschiedener Lebewesen im Wald, gegenseitige Unterstützung, geringe Unterschiede in gewissen Vegetationszonen, unterschiedliche Funktionen, Größenbegrenzung, Kommunikation auf Wurzelebene wie in den Höhen, permanenter Austausch, Warnrufe, Orientierung an einem Tier und einige weitere. Nach Diskussion und Verfeinerung werden folgende Dinge festgehalten:

- Kunde zuerst: Kundenwünsche müssen für uns wirtschaftlich sein; permanentes Vier-Augen-Prinzip für alles, was an den Kunden rausgeht,
- Gehaltsunterschiede möglichst gering (maximal 50 Prozent),
- freie Dienstreisenwahl auf der Basis von ökonomischen und ökologischen Gesichtspunkten,
- Remote first,
- stringentes Pull-Prinzip.

Für die Kommunikation ins Unternehmen verständigen sich die Teilnehmenden auf einen iterativen Prozess. Ausgewählte Ergebnisse werden mit allen diskutiert, verfeinert und angepasst, bevor sie in einer Testphase verbindlich umgesetzt werden. Andere setzt die Unternehmensleitung als Korridor fest.

So weit die Einigkeit. Bei der Frage nach der freien Wahl der Reisen ergibt sich eine hitzige Diskussion angesichts einer Person, die Business-Class fliegt und nicht unter fünf Sternen schläft. Freiheit oder Konsequenz? Oder: Konsequente Freiheit? Konstantin pointiert: „Stell dir vor, Marc, du gehst durch die Business-Class, grüßt den Kollegen freundlich, um dich dann in die Economy zurückzuziehen. Welche Wirkung hat das wohl?" „Vermutlich wirkt das mehr als zehn Kapitel Dienstreisenregelung. Ich nehme an, der Kollege fliegt nicht nochmals Business", sinniert Martina. Und schon entsteht eine klassische Heldengeschichte (siehe Tool 7).

Ablauf

Der Coach moderiert einen Ideenworkshop. Dafür geht er mit dem Leitungsteam in die Natur oder in einen Kreativraum, in dem Materialien zur Verfügung stehen. Die Umgebung sollte inspirierend sein, um wahrgenommene Prinzipien zu übertragen. Anhand folgender Fragen finden die Teilnehmer erst individuell, dann zu zweit und schließlich im gesamten Team heraus:

- „Was soll bei uns möglich sein? Was nicht?"
- „Welche Prinzipien sind uns wichtig?"
- „Was haben wir schon erlebt, was gut war?"
- „Was sollte nicht passieren?"
- „Was brauchen wir zusätzlich?"
- „Worauf können wir zukünftig verzichten?"
- „Wie kombinieren wir Freiheit und Verantwortung?"
- „Wie gelingt Verbindlichkeit?"
- „Wie gelingt Konsequenz?"
- „Wie gehen wir damit um, wenn sich jemand außerhalb des Korridors bewegt?"
- „Gelten die Regeln für alle gleichermaßen? Wird es Einzelfallentscheidungen geben?"

Alle Ideen werden visualisiert oder dargestellt und diskutiert. Ergebnis muss ein *Konsent* (siehe Tool 34) sein, da es hier um die relevanten Leitplanken des Unternehmens geht. Manchmal ist dazu mehr als ein Tag notwendig. Nachdem aus diesen Fragen ein Korridor entwickelt wurde, fragt der Coach weiter:

- „Wie kommunizieren wir den Korridor?"
- „Wie soll mit Verletzungen des gesetzten und kommunizierten Korridors umgegangen werden?"

Hierzu wird ein einvernehmliches Ergebnis erarbeitet. Eine einvernehmliche Zusammenstellung ist auch hier so wichtig, da es um wesentliche Bausteine der Zusammenarbeit geht, die von jedem respektiert und umgesetzt werden müssen. Dafür braucht es volle Zustimmung. Das, was hier formuliert wird, prägt maßgeblich Strukturen, Prozesse, Mindset, Wertesystem – kurz: die Kultur.

Abschließend lohnt es, ein kleines Video oder eine Sprachnachricht über den verabschiedeten Korridor aufzuzeichnen und zu posten. Das dient gleichermaßen zur Erinnerung für die Beteiligten und zur Kommunikation an alle Mitarbeitenden oder Betroffenen.

Tipps und Erfahrungen

Unternehmen, die es verpassen, den Korridor klar zu formulieren, investieren immer wieder Mühe und Zeit, um zu bestimmten Themen eine Haltung zu finden. Ein Korridor besteht in der Regel aus zwei Teilen: einem Teil, den die Leitung definiert, und einem zweiten Teil, der Schritt für Schritt mit ausgewählten, interessierten oder allen Mitarbeitenden diskutiert wird. Eine Vermischung ist ungünstig. Erfahrungsgemäß fällt es den Beteiligten nicht schwer, sich auf einen Korridor zu einigen. Wird dann über Konsequenzen bei Nichteinhaltung gesprochen, divergieren die Vorstellungen. Der Coach bietet hier konsentorientierte Tools (siehe Solution und Decision Sessions) an.

Digitale Umsetzung

Auch ein Tagesworkshop kann digital durchgeführt werden. Und er ist nicht weniger ergebnisreich, weil meist hochkonzentriert gearbeitet wird. Wesentlich ist hier die regelmäßige Möglichkeit, in Distanz zu gehen (siehe Tool 24 *50 + 10*). Für die Visualisierung des Erarbeiteten eignet sich ein gemeinsames Whiteboard, auf das alle Teilnehmer zugreifen können.

Tool 3 Drei Boxen

Klarheit in Bezug auf die drei Boxen „Korridor", „Diskussion und gemeinsame Meinungsentwicklung" und „Selbstständig entscheiden" ist eine conditio sine qua non. Ohne diese Klarheit ergeben sich Verwirrungen, Missverständnisse und fehlgeleitetes Engagement und schließlich Frustration. Je unklarer ein Raum definiert ist, umso mehr versuchen wir, ihn für uns so zu nutzen, dass er angenehm ist. Und das unterscheidet sich von Person zu Person. Nicht jedem kann es recht gemacht werden, deswegen braucht es eine prinzipielle Verständigung.

Mit den drei Boxen entscheidet die Unternehmensleitung, was gesetzt und was flexibel ist. Denn für Gründende oder Geschäftsführende gibt es bestimmte

Dinge, die in einer besonderen Art und Weise sein sollen. Sonst wäre es nicht mehr das Unternehmen, das es sein sollte, nicht mehr der Traum, mit dem das Unternehmen gegründet wurde. Jeder neu dazukommende Mitarbeitende findet deswegen ein Unternehmen vor, in dem manches festgeschrieben, anderes flexibel ist. Und nicht jeder, der neu an Bord kommt, sollte und kann Dinge beeinflussen, die bereits gesetzt sind.

Gleichermaßen gibt es in allen Bereichen maximale Freiheit und Handlungskompetenz. Und die Anzahl flexibler Themen ist deutlich größer als die Grundpfeiler. Mit diesem Tool wird der Unternehmensleitung manchmal dieser Unterschied erst bewusst. Ihr Handeln wird umso eindeutiger, transparenter und nachvollziehbarer.

Ziel

Die Unternehmensleitung schafft Klarheit und gibt Orientierung, die sie zuvor selbst finden muss.

Story

Es fällt Justus nicht leicht, die Unternehmensleitung so festzunageln. Dabei ist es leicht nachvollziehbar, dass in einem unklaren Rahmen auch unklare Erwartungen und Verhaltensweisen entstehen. Erwartungsunfälle sind programmiert. Jede Antwort von Marc, die in Richtung „Schauen wir mal" geht, hinterfragt Justus direkt. Bis Marc irgendwann sagt: „Sag mal, Justus, bist du eigentlich hier, um mich zu unterstützen, oder willst du mich nerven?" „Vielleicht nennen wir es unterstützendes Nerven?", grinst Justus und schlägt eine Pause vor. Manches kann nicht direkt beantwortet werden. Das Leitungsteam muss eine Nacht darüber schlafen. Manchmal fällt es am Tag danach leichter, sich festzulegen. Und Dinge, um die man zuvor gerungen hat, scheinen nun ganz klar. Distanz hilft.

Ablauf

Phase 1:

Der New Work Coach stellt die drei Boxen vor und stellt drei Boxen auf den Tisch. Sie sind wie folgt beschriftet:

- Box 1: Korridor (siehe Tool 2)
- Box 2: Diskussion und gemeinsame Meinungsentwicklung
- Box 3: Selbstständig entscheiden

Danach werden von der Unternehmensleitung alle relevanten Themen definiert, auf Karten geschrieben und in die Boxen gelegt. Der New Work Coach kann auch vorbereitete Karten mitbringen und sie sortieren lassen. Das Kartenset kann ergänzt werden. Auch Mitarbeitende können in diese Session Karten einreichen mit der Bitte um Klärung. Bewährt hat es sich auch, ausgewählte und interessierte Mitarbeitende an dieser Session zu beteiligen. Um nicht endlos zu diskutieren, kann hier in einem Leitungsteam sprachfrei gearbeitet werden. Jeder, der eine Karte schreibt oder aufnimmt, zeigt sie allen anderen und wirft sie in eine der Boxen. Um wirklich alle relevanten Themen zu berücksichtigen, sind in Phase 1 folgende Fragen hilfreich:

- Wie kam es zur Unternehmensgründung?
- Was war die Vision?
- Was sind die Leitplanken, die dieses Unternehmen unverwechselbar machen?
- Was ist der USP?
- Welches sind die Top-Produkte/-Dienstleistungen?
- Was würde das Unternehmen verändern?
- Wenn es das Unternehmen noch nicht gäbe, was würden wir genauso wieder machen?
- Welche Kompetenz besitzt die Unternehmensleitung nicht?
- Welche Experten/Teams arbeiten am dichtesten am Kunden?
- Welche Experten/Teams können die Bedürfnisse des Kunden am besten beurteilen?
- Wer kann die Investitionsmöglichkeiten und den Investitionsbedarf am besten beurteilen?
- Welche Teams haben die beste Produktkenntnis?
- Ausgehend davon, dass nahezu alle operativen Entscheidungen in der Hand der Experten und Expertenteams liegen – wo möchte die Leitung mitentscheiden?
- Wo nicht?

Phase 2:

Aus diesen vielfältigen Fragen, die je nach Unternehmen und Situation angepasst werden sollten, ergeben sich die beschrifteten Karten, die dann einer Box zugeordnet werden. Die drei Boxen werden drei Kleingruppen gegeben und dort diskutiert. Die Diskussion erfolgt hier nicht inhaltlich, sondern es werden folgende Fragen gestellt:

- Ist diese Karte richtigerweise in dieser Box?
- Falls nein, in welche Box gehört sie?
- Unter welchen Voraussetzungen kann die Karte die Box wechseln?

Phase 3:
In der anschließenden Diskussion werden nur die unklaren Karten diskutiert und zugewiesen. Danach geht das Werk, so wie es ist, in eine Probephase. Es folgen ein Review und eine erneute Festlegung für einen längeren Zeitraum. Spätestens nach einem Jahr stehen wieder viele Karten auf dem Prüfstand. Die zweite Runde gelingt meist schneller.

Führungskräfte, die sich in einer Transition von traditionellem Arbeiten zu New Work befinden, haben oft den Anspruch, die meisten Karten aus Box 1 in Box 3 zu lancieren. Das gelingt meist nicht. Hilfreich ist es, von Box 1 über Box 2 in Box 3 zu arbeiten. Dann kann die Führungskraft den Prozess begleiten und überfordert ihr Team nicht mit: „Macht das zukünftig einfach alleine." Es gibt keine Maßgabe von New Work, dass das Team alles übernehmen sollte. Aufgabe und Verantwortung folgen strikt der Kompetenz. Manchmal muss diese erst aufgebaut werden.

Tipps und Erfahrungen

Diese Gespräche sind durchaus intensiv. Weil man sich klar darüber sein muss, wie der Korridor gestaltet ist und an welchen Stellen genau die Kollegen im Boot sind. Und das, ohne schon abzusehen, was passieren wird. In kleinen Unternehmen ist manchmal die spontane Antwort des Gründers: „Box 3 gibt es bei mir nicht." „Schade", kann man da nur als New Work Coach entgegnen. „Ob Mitarbeitende das Unternehmen dann interessant finden werden?"

Im Laufe der Unternehmensentwicklung können auch Themen von Box 1 in Box 2 wandern. Zunächst hat der Gründer eine gute Idee und platziert sie auf dem Markt. Der Entwicklungszyklus beginnt, das Produkt oder die Dienstleistung wird gut angenommen und bewegt sich dann wieder nach unten. Vor dem Peak ist eine Neuentwicklung nötig. Und diese kann aus den Reihen der Beschäftigten kommen. Schließlich arbeiten sie ganz nah am Kunden. Und ein neues Produkt oder eine neue Dienstleistung muss immer eine Lösung für ein Kundenproblem sein. Damit ist das Thema Produktidee vom Gründer, also Box 1, in Box 2 gesprungen. Nun ist jeder gefragt. Die letztendliche Entscheidung bleibt hier wegen der ungeteilten unternehmerischen Verantwortung beim Leitungsteam.

Digitale Umsetzung

Für die digitale Umsetzung braucht es ein Verfahren, bei dem alle Beteiligten Karten schreiben und den anderen zur Kenntnis geben können. Die Boxen sind hier transparent, damit jeder hineinschauen kann und Karten verschoben werden können. Ein gemeinsames Whiteboard mit Zugriffsrechten für alle ist hier sehr hilfreich. Die Karten werden dann den Überschriften der Boxen 1, 2 und 3 zugeordnet. So bleiben sie für jeden Teilnehmer gleichzeitig und zu jeder Zeit sichtbar.

Tool 4 Iterative Prozesse

Iterative Prozesse finden immer dann Anwendung, wenn Entscheidungen und Verbindlichkeiten, die das gesamte Unternehmen betreffen, auf der Basis eines Vorschlags einer Arbeitsgruppe oder der Unternehmensleitung mit allen an diesem Thema interessierten oder betroffenen Personen im Unternehmen diskutiert werden sollen. Dabei gibt es verschiedene Regeln, damit die Diskussion erfolgreich verläuft. Etwas zu entscheiden und der restlichen Organisation „überzustülpen" erzeugt Widerstand. Das sieht man an vielen Unternehmen, die ab sofort entscheiden, „agil zu arbeiten" (wie auch immer sie „agil" definieren), und das der Organisation mitteilen, in der Erwartung, dass neue Methoden umgesetzt werden. Vielleicht sogar mit einem schicken „Rollout". Man muss kein Druide sein, um zu erkennen, dass das nicht funktionieren kann. Neue Regeln der Entscheidungsfindung müssen eingeübt werden (siehe Kapitel 6, Decision Sessions). Einfach zu verkünden, dass die Dinge nun anders laufen, reicht nicht aus, um eine neue Kompetenz aufzubauen. Aus dem „Rollout" wird dann oft ein „Rollback". Es ändert sich nichts. Das haben schon viele Unternehmen erlebt. Und – das hat die Augenhöhe-Bewegung in ihren Filmen festgehalten: Man kann auch so lange diskutieren, bis es keinem mehr Spaß macht. Es gibt also auch ein Zuviel des Guten. Deswegen sind geeignete Formate und eine stringente Moderation durch den New Work Coach so wichtig, wenn in größeren Gruppen eine Entscheidung gefunden werden soll.

Ziel

Alle bei einem Problem oder einer Entscheidung involvierten Experten werden in die Lösungsfindung einbezogen.

Story

So wurde sie noch nie von einem Moderierenden ausgebremst. Eleonora dachte, ihre Meinung sei gefragt. Schließlich will sie auch mit dem Produkt arbeiten, für das sie sich jetzt entscheiden. Und jedes der infrage kommenden Tools für die Zusammenarbeit im Remote-Modus hat für ihre Arbeit Vor- und Nachteile. Aber das, hat sie nun definitiv gelernt, ist nicht gemeint, wenn im Rahmen eines iterativen Prozesses diskutiert wird. Es geht vielmehr darum, die Sache insgesamt zu beleuchten, zu prüfen und zu ergänzen. Es geht darum, welches Produkt für das Unternehmen insgesamt den höchsten Mehrwert hat. Zwar wurde das vorher erklärt, aber es ist immer noch etwas anderes, tatsächlich bei der Diskussion dabei sein zu dürfen und zu erleben, was hier passiert. Es ereignen sich ganz andere Dinge als in herkömmlichen Diskussionen ohne bestimmte Regeln. Bei iterativen Prozessen distanziert sich jeder von seiner eigenen Meinung und betrachtet das zu Diskutierende vor dem gesamten unternehmerischen Hintergrund. So gesehen gibt es auch keine Befürworter oder Gegner einer Sache, sondern es geht immer ganz pragmatisch um Sinnhaftigkeit, Machbarkeit und um das Ergebnis. Ganz einfach, wenn man es kann.

Erst fühlte sie sich durch Konstantin bevormundet. Vor dem Hintergrund dieses Ergebnisses aber findet sie den Prozess extrem diszipliniert und pragmatisch. Und sie hat nun auch verstanden, warum Konstantin nicht danach fragt, ob alle einverstanden sind, sondern nur danach, ob es relevante Einwände gibt (siehe Tool 34 *Konsent*).

Ablauf

Ausgangssituation ist, dass ein komplexes Thema mithilfe eines iterativen Prozesses gelöst werden soll. Die Unternehmensleitung selbst macht einen Vorschlag, der genauer oder weniger genau spezifiziert sein kann, und ist auch offen für Richtungswechsel. Dafür legt die Unternehmensleitung eine Beschreibung der Problemstellung vor, die sie gemeinsam mit dem New Work Coach erstellt hat. In dieser Beschreibung befinden sich die Situation und eine konkrete Fragestellung. Diese Beschreibung wird einem Expertenteam vorgelegt, das eine differenziertere Lösung erarbeitet. Auf Basis dieser Lösung startet der iterative

Prozess. Die Lösung wird der Unternehmensleitung vorgelegt und danach in anderen Expertenrunden im Unternehmen diskutiert. Die Ergebnisse dieser Diskussionen finden Eingang in die Lösung selbst. Zum Schluss liegt eine Lösung vor, mit der alle relevanten User arbeiten können.

Was so einfach klingt, hat es in sich. Der New Work Coach hat bei iterativen Prozessen die Aufgabe, darauf zu achten, dass die Spielregeln eingehalten werden und gute Ergebnisse nicht aus persönlichen Gründen verworfen werden. Die Spielregeln werden je nach Zusammensetzung der Gruppe und Thema für jede Session gemeinsam festgelegt. Mit etwas Übung gelingt das sehr schnell.

Folgender Prozess kann helfen:
1. Die Ausgangssituation, die Aufgabe und die Lösung werden vollumfänglich ohne Unterbrechung vorgestellt.
2. Die jeweilige Expertengruppe kann Verständnisfragen stellen.
3. Es werden Hypothesen darüber gebildet, wofür die Lösung zweckdienlich ist.
4. Es werden Hypothesen darüber gebildet, was die Lösung behindern könnte und welche Konsequenzen diese Lösung haben könnte (Motto: Die Lösungen von heute sind die Probleme von morgen).
5. Ergänzungen und Anpassungen werden ermittelt und in die Lösung integriert. Daraus ergibt sich ein erweiterter Vorschlag.

Der Coach achtet bei diesem Prozess darauf, dass nur Bedenken akzeptiert werden, die für das Unternehmen substanziell sind. Persönliche Befindlichkeiten und Interessen spielen bei iterativen Prozessen keine Rolle (siehe auch Tool 37 *Beste Lösung +*). Diese Unterscheidung ist für viele Personen neu und braucht etwas Zeit, um zur Gewohnheit zu werden. Die meisten entscheiden aufgrund ihrer eigenen Perspektive und ihrer eigenen Interessen. Dabei werden das Unternehmen und die Zusammenarbeit manchmal vergessen. Der Coach prüft jeden Input:
- Woher kommt dieser Impuls?
- Wie durchdacht ist dieser Impuls?
- Inwiefern ist er zweckdienlich?
- Ist er im unternehmerischen Sinn nützlich?
- Dient er den Kunden?

Ein iterativer Prozess muss nicht mit allen Personen im Unternehmen durchgeführt werden. Es reicht eine definierte Gruppe, die sich wiederum Unterstützung holen kann. Iterative Prozesse können auch wie folgt angestoßen werden: Das Leitungsteam lädt Experten und Interessierte dazu ein, im Rahmen eines Fish Bowls die strategischen Diskussionen zu begleiten. Das Leitungsteam diskutiert und kommt zu Ergebnissen. Danach erbittet das Leitungsteam Anregungen, Ideen und Impulse aus der Zuhörerschaft. Diese können danach in die Überlegungen und Entscheidungen integriert werden. Manche Entscheidungen werden durch die Möglichkeit zur Beobachtung und das Mitdenken leichter nachvollziehbar, als wenn sie im Nachgang an eine beendete Diskussion erläutert werden sollen. Das direkte Feedback entwickelt in der Regel auch eine wichtige Kraft.

Tipps und Erfahrungen

Manche Menschen denken, man könne mit iterativen Prozessen andere gut umstimmen. Man müsse nur plausibel argumentieren. Deswegen ist es so wichtig, zum Start eines iterativen Prozesses diesen nebst Regeln zu erläutern. Das Team wird dazu angehalten, gegenseitig auf die Einhaltung der Regeln zu achten.

Da der Ausgangspunkt bereits mit einem Expertenteam besprochen ist, kann man davon ausgehen, dass die vorgeschlagene Lösung schon gut durchdacht ist. Möglicherweise sind Spezialaspekte noch nicht ausführlich genug betrachtet. Diese gilt es zu integrieren, damit kein relevantes Detail unberücksichtigt bleibt. In der Diskussion mit verschiedenen Expertenteams sollte der Coach auch auf andere Methoden als die einfache, offene Diskussion setzen (siehe Solution und Decision Sessions).

Digitale Umsetzung

Dieses Tool kann leicht digital umgesetzt werden. Die Gruppengröße sollte so gewählt werden, dass ein Gespräch noch möglich ist. Außerdem sollte hier nach der Hypothesenfindung eine Pause eingeplant werden. Es lohnt, die Dinge einen Moment auf sich wirken zu lassen, bevor sie weiterbearbeitet werden.

Tool 5 Evolutiv vorgehen

Erst der große Plan, dann die große Umsetzung. An dieser Vorstellung sind schon viele Projekte gescheitert. Denn auf dem Weg von erster Idee zur Umsetzung ändern sich so viele Dinge, dass die Voraussetzungen vom Anfang später häufig nicht mehr gegeben sind. Das Projekt zielt dann am Need vorbei, das Ergebnis ist gefühlt von gestern. Und über die Umsetzungsmotivation brauchen wir gar nicht mehr nachzudenken.

Das evolutive Vorgehen beschreibt einen Ongoing Process. Dinge entwickeln sich permanent weiter, auch parallel. Deswegen können wir die Arbeitsschritte *Denken, Planen* und *Umsetzen* nicht mehr trennen. Beim evolutiven Vorgehen starten wir immer mit einer ersten Version, sammeln Erfahrungen, bringen diese ein, gehen einen Schritt weiter, nehmen wahr, denken nach, setzen um und so fort. Der Prozesscharakter dominiert den Zielfokus und schaut, was geht, was möglich ist und vor allem, was noch passt – vor dem Hintergrund der permanenten Veränderung des Umfelds. Das Ziel entwickelt sich also mit dem Prozess auch weiter. Und der Prozess ermöglicht, Dinge aufzunehmen, die unseren Weg kreuzen. Wir nehmen sie auf, auch wenn sie gerade nicht im Zielfokus liegen. Serendipität lässt grüßen.

Jeder Pilot, der mit seiner Maschine von Frankfurt nach Buenos Aires fliegen will, bekommt in Frankfurt eine Flugroute zugewiesen und stellt das Flugzeug darauf ein. Würde er zwischendurch die Strecke nicht updaten, dann käme er vermutlich niemals in Buenos Aires an. Denn unterwegs ändern sich Wetter- und Windverhältnisse, der Korridor muss gewechselt werden, das Tempo angepasst, Schlechtwetterlagen umflogen und anderes mehr. Der Pilot hält nicht an seinem ersten Plan fest. Und wenn er in Buenos Aires nicht landen kann, weil der Rio de la Plata von einem Gewitter mit Scherenwinden bewohnt wird, dann ändert er sein Ziel und landet in Montevideo, São Paulo oder Asunción. Erst nach Auftanken und Wetterverbesserung kann Buenos Aires angeflogen werden. Ähnlich flexibel muss die Unternehmensleitung agieren, will sie heil ankommen.

Neues zu pilotieren ist ein evolutiver Ansatz. Es gibt kein abgeschlossenes Projekt, das danach in die Umsetzung geht. Sondern der Pilot verbleibt erst einmal im pilotierenden Team. Dieses macht „Werbung" im Unternehmen und interessiert andere dafür, sich anzuschließen. Oder andere hören oder lesen darüber, denn es werden Ergebnisse veröffentlicht, und fragen aktiv nach: „Hey, wie macht ihr das?" Durch diesen evolutiven Pull gibt es keine großen Einführungen, die betreut werden müssen, es gibt keine Verweigerer und niemanden, der schlecht über Innovation spricht. Vielmehr startet eine Gruppe, die Lust dazu hat, sammelt Erfahrungen, publiziert, gibt bereitwillig Informationen weiter, fungiert als Mentor, befähigt andere, lässt sich über die Schulter schauen, inspiriert und zeigt, was geht und wo Grenzen liegen.

Evolutiv starten wir direkt mit der ersten möglichen Version. Keiner wird den Anspruch an Perfektion hegen. Sie ist sowieso eine Illusion. Auch wenn sie gute Gefühle bereitet. Alle Beteiligten befinden sich gemeinsam auf dem Weg und können Ideen und Erfahrungen einbringen und das Projekt täglich optimieren.

Ziel

Neue Ideen werden getestet, Menschen werden interessiert; Ideen dehnen sich aus.

Story

Martina ist kritisch: „Aber wenn nicht alle mit Trello arbeiten wollen, dann bleiben immer die Aufgaben liegen, die keiner machen möchte. Oder es arbeitet immer dieselbe Person die Reste auf." Peter bleibt da ganz gelassen: „Wenn die Leute feststellen, dass sie so mehr Aufgaben übernehmen können, die ihnen Spaß machen, und sie selbst ihre Woche planen können, weil sie Kontrolle über das haben, was reinkommt, dann sind sie vermutlich auch dazu bereit, etwas zu übernehmen, das ihnen nicht so viel Spaß macht. Einfach, weil klar ist, dass es auch dazugehört. Lass doch die Teams mal starten und beobachte, was passiert. Ich bin sicher, sie finden Lösungen ..."

Martina lässt sich überzeugen, aber ganz wohl ist ihr nicht bei der Gelassenheit, die Peter an den Tag legt. Sie hat Sorge, dass sie dann die „Dumme" im Team sein wird und bis abends dableibt, weil sie möchte, dass alles erledigt ist. Vielleicht muss sie an ihrer Haltung und ihrer Kommunikation arbeiten? Dann könnte Trello eine super Lösung sein. Sie will es sich erst in Ruhe ansehen ...

Ablauf

Evolutiv vorzugehen ist ein grundlegendes Prinzip für lebendige Organisationen. Hier wird nicht an einer Stelle gedacht und an der anderen umgesetzt. Jede Neuheit wird in einem Team pilotiert und anhand der Erfahrungen weiter optimiert. Normalerweise findet in Unternehmen danach ein Rollout statt. Aber auch das geschieht hier nicht, sondern es wird auf den Pull-Effekt gesetzt, der kommunikativ und mit der Möglichkeit zur Hospitation unterstützt wird. Teams, die an diesen Dingen interessiert sind, können sich die ersten Ergebnisse anschauen und dann entscheiden, was sie davon für sich übernehmen möchten. So entwickelt sich eine Neuheit im Unternehmen weiter, wird übernommen und modifiziert.

Der Coach betreut diesen Prozess aktiv. Er achtet darauf, dass die Unternehmensleitung jede neue Idee evolutiv anbietet. Dann leitet er das entsprechende Team dazu an, den Piloten zu reflektieren und beständig weiterzuentwickeln:

- „Wie beurteilen wir das Ergebnis?"
- „Was lief gut im Prozess?"
- „Wofür brauchen wir weitere Ideen?"
- „Was können wir schon jetzt verbessern?"
- „Was ist bei der Weitergabe zu beachten?"
- „Welche Erfahrungen möchten wir weitergeben?"

Auf dieser Basis wird die Kommunikation besprochen: Wer aus der Pilotgruppe kommuniziert über welchen Kanal? Gleichzeitig sind alle Mitglieder der Pilotgruppe Mentoren für die Personen, Teams oder Gruppen, die das Thema für sich übernehmen möchten, und stehen diesen Teams aktiv zur Seite. Der New Work Coach unterstützt die Mentoren bei der Umsetzung in anderen Bereichen. Er diskutiert auch die Anpassung:

- „Welche Erkenntnisse aus dem Piloten können wir nutzen?"
- „Welche Anpassungen sind notwendig?"
- „Wem hilft es am meisten?"
- „Für wen ist die Umsetzung schwieriger?"
- „Wie können wir unterstützen?"

Der New Work Coach macht auch andere Bereiche im Unternehmen auf das Pilotprojekt aufmerksam und regt diese an, sich zu beteiligen. Er versteht sich als Katalysator, um diesen Prozess zu beschleunigen. Der Coach unterstützt auch die Einrichtung eines Blogs zum Projekt. Hier gibt es eine Basiserläuterung und es finden sich Nutzerhinweise. Das kann sich ein interessiertes Team durchlesen und schauen, inwiefern es sich involvieren möchte. Oft geht es auch nur um den richtigen Zeitpunkt, damit der Fokus erhalten bleibt.

Tipps und Erfahrungen

Genau die Bedenken, die Martina hat, werden mit einem evolutiven Prozess gut eingefangen. Martina kann in Ruhe alles beobachten und sich zu dem Zeitpunkt, der für sie passt, dafür entscheiden, mitzumachen. Sie wird nicht gedrängt, sie kann sich alles ansehen und den richtigen Zeitpunkt für sich finden. Ihr Widerstand richtet sich dann nicht gegen die neue Arbeitsweise, sondern sie kann die Zeit nutzen, um eine Fähigkeit aufzubauen, die sie dafür braucht. Und: Sie bekommt dafür Unterstützung vom Coach.

Der evolutive Prozess ist attraktiver als ein Rollout und gelingt oft schneller. Denn der Pull motiviert Menschen dazu, sich darum zu bemühen, dass das Neue funktioniert. Die Energie wird somit in eine konstruktive Richtung gelenkt. Und es macht einfach mehr Spaß. Allen.

Digitale Umsetzung

Evolutive Prozesse sind für die meisten Themen leicht digital umsetzbar.

Tool 6 Reverse Mentoring

Jeder kann Mentor für jeden sein: Erfahrene für Neue. Neue für Erfahrene. Die Unternehmensleitung für den neuen Azubi. Der neue Azubi für die Unternehmensleitung. Ein Experte für einen anderen. Mentoring hängt nicht von der Aufgabe ab, sondern einfach von einer anderen Sicht der Dinge im Unternehmen, im Markt oder in der Kundenperspektive, die den Mentee bereichern kann.

Für manche Personen ist das ein neuer Gedanke. So haben sie die Erwartung, dass ein Mentor in der Sache kompetenter sein muss, und verbinden damit, dass er älter und erfahrener sein sollte. Kompetenz ist nicht unbedingt mit Alter oder Erfahrung verbunden. Im Gegenteil: Junge Menschen haben einen anderen Zugang zur neuen digitalisierten Welt, die ein älterer Mensch manchmal nur schwer entwickeln kann. Die Strategien aus der „alten Welt" funktionieren nicht mehr hinreichend. So hilft die fachliche Erfahrung in der Zukunft nur dann, wenn sie durch neue Mechanismen oder den Blick auf eine veränderte Marktsituation angereichert wird. Ein besonderer Grund, um jungen Menschen genau zuzuhören und sie als Mentoren zu akzeptieren und zu nutzen.

In einem hierarchiefreien Unternehmen ist ein Reverse Mentoring selbstverständlich. Das Tool wird hier explizit formuliert, weil sich manche Menschen aus alter Gewohnheit damit schwertun, der Unternehmensleitung ihre Einschätzung zur Verfügung zu stellen. Was auf kollegialer Ebene schon ganz gut funktioniert, weil es keine mittlere Hierarchie mehr gibt, ist zur Unternehmensleitung hin noch nicht selbstverständlich. Dabei hängt die Qualität der Unternehmensführung davon ab, welches Feedback sie vom Markt und aus dem eigenen Unternehmen bekommt. Nur über Feedback kann sie ihre Handlungsweise hinterfragen und optimieren. Sich selbst zu reflektieren ist zwar eine feine Sache. Nur läuft das Ganze innerhalb eines Nervensystems ab und ist daher nicht ganz so spannend, wie wenn Impulse von außen kommen. Anderes Nervensystem, andere Wahrnehmung. So einfach ist das.

Reverse Mentoring hat seinen festen Platz im Unternehmen. Was immer wieder zwischen Personen stattfindet, wird für neue Mitarbeitende fest institutionalisiert. Bevor ihre Wahrnehmung getrübt wird, nutzt die Unternehmensleitung den frischen und unverstellten Eindruck von außen. Und zwar von jedem, der neu hereinkommt. Und von allen Partnern im Markt.

Keine vier Wochen in einem Unternehmen, und wir sind betriebsblind. Das geht ganz schnell. Deswegen ist der Wert von neuen Mitarbeitenden und von Externen kaum zu überschätzen. Mit unverstelltem Blick betrachten sie Produkte, Dienstleistungen, den Service und interne Prozesse, Kommunikation, Zusammenarbeit und Kultur. Personen mit einem frischen Blick, die uns bei der Arbeit über die Schulter sehen, können ein differenzierteres Feedback abgeben. Denn das, was wir beschreiben und vermitteln, und das, was wir tatsächlich tun, unterscheidet sich naturgemäß.

Besonders Neuankömmlinge eignen sich dafür. Oft werden sie dazu verdonnert, erst zuzuhören und zuzuschauen, bevor sie etwas tun oder gar ihre Meinung ausdrücken dürfen. Denn sie können noch nicht alles verstehen. Wenn sie dann aber alles verstanden haben, dann haben sie ihren frischen Blick verloren. Die ersten Wochen können deswegen besonders als Feedback mit diesem frischen Blick genutzt werden. Je wissender und je kompetenter sich die Personen fühlen, die schon länger dabei sind, umso schwerer fällt es, sich dem Feedback zu stellen.

Frische Blicke kann der Coach auch generieren, indem er dafür sorgt, dass alle regelmäßig in andere Unternehmen hineinschauen. Er vermittelt Kurzpraktika, regt die Teilnahme an Kongressen und anderen Plattformen an, bei denen man erleben kann, wie andere Unternehmen arbeiten. Der Coach unterstützt mit seinen Aktivitäten in diesem Bereich jede Form von Horizonterweiterung.

Ziel

Alle reflektieren ständig und konsequent ihre Wahrnehmung und lernen voneinander. In allen Richtungen.

Story

„Der Werkstudent soll mein Mentor sein?“ Marc schaut etwas verwirrt. „Okay, wenn du meinst, Justus, aber das kann ja nur in die eine Richtung gehen.“ „Lass dich überraschen“, sagt Justus nur. „Vielleicht magst du ja die Chance nutzen, dich mit einem echten Digital Native auszutauschen? Vielleicht auch nicht. Nur bedenke, dass heute schon zehn Jahre eine neue Generation ausmachen mit ganz neuen Arten, sich in dieser Welt zu bewegen. Möglicherweise inspiriert er dich und du verstehst besser, wie der Markt zukünftig laufen wird und warum unsere Zahlen gerade so stehen. Aber du musst diese wunderbare Chance ja nicht nutzen.“ Und damit lässt er Marc stehen. So hat Marc das noch nicht betrachtet. Vielleicht ist das tatsächlich ein Schlüssel! Eben noch fand er den ausführlichen Termin mit Aron überflüssig und hoffte, von Justus das Okay zu bekommen, ihn zu streichen. Heute ist der Tag ohnehin randvoll verplant. Aber jetzt freut er sich richtig auf diese Begegnung und ist schon ganz gespannt zu erfahren, wie der Alltag eines Zweiundzwanzigjährigen heute so aussieht. Marc notiert sich gleich seine wichtigsten Fragen und hofft, dass der neue Kollege Lust hat, zu erzählen. Dass er ihm auch Feedback geben soll, hat er schon wieder vergessen. Aber dafür wird Justus sorgen. Er bespricht mit Aron vorab seine Eindrücke und formuliert mit ihm einige Sätze, die diese Eindrücke transportieren. Aron tauscht sich auch mit Eleonora aus, die bereits den Reverse-Mentoring-Prozess durchlaufen hat. „Nachhilfe für die neue Welt“ hatte Marc es genannt.

Aron weiß, dass Justus ihn unterstützen wird, sollte Marc irgendwie unwirsch werden. Darum hatte er explizit gebeten. Denn auch für ihn ist Reverse Mentoring Neuland. Auch Marc bereitet sich vor. Die Kunst besteht nun darin, Arons ehrliche Meinung zu seinen Wahrnehmungen zu erfragen. Dafür braucht er erst das Vertrauen und einen guten Zugang zu ihm. Deswegen starten sie mit einem Mittagessen. Danach geht es in die Kreativwerkstatt. Als Tüftler wird das Aron sicher Spaß machen. Und Marc will versuchen, sehr konzentriert wahrzunehmen, wie Aron an seine Fragen herangeht, was er betrachtet und was nicht und welche Funktionalitäten für ihn besonders wichtig sind. Vielleicht hat er auch Ideen zur Zielgruppe?

Ablauf

Der New Work Coach sucht gezielt nach Mentoring-Partnern im Unternehmen. Er identifiziert Personen, die im operativen Alltag wenig Berührungspunkte haben und sich gleichzeitig gegenseitig bereichern könnten. Die Partner verfügen über eine Perspektive oder eine Kompetenz, die den anderen weiterbringt. Sind die Personen identifiziert, bringt der New Work Coach sie in Kontakt und erläutert in einem Kick-off, wie er zu der Einschätzung kommt, dass ein Austausch für beide Seiten gewinnbringend sein könnte. Danach überlässt er die beiden sich selbst.

Reverse Mentoring verläuft absolut freiwillig und selbst organisiert. Jede feste Form kann den Austausch behindern. Aus einem Reverse Mentoring können auch weitere Kontakte entstehen. „Wenn du dich dafür interessierst, dann solltest du unbedingt Sabrina kennenlernen. Sie ist eine absolute Koryphäe auf ihrem Gebiet." Ein Mentoringkonzept ist durchaus über die Unternehmensgrenzen hinaus denkbar.

Auch gibt es keine Regel für die Art und Weise des Kontaktes oder die Frequenz. Möglicherweise wird eine Mentoringphase nicht genutzt. Das darf auch sein, vielleicht gelingt die nächste besser. Und wenn jemand keinen seiner Mentoren nutzt, dann kann der Coach sanft nachfragen, woran das denn liegen mag:

- „Was hindert dich daran, deinen Mentor zu nutzen?"
- „Was muss passieren, damit es dir leichtfällt, auf ihn zuzugehen?"
- „Wie kannst du von deinem Mentor am besten profitieren?"

Einzig das Mentoring von neuen Mitarbeitenden gegenüber der Unternehmensleitung ist institutionell festgelegt. Jeder, der neu ankommt, soll seine Eindrücke möglichst frisch und unverstellt formulieren. Ein besseres Lernen kann es nicht geben. Für die Unternehmensleitung ist das eine unschätzbare Quelle. Der Coach unterstützt dabei, dass diese Quelle gut genutzt wird. Deswegen bereitet er den neuen Mitarbeiter oder die neue Mitarbeiterin sorgfältig auf das Reverse Mentoring vor. Folgende Fragen arbeitet er durch:

Zum Unternehmen:

- „Was ist dir aufgefallen, als du beim ersten Mal hierherkamst?"
- „Wie würdest du die Atmosphäre beschreiben?"
- „Was ist anders als in anderen Unternehmen?"
- „Wie kannst du die Menschen beschreiben, die du hier getroffen hast?"
- „Gibt es ein Muster, das du wahrgenommen hast?"

Zu Produkt/Dienstleistung:

- „Was ist dir aufgefallen, als du unser Produkt / unsere Dienstleistung benutzt hast?"
- „Inwiefern unterscheidet es/sie sich von vergleichbaren Produkten/Dienstleistungen?"
- „Würdest du es/sie weiterempfehlen?"
- „Wenn man noch etwas verbessern könnte, an welcher Stelle würdest du ansetzen?"
- „Wenn das Produkt / die Dienstleistung weiterentwickelt würde, eine höhere Stufe erreichen sollte, wo würdest du ansetzen?"
- „Was möchtest du noch erwähnen?"

Prozesse:

- „Inwiefern ist aus deiner Sicht dieser Prozess logisch aufgebaut?"
- „Welche Schritte würden dir Sicherheit geben?"
- „Was würde dich verunsichern?"
- „Welche Schnittstellen in diesem Prozess sind aus deiner Sicht gut oder kritisch?"
- „Wie könnte man diesen Prozess vereinfachen oder verkürzen?"
- „Müsste man ein weiteres Kriterium einbauen? Welches?"
- „Was würde aus deiner Sicht diesen Prozess optimieren?"
- „Was müssen angelehnte oder übergreifende Prozesse berücksichtigen?"

Kollaboration:
- „Wie nimmst du uns als Team wahr?“
- „Wie unsere Zusammenarbeit?“
- „Arbeitest du gerne mit uns?“
- „Was gefällt dir? Wozu hast zu Anregungen?“

All diese Fragen ergeben wieder Gesprächspotenzial. Dem Reverse Mentor helfen die Fragen, weil er sich sehr viel besser vorstellen kann, was von ihm erwartet wird. Hilfreich sind auch unterstützende Tools: zum Beispiel eine Skala von 1 bis 5, die die Person nutzen kann, um die Frage einzuschätzen. Wo stehen wir in Bezug auf …? Der Mentor nimmt eine Einschätzung vor und erläutert diese.

Tipps und Erfahrungen

Reverse Mentoring braucht eine Aufwärmphase und die Erfahrung, dass eine kritische Stimme keine Folgen hat. Im Gegenteil. Deswegen ist es ganz wichtig, die Person in ihrer Meinung zu bekräftigen und zu unterstützen. Ein passendes Tool wie ein Einschätzungsbogen oder eine Skala helfen. Vielleicht kann sich die Person vorab mit jemandem austauschen, der schon ein Reverse Mentoring durchgeführt hat. Das gibt Sicherheit. Das schützt vor sozial erwünschten Antworten. „Alles prima“ tut zwar dem Gefühl gut, bringt aber nicht wirklich voran.

Reverse Mentoring ist für viele Menschen eine ganz neue Situation. Sich mit Personen auszutauschen, die älter oder erfahrener sind, ist für viele eine sinnvolle Beschäftigung. Aber sich mit Menschen auszutauschen, deren Mentor man selbst sein könnte? Das fällt tatsächlich schwer. Schnell fühlt man sich überlegen und belehrt, anstatt zuzuhören. Deswegen ist es auch hilfreich, wenn der Coach den Reverse Mentor vorbereitet und ihm hilft, ein Feedback zu formulieren. Und dem erfahrenen Mentee kann er ein paar Fragen liefern, die die Begegnung wirklich sinnvoll sein lassen. Denn aus Sicht junger Menschen sind alte Erfahrungen gut in einer alten Welt. Heute und vor allem morgen drehen sich die Dinge anders. Und da können sie besser mitspielen als Lebenserfahrenere. Denn sie sind schon in der neuen Welt groß geworden und beherrschen die Spielregeln.

Digitale Umsetzung

Manchmal erwirkt die leichte Distanz, die digitale Medien mit sich bringen, eine höhere Offenheit. So ist es ein bisschen leichter für den Reverse Mentor, die Themen anzusprechen, die ihm wichtig sind.

2. Kultur und Vertrauen

Kaum jemand kann Kultur besser transportieren als Ex-Ford-Chef Alan Mulally. In den Jahren 2006 bis 2014 hat er als Ford-Vorsitzender den Turnaround geschafft. Und das mit klassischen betriebswirtschaftlichen Methoden und mit partnerschaftlichem Denken und Handeln. Denn ihm ist es gelungen, in der Ford Motor Company eine neue Kultur der Zusammenarbeit zu installieren, die es vorher so nicht gab. Sein Motto: maximale Transparenz und positive Leadership. Mulally war ein Meister darin, Paradigmen infrage zu stellen.

Sein Nachfolger Mark Fields erinnert sich an folgende Szene bei der Übergabe: Eine Gruppe oberer Führungskräfte sitzt zusammen und bastelt eine Matrixorganisation. Sie diskutieren und überlegen, wer an wen wie berichtet: Direct Report? Dotted Line? Es gibt für viele Versionen gute Gründe. Alan Mulally gesellt sich zu dieser Session und hört 45 Minuten lang zu. Dann steht er auf und fragt: „Können wir nicht einfach zusammenarbeiten?“

Oft als „soft“ oder „esoterisch“ belächelt, wird immer deutlicher, dass die Unternehmenskultur ein realistischer Erfolgsfaktor ist. Wie Personen in einem Unternehmen miteinander umgehen, wie die eingekaufte Kompetenz der Mitarbeitenden eingesetzt wird, wie kollaboriert wird, wie sehr sich Mitarbeitende für ihr Unternehmen engagieren, wie viel Freude die Arbeit in den Teams macht: All das entscheidet letztendlich darüber, wie gut das Unternehmen florieren wird.

Bei der Beschreibung wird schon deutlich: Eine Kultur ist ein Ergebnis von Menschen, Strukturen und Prozessen. Man kann also nicht durch Workshops oder Plakate eine Kultur erschaffen oder beschwören. Sie entsteht aufgrund des Organisationsaufbaus, der Positionierung am Markt, des Umgangs miteinander. Sie entsteht in jeder kleinen Interaktion im Alltag.

Im Schulterschluss mit der Unternehmensleitung kann der Coach die Kulturentwicklung unterstützen. Dafür muss er sehr gut beobachten können und oft spazieren gehen. Ob mit Heldengeschichten, einer maximalen Transparenz, Balance Days oder konsequenten Ermutigungen: Es gibt verschiedene Möglichkeiten, die Kulturentwicklung zu unterstützen.

Tool 7 Onboarding mit Heldengeschichten

Ob wir telefonieren, Mails schreiben, chatten oder zusammen etwas erarbeiten, Kultur ist allgegenwärtig. Sie entsteht im Umgang. Und sie entscheidet, ob sich eine neue Mitarbeiterin wohlfühlt oder nicht. Von der Aufgabe, für die eine Mitarbeiterin eingestellt wurde, kann sie sich oft sehr schnell ein realistisches Bild machen. Von der Kultur nicht. Sie erfährt sie. Und sie vergleicht sie mit dem, was sie kennt. Da kann es schon verunsichern, wenn es im neuen Unternehmen ganz anders zugeht als gewohnt.

Gerade dann, wenn Menschen aus traditionellen, hierarchischen Unternehmen wechseln, sind sie mit den neuen Kommunikationsmustern und Formen der Zusammenarbeit nicht vertraut. Sie müssen sich erst einfinden und Dinge verstehen. Da kann es helfen, im Unternehmens-Wiki eine Art „Benutzeranleitung für unser Unternehmen" zu hinterlegen. Hier findet der neue Mitarbeiter die wichtigsten Vereinbarungen. Zum Beispiel zu folgenden Fragen:

- Was genau ist der Unterschied unserer Arbeitsweise zu traditionellen Unternehmen?
- Wie wird hier zusammengearbeitet?
- Wie wird entschieden? Wer entscheidet?
- Wie finde ich heraus, wie viel Geld ich ausgeben darf?
- Wie sind die Unterschriftenregelungen?
- Wie kann ich mich weiterbilden?
- Welche Unternehmensevents gibt es?
- Was sollte ich noch wissen, um hier gut anzukommen?

Unterstützt man das mit einem Notizbuch – vielleicht mit einer Widmung der Unternehmensleitung –, dann kann sich der neue Mitarbeiter nach und nach selbst seine Eindrücke und Erfahrungen notieren. Vielleicht schreibt er auch Fragen auf, die in den Gesprächen mit der Unternehmensleitung und dem Coach zu klären sind. Eine intensive Betreuung in den ersten vier Wochen ersetzen ein Wiki und ein Notizbuch aber nicht.

Ziel

Neue Mitarbeitende erhalten ausreichend Information und Aufmerksamkeit, um anzukommen und die Unternehmenskultur kennenzulernen und sich einzufinden.

Story

Paul wird an seinem ersten Tag von Marc, dem Unternehmensgründer, zum Frühstück eingeladen. Es ist ein angenehmes Gespräch, aber es gibt auch viele spannende Fragen:

- „Unter welchen Umständen macht deine Arbeit richtig Spaß, Paul?"
- „Was unterscheidet für dich einen optimalen Arbeitsplatz von einem weniger guten?"
- „Wie stellst du dir die Interaktion untereinander vor? Wie mit dem Kunden?"

Und auch umgekehrt kann Paul Marc Fragen stellen. Zum Beispiel: Wie kamst du auf die Idee, das Unternehmen zu gründen? Oder was muss passieren, dass du das Gefühl hast, wir arbeiten erfolgreich zusammen? Marc bleibt in den ersten zwei Wochen Pauls täglicher Ansprechpartner. Und er fragt immer wieder nach, sobald sie sich begegnen:

- „Worüber denkst du nach?"
- „Was bewegt dich?"
- „Was gefällt dir?"
- „Was ist neu oder fremd?"

Außerdem erhält Paul einen Coach und eine Tutorin. Zunächst ist er darüber verwundert, dass sich gleich drei Personen mit intensivem Zeiteinsatz um ihn bemühen. Nach und nach bemerkt er aber auch, wie schnell er ankommt, versteht, worum es geht, und damit handlungsfähig wird. Und der Einsatz ist nicht nur einseitig. Vom ersten Tag an werden von ihm Ergebnisse erwartet. Er bespricht jeden Tag mit Marc Ziele und Aufgaben, die er bis zum folgenden Tag bearbeitet. Und auch Konstantin, der Coach, überträgt ihm Aufgaben. Er lernt in den ersten beiden Wochen schon, sich selbst gut zu beobachten:

- Wann arbeite ich am besten?
- Wo finde ich Anknüpfungspunkte?
- Was gelingt mir leicht?
- Wie gelingt es mir, Informationen zu bekommen?

Darüber hinaus beobachtet er verschiedene Interaktionen in allen Bereichen des Unternehmens, lernt Menschen kennen und beobachtet die Abläufe:

- Wie werden Lösungen erarbeitet und Entscheidungen getroffen?
- Was passiert bei einem Dissens?
- Wie bleiben die einzelnen Personen handlungsfähig, wenn es noch keine Lösung gibt?

Nach vier Wochen hat Paul bereits das Gefühl, das Unternehmen und die Arbeitsweise gut verstanden zu haben. Es ist bereits *sein* Unternehmen geworden. Besonders hängen geblieben sind ihm aber die Geschichten, die alle drei Personen erzählten. Fast zu jedem Thema konnten sie berichten: von der Mitarbeiterin, die vor einem kniffeligen Problem stand und drei Wochen zu Hause geblieben ist, bis sie es geknackt hatte. Von dem Mitarbeiter, der sich bei den Reisekosten eifrig bedient hatte und nicht unter fünf Sternen schlafen wollte. Oder von der Erfahrung einer Fehlentwicklung, weil nicht ausreichend dokumentiert wurde und das Wissen, das es im Unternehmen gab, den relevanten Personen nicht zur Verfügung stand. Faszinierend war für Paul zu erleben, wie mit diesen Themen umgegangen wurde und wie sie die heutigen Akteure noch unterstützen, an die relevanten Aspekte zu denken und Entscheidungen zu treffen. Und dass Marc kein Firmenfahrzeug beansprucht, sondern ein Firmenfahrrad nutzt, das geht ihm nicht mehr aus dem Kopf.

Ablauf

Der New Work Coach steuert den Prozess. Das Onboarding gelingt in fünf aufeinander aufbauenden Schritten.

Schritt 1: Die neue Mitarbeiterin wird von einem Mitglied der Unternehmensleitung und ihrem Coach begrüßt. Es folgt ein etwa zweistündiges Gespräch zum Kennenlernen.

Schritt 2: Die neue Mitarbeiterin trifft ihren Tutor, der ihr relevante Zugänge und Informationen gibt, anhand derer sie sich orientieren kann. Außerdem stellt er sie den entsprechenden Teams vor – über etwa zwei Tage.

Schritt 3: Die neue Mitarbeiterin trifft ihren Coach für zwei Wochen täglich eine Stunde, um zu erfahren, wie Kommunikation und Kollaboration im Unternehmen funktionieren. Während dieser Phase hat sie etwa eine Stunde am Tag Zeit, um mit einem Mitglied des Leitungsteams Gespräche zu führen oder auch, um in Working Sessions dabei zu sein und zu erleben, wie die Unternehmensleitung denkt und handelt. Hier erfährt sie, wie die Leitung „tickt". Vertrauen entsteht. Die restliche Zeit arbeitet sie operativ in einem oder zwei Teams mit und liefert vereinbarte Ergebnisse.

Schritt 4: Nach zwei Wochen wird ihr nicht mehr viel geliefert. Der Coach stellt sicher, dass die neue Mitarbeiterin weiß, wie sie an relevante Informationen kommt, um arbeitsfähig zu sein. Die drei festen Ansprechpartner bleiben für zwei weitere Wochen verfügbar.

Schritt 5: Der Coach beobachtet die neue Mitarbeiterin bei ihrer Arbeit und bei ihrer Kommunikation und erstellt einen ersten Entwurf eines Stärkenprofils, das die Mitarbeiterin nach weiteren Wochen selbst pflegt und ergänzt. Nach etwa vier bis fünf Wochen ist die relevante Onboardingphase abgeschlossen.

In allen drei Formen des Zusammentreffens, mit der Leitung, dem Tutor und dem Coach, spielen Heldengeschichten eine zentrale Rolle. Hier werden mittels Geschichten Werte transportiert, die das Unternehmen und die Kultur des Miteinanders prägen. Das können Erfolgsgeschichten sein – es gibt einen Helden –, aber auch das Fehlverhalten einer Person – eines Antihelden – kann zum Thema gemacht werden. Die Struktur von Heldengeschichten sieht wie folgt aus:

1. Der Held wird vorgestellt.
2. Der Held bekommt eine Aufgabe.
3. In dieser Aufgabe stecken verschiedene Widrigkeiten, die der Held bewältigen muss.
4. Der Held löst seine Aufgabe und wird zum Helden.

Beim Antihelden funktioniert es ähnlich. Und manchmal sind solche Geschichten noch wirksamer. Der Antiheld bekommt auch seine Aufgabe und löst sie, verursacht aber einen nicht tolerierbaren Schaden im Umgang mit den Widrigkeiten oder wählt eine Lösung, die ihm persönlich zwar nützt, dem Team oder dem Unternehmen aber schadet. Heldengeschichten sind sehr einprägsam und werden gerne durch eine Gruppe getragen. Explizite Spielregeln erübrigen sich in Teilen, wenn es ausreichend Geschichten gibt, die die Kultur transportieren.

Die beteiligten Personen notieren täglich ihre Eindrücke zur neuen Mitarbeiterin und tauschen sie alle zwei Tage aus. So besteht in der fünften Woche eine solide Grundlage zur Einschätzung der neuen Person. Beide Seiten können eine Passung gut voraussagen und sich gegebenenfalls neu entscheiden.

Tipps und Erfahrungen

Das Onboarding ist vier bis fünf Wochen lang aufwendig und fordert alle Seiten. Oft bleiben die Mitarbeitenden nur zwei Jahre, manchmal fünf oder mehr. Man fragt sich, ob das nicht zu viel investierte Zeit ist. Gleichzeitig aber wissen alle Seiten nach etwa vier Wochen, ob die Passung stimmt. Eine Entscheidung für oder gegen eine Zusammenarbeit fällt nicht erst nach sechs Monaten, sondern in der fünften Woche. Und gleichzeitig liefert die Person sofort Arbeitsergebnisse. So gesehen, spart die intensiv investierte Zeit viele weitere Monate. Und der neue Mitarbeiter arbeitet im zweiten Monat schon genauso wie die Kollegen, die bereits länger da sind. Ressourcen werden so sehr effektiv eingesetzt. Die meisten Mitarbeitenden sind von einer derart intensiven Einarbeitung so überrascht, dass sie gerne und bereitwillig kooperieren. Das Unternehmen kann ihren Arbeitsstil und ihre Art und Weise zu denken und zu handeln erfahren. Das gibt beiden Seiten Sicherheit, dass sie im Miteinander eine gute Entscheidung getroffen haben. Und der neue Mitarbeiter weiß auch sofort, dass es sich hier um ein ganz besonderes Unternehmen handelt. Eine Bindung entsteht.

Digitale Umsetzung

Heldengeschichten haben in jeder Kommunikationsform ihren Platz: live, per Video, Telefon, Chat oder auch in einer E-Mail.

Tool 8 Transparenz

Ohne Transparenz kann man nicht erwarten, dass eine Person Verantwortung übernimmt. Wie könnte sie auch, wenn sie nicht weiß, in welchem Rahmen sie entscheidet oder welche Folgen sich aus ihren Entscheidungen ergeben können. Verantwortung kann in traditionellen Unternehmen nicht vollständig abgegeben werden, weil der Experte nicht den Überblick hat. In modernen Unternehmen ist jeder Experte dazu verpflichtet, sich diesen Überblick zu verschaffen. Er kann nur dann handlungsfähig sein, wenn er die relevanten Daten und Fakten kennt. Und diese kann er sich aneignen, ohne eine oder mehrere Personen bitten zu müssen, denn die Unternehmensdaten sind selbstverständlich für jeden zugänglich.

Die Unternehmensleitung stellt alle Daten zur Verfügung und liefert eine Interpretation dazu. In manchen Unternehmen – und das kommt sehr gut an – gibt das Leitungsteam monatlich einen Newsletter heraus, in dem die relevanten Daten gezeigt, beschrieben und interpretiert werden. Gleichzeitig berichtet die Leitung über den Stand verschiedener Projekte. So haben alle Mitarbeitenden einen Überblick darüber, was läuft, auch wenn nicht jeder in jedem Projekt involviert sein kann. Jede Unternehmensleitung wird für sich eine geeignete Form finden, maximale Transparenz zu schaffen. Relevant ist nur, dass sie es tut.

Ziel

Jede Person im Unternehmen hat Zugriff auf die relevanten Daten und kann mit diesen umgehen.

Story

Paul gähnt. Warum gibt ihm Konstantin (sein Coach) so langweilige Aufgaben? „Welche Marge müssen wir erzielen, um aus deiner Sicht rentabel arbeiten zu können?“ hat er ihm für die kommenden zwei Tage mitgegeben. Schließlich ist er kein Betriebswirt. Und Zahlen langweilen ihn ohnehin. Er möchte an der Produktentwicklung mitwirken und hat sich schon so darauf gefreut. Und jetzt soll er sich mit Kennzahlen beschäftigen. Verstanden hat er Konstantins Argumente schon. Die Produkte müssen ja in den Rahmen passen und die geeignete Marge abwerfen, sonst kann das Unternehmen nicht rentabel arbeiten. Und Gewinne erwirtschaften schon gar nicht. Und dann kann man nicht investieren und so weiter. Trotzdem langweilt ihn die Frage. Andererseits hat er auch schon Interessantes gefunden. Zum Beispiel hat er verstanden, dass mit dem Budget anders umgegangen wird als üblich. Manche Investitionen werden gemeinsam genau geprüft und bei anderen gibt es viel Vertrauen und Großzügigkeit: zum Beispiel bei den Reisekosten und bei der Weiterbildung. Er fragt sich manchmal, ob alle Mitarbeitenden mit dieser Freiheit gut umgehen und was passiert, wenn sie es nicht können. Das will er Konstantin fragen. Aber jetzt macht er sich doch an die Arbeit. Er kann ja nur dazulernen.

Ablauf

Ein Tutor leitet einen neuen Mitarbeiter dazu an, sich in der Unternehmenswelt zurechtzufinden. Er zeigt ihm, welche Informationen er wo findet, und unterrichtet ihn bei der Beschaffung von Daten und Kennzahlen. Auch führt er ihn in die Kommunikationssysteme ein. Darauf setzt der Coach auf. Er erarbeitet mit dem neuen Mitarbeiter die Informationen, die dieser braucht, um seine Rolle gut zu füllen:

- Welche Informationen braucht er?
- Wie kann er sich diese selbstständig beschaffen?
- Auf welche Informationsquellen kann er zurückgreifen?
- Für welche Art von Entscheidung, die ihm bevorsteht, kann er welche Informationen nutzen?
- Welche Informationen sind die Basis seiner Entscheidungsfindung?
- Welche sind außerdem interessant?

Da die Arbeitsfähigkeit eines neuen Mitarbeiters erst dann tatsächlich gegeben ist, wenn er dazu in der Lage ist, sich die relevanten Informationen zu beschaffen, gibt der Coach Rechercheaufgaben. Diese sorgen nicht nur dafür, dass der Beschäftigte sicherer wird und immer kompetenter in der Unternehmenswelt navigieren kann, sondern auch dafür, dass er immer besser versteht, wie das Unternehmen tickt. Die Ergebnisse werden besprochen.

Coach und (neuer) Fachkollege können dafür auch immer auf Dokumentationen der Geschäftsleitung zurückgreifen. Diese stellt regelmäßig die aktuellen Zahlen mit Interpretationshinweisen vor. Sich damit zu beschäftigen, um sinnvolle Entscheidungen treffen zu können, ist eine Notwendigkeit. Auch sind die strategischen Leitungsdiskussionen für Interessierte immer offen. Bedingung ist nur, dass jeder Beobachter seine Einschätzung und sein Feedback zur Verfügung stellt.

Darüber hinaus besprechen Coach und neuer Experte genau, wie er selbst dokumentieren sollte, um die relevanten Informationen aus seiner Arbeit für die Kollegen leicht auffindbar, prägnant und in einer geeigneten Form abzulegen. Ergänzend zum Text helfen auch kurze Videos oder Sprachnachrichten. Die Qualität der Aufnahme ist hier nicht entscheidend. Dabei unterstützt der Coach in den ersten zwei Wochen. Danach kann das jeder selbst. Und er ist auch dazu verpflichtet, sich darum zu kümmern.

Tipps und Erfahrungen

Manchmal finden neue Mitarbeitende diese Aufgabe lästig. Viel lieber möchten sie gleich durchstarten und etwas anderes tun. Recherchieren und dokumentieren erscheint hier vergleichsweise langweilig. Nach einiger Zeit aber bemerken die meisten neuen Kollegen, wie relevant ein gutes Informationsmanagement für die tägliche Arbeit ist. Das gilt gleichermaßen für die Informationsbeschaffung wie die Informationsvermittlung. Denn in modernen Unternehmen ist dies nicht die Aufgabe von Führungskräften, sondern jeder verantwortet es für sich. Jeder Mitarbeiter plant deswegen regelmäßig eine Zeit für Informationsabruf in seinen Kalender ein.

Digitale Umsetzung

Informationen werden meist über ein Medium vermittelt. In den seltensten Fällen vermitteln wir sie persönlich. Ein Video eignet sich hier genauso wie eine Telefonkonferenz oder eine ausführliche schriftliche Information, abrufbar zu jeder Zeit für alle.

Tool 9 Kultur? Struktur!

„Wir müssen an unserer Kultur arbeiten." Diese Forderung gibt es in zahlreichen Unternehmen. Und zwar immer dann, wenn ungünstige Verhaltensweisen beobachtet werden. Auf diese Forderung hin stellt sich oft Schweigen ein. Denn keiner hat eine rechte Idee, wie an dieser Kultur gut gearbeitet werden kann. Außer vielleicht ein Plakat zu drucken und an die Wand zu hängen. Aber stehen da nicht meist die Dinge drauf, die man schmerzlich vermisst?

Es geht auch gar nicht. An einer Kultur kann nicht gearbeitet werden, denn sie ist ein Ergebnis. Ein Ergebnis davon, wie ein System aufgebaut ist, also welche Struktur man in einem Unternehmen etabliert und welche Spielregeln entstehen. Jede Struktur schafft eine Kultur und die dazu passende Konfliktlinie. Und wenn komische Verhaltensweisen auftreten, dann kann ein Blick auf die Struktur helfen.

Beispielsweise erschaffen Matrixorganisationen eine Art Lähmung. Denn der erwartete befruchtende Dialog zwischen fachlicher und disziplinarischer Führung findet häufig nicht statt. Eher etabliert sich hier ein dauerhafter Konflikt durch Kompetenzgerangel. Schließlich liegt es in der Natur der Sache, dass Fachabteilung und operatives Geschäft unterschiedliche Auffassungen von erfolgreichen Wegen haben. Das macht ihr unterschiedlicher Blick auf Produkt und Markt aus. Oder beim Schaffen klassischer Abteilungen: Dass hier ein Abteilungsdenken folgt, sollte niemanden überraschen. Und doch schauen viele konsterniert, wenn es plötzlich ein „Wir" und ein „Die anderen" gibt.

Sollte eine einzelne Person in irgendeiner Weise zu einem „Problem" werden, lohnt für den New Work Coach der Blick auf das System. Da strukturelle Konflikte häufig persönlich ausgetragen werden – wobei den Handelnden oft nicht bewusst ist, was sie tun –, sind die „Symptome" zunächst auch persönlicher Natur. Den strukturellen Konflikt zu erkennen und mit diesem umzugehen ist die Aufgabe des New Work Coachs.

Beobachten, beschreiben, Alternativen entwickeln: Das sind die Aufgaben für den New Work Coach. Und die Ergebnisse stellt er der Unternehmensleitung zur Entscheidungsfindung vor. Dann kann sich etwas Neues entwickeln.

Ziel

Es sind Strukturen zu identifizieren, die sich günstig oder ungünstig auf die gewünschte Kultur auswirken. Mit Konflikten soll anders umgegangen werden.

Story

„Wie kommst du denn darauf?", fragt Marc unwirsch. „Ich kann mir das auch nicht vorstellen", meint Hannah. „Es ist ein Ergebnis aus dem Austausch unter uns Coachs. Wir haben ganz klar euch als Unternehmensführung. Und dann haben wir Teams, Duos und Einzelpersonen, die je nach Expertise wechselnd Verantwortung tragen und Entscheidungen treffen. Mit allen unseren Tools. Dennoch bildet sich gerade so etwas wie eine Führungsebene aus. Experten, die zunehmend mehr Entscheidungen für sich beanspruchen, die als Tutoren fungieren, an denen sich Einzelne und Gruppen orientieren, einfach, weil sie schon länger dabei sind als andere", erläutert Konstantin. „Und es beginnt ein Gruppendenken, ein ‚Wir' und ein ‚Die anderen'. Die Kultur, auf die alle so stolz waren, scheint sich langsam zu verabschieden."

Hannah fängt sich schnell. „Okay, also nehmen wir mal an, das wäre so. Was schlägst du vor?" „Zunächst fände ich es gut, wenn ihr euch selbst ein Bild macht und die Entwicklung gezielt beobachtet. Dann tauschen wir uns nochmals aus. Und dann geht es im zweiten Schritt darum zu schauen, wie man diejenigen, die sich unterzuordnen beginnen oder weniger Raum beanspruchen bei hervorragender Kompetenz, immer wieder dazu animiert, Verantwortung zu übernehmen. Bequemer ist es ja auch, wenn man das abgeben kann. Und im Zweifel kommt man früher nach Hause." Justus überlegt kurz. „Und dann überlegen wir uns noch, wie wir die Gruppenbildung überbrücken." Marc und Hannah nicken. Sie müssen erst mit diesem Gedanken warm werden.

Ablauf

Der New Work Coach behält die Unternehmenskultur im Blick. Wenn er selbst – oder aufmerksam gemacht durch eine andere Person – bemerkt, dass sich Dinge ergeben, die die Zusammenarbeit hemmen oder andere ungünstigen Ergebnisse produzieren, dann beobachtet er hier genauer. Folgende Fragen können ihn bei seiner Beobachtung unterstützen:

1. Welche Verhaltensweisen werden als ungünstig empfunden?
2. Wie entstehen diese? Worauf genau sind sie eine Reaktion?
3. Was versuchen die Personen mit ihrem Verhalten sicherzustellen?
4. Wie kann das anders gelingen?
5. Welche Struktur unterstützt das Verhalten?

Danach formuliert der Coach konkrete Hypothesen und teilt diese mit seinen Coachkollegen. Diese ergänzen die Hypothesen und beobachten ebenfalls für einen definierten Zeitraum das Geschehen. Danach teilen sie die Hypothesen mit der Geschäftsleitung. Das geschieht am einfachsten mit einer Figuren-Aufstellung. Mithilfe von Figuren oder anderen plastischen Dingen, wie zum Beispiel LEGO® oder auch Zuckerstückchen (im Café), können Gruppen dargestellt und unterschiedliche Sichtweisen angedeutet werden. Das Thema wird so plastischer. Es kann manchmal einfacher überlegt werden, welche strukturellen Anpassungen eingeleitet werden müssen, um eine Änderung zu bewirken.

Gemeinsam mit dem Leitungsteam überlegen sie, welche Ideen und Maßnahmen umgesetzt werden können, um der bestehenden kulturellen Entwicklung eine andere Richtung zu geben. An diesem Workshop können sich auch Experten beteiligen. Die gefundenen und vereinbarten Maßnahmen betrachten die strukturelle Ebene und führen hier leichte Veränderungen ein. Die Wirkung dieser Veränderung wird in den nächsten Monaten betrachtet und weiter differenziert. Dann folgt wieder eine Beobachtungsphase.

Tipps und Erfahrungen

Es handelt sich auch hier, wie bei vielem in New Work, um einen Ongoing Process. Eine Kulturentwicklung ist niemals abgeschlossen. Und: Eine Kulturentwicklung kann nicht beschlossen und umgesetzt werden. Es geht hier immer wieder um das Beobachten, Eingreifen, Balancieren, Weiterführen, Beobachten ... Was heute mit einem Team funktioniert, kann morgen mit anderen Personen nicht mehr so gut klappen. Deswegen sollten hier keine fest definierten Ergebnisse erwartet werden. Eher setzen wir die Segel und segeln mit dem Wind: Wird er zu stark, reffen wir Segelfläche, schwächt er ab, vergrößern wir sie, weht er aus einer anderen Richtung, passen wir das Segel wieder an. Ein immerwährendes Geschehen, ohne dass man zu einem Zeitpunkt sagen könnte: Wir haben nun die ideale Position für die Segel gefunden. Diese behalten wir nun für die gesamte Atlantiküberquerung bei.

Digitale Umsetzung

Der Austausch unter den Coachkollegen und die Kommunikation mit der Unternehmensleitung können gut mittels einer Videoübertragung gestaltet werden.

Tool 10 Szenario-Training

Man kann alles diskutieren – nur nicht im Notfall. Da muss man handlungsfähig sein. Und das gelingt besonders dann, wenn gegenseitiges Vertrauen aufgebaut wurde. Dann sind Menschen auch dazu bereit, kurzfristig etwas zu liefern, dessen Sinn sich nicht vollständig erschließt, weil sie davon ausgehen, dass die Unternehmensleitung gut entscheidet. Manchmal muss es einfach schnell gehen. Und wenn man als Leitung dann diskutieren muss, ist etwas schiefgelaufen.

Operationsteams, Segler, Piloten und andere machen es uns vor: Im Notfall wird sehr schnell entschieden und Hand in Hand gearbeitet. Erst in Ruhe alles zu analysieren und dann zu entscheiden kann hier Leben kosten. Wenn sich Risiko mit Tempo verbindet, gibt es keinen anderen Weg, als sich bedingungslos aufeinander zu verlassen. Dann sind klare Ansagen wichtig. Am besten vom Experten. Es mag auch mal eine ungünstige Entscheidung dabei sein. Aber das Team bleibt handlungsfähig. Dieses Vertrauen in die Unternehmensleitung und in alle Kollegen ist die Basis für ein gut funktionierendes Team. Jeder vertraut in die Kompetenz des anderen. Ist die Situation überstanden, war man gemeinsam handlungsfähig, dann bleibt ausreichend Zeit für eine Retrospektive.

Im Notfall agieren wir besonders dann besonnen und gemeinschaftlich, wenn Ablauf und Miteinander gut eingeübt sind. Deswegen verbringen Piloten so viel Zeit im Flugsimulator. Und das immer wieder, damit der Notfallmodus sich im Körper verankert. Es entstehen automatisierte Abläufe, die auch ohne nachzudenken abrufbar sind.

Falls es Notsituationen im Unternehmen geben kann, ist ein Szenario-Training sehr hilfreich.

Ziel

Das Unternehmen bereitet sich auf den Ernstfall vor.

Story

Henrik freut sich schon auf das Szenario-Training. Es interessiert ihn sehr, Risiken zu betrachten und zu erleben, wie sie als Team Hand in Hand arbeiten, um mit einer kritischen Situation umzugehen. Dieses Training stärkt für ihn den Zusammenhalt. Heute geht es um ein wichtiges Szenario: Eine Lungenmaschine im Krankenhaus fällt aufgrund von Softwarefehlern aus. In einem solchen Fall müssen sie als Unternehmen sehr schnell handlungsfähig sein, zum Schutz der Patienten und der Krankenhäuser, denen sie ihre Software zur Verfügung stellen. Glücklicherweise ist so etwas noch nicht passiert. Die Produkte sind sehr gut und haben schon einige Sicherheiten eingebaut. Aber man weiß ja nie. Wenn viele ungünstige Ereignisse zusammentreffen, könnte es einmal schwierig werden.

Im Notfall handlungsfähig zu bleiben, das wollen alle besonders gut können. Das aber gelingt nicht spontan, sondern muss eingeübt werden. Genau wie bei der Feuerwehr. Henrik hat auch schon ein paar Ideen, wie sie als Team noch schneller handeln können. Die will er heute einbringen. Mit Johanna, der neuen Coachin, hat er vorab schon darüber gesprochen.

Ablauf

Mit diesem Tool trainiert der New Work Coach systematisch Szenarien, die ein schnelles und risikobewusstes Handeln erfordern. Dafür müssen zunächst kritische Situationen identifiziert werden. Es kann ein Szenario aus dem eigenen Unternehmen sein, es kann sich aber auch um ein Szenario bei einem Kunden handeln, bei dem direkte und schnelle Unterstützung wichtig ist, um einen möglichen Schaden für Mensch und Umwelt abzuwenden.

Im Training bringt der New Work Coach ein Szenario mit, an dem heute gearbeitet wird. Das kann eine vergangene Situation sein oder eine mögliche Situation, die eintreten kann, aber bisher noch nicht vorgekommen ist. Das Szenario wird vorgestellt. Was im Echtfall schnell ablaufen muss, wird in diesem Training gemeinsam Schritt für Schritt in Zeitlupe entwickelt. Dafür wird ein Prozess erdacht und durchdekliniert. Wenn die Nachricht das Unternehmen erreicht: Wer macht dann was in welcher Reihenfolge?

Sollte es einen bereits definierten und etablierten Prozess geben, wird dieser diskutiert und an die inzwischen neu entstandenen Gegebenheiten angepasst. Der Prozess wird dokumentiert und in einer Simulation eingeübt und wiederholt. Erklärtes Ziel sind hier Tempo und Ergebnisqualität. Der Coach hat also die Stoppuhr immer dabei.

Szenario-Trainings können vom Coach angeboten werden, sie können aber auch von anderen Personen initiiert werden. Folgende Arbeitsschritte haben sich bewährt:

1. Beschreibung der Situation
2. Vorstellung der Rollen und des Prozesses
3. Erster Durchlauf
4. Gemeinsames Optimieren
5. Zweiter Durchlauf
6. Wiederholte Optimierung
7. Letzter Durchlauf und Verabschiedung

Szenario-Trainings müssen immer wieder durchgeführt werden, weil sich Gegebenheiten intern wie am Markt entwickeln. Und, um fit zu bleiben. Alle vier bis sechs Monate lohnt ein Blick darauf.

Tipps und Erfahrungen

Es muss nicht immer um Verletzungen oder Tod gehen, damit ein Szenario-Training sinnvoll eingesetzt werden kann. Es gibt in vielen Unternehmen ausreichend kritische Situationen, die es zu betrachten lohnt. Beispielsweise können komplexe Leistungen fehleranfällig sein. Oder ein Service muss schnell erfolgen. Es kann auch sein, dass der Austausch eines Ersatzteils eingeübt wird oder auch eine Prozesskette, die mit einem Anruf startet und dann reibungslos laufen soll. Eine theoretische Beschreibung als hinterlegter Prozess in einem Qualitätsmanagement-Dokument reicht nicht. Besonders dann, wenn der Notfall selten eintritt, ist am Tag X alles wieder vergessen. Und dann erst einen Leitfaden zu zücken, wenn der Kunde anruft, wirkt nicht unbedingt professionell.

Digitale Umsetzung

Sollte das Szenario, das trainiert wird, digitale Anteile haben, ist es sogar von Vorteil, es auch digital zu trainieren. Nur so gewinnt man tatsächlich einen Einblick, an welchen Stellen der Prozess optimiert werden kann.

Tool 11 Balance Day

Menschen empfinden unterschiedlich, wenn es um Verantwortung und um Verpflichtungen geht. Manche von uns können sich verantwortlich fühlen, aber auch abgrenzen. Andere fühlen sich immer in der verantwortlichen Rolle, manchmal Tag und Nacht. Es entsteht dann eine Neigung, sich mit seinem Thema zu verstricken und die Dinge nicht mehr mit einem distanzierten Blick betrachten zu können. Das führt auf der einen Seite zu einer enormen Arbeitsleistung. Auf der anderen Seite aber sind nicht immer alle Arbeitsschritte sinnvoll oder zielführend. Ungünstige Blickrichtungen und Druck stellen sich dann gerne ein. Beides wird weitergegeben. Arbeiten viele Menschen mit dieser Perspektive im Unternehmen, entsteht eine gehetzte Atmosphäre, viele beginnen schneller zu sprechen und zu handeln, das Denken wird zurückgestellt und es passieren immer mehr Fehler und unüberlegte Aktionen. Das Unternehmen erschöpft.

Um diesem Erschöpfungssyndrom vorzubeugen, hat es sich bewährt, einen Balance Day einzuführen. Die Bezeichnungen reichen von „Schontag" bis zu „Kein-Bock-Tag" oder auch „Grufti-Tag", wenn man ihn erst ab 57 Jahren nehmen darf. Mitarbeitende dürfen einen Tag im Monat einfach mal freimachen, um sich zu entspannen, zu distanzieren und einen freien Kopf zu bekommen. Der Tag wird in den meisten Unternehmen, die ihn anbieten, gut angenommen, aber nicht ausgenutzt. Gleichzeitig empfinden es die Menschen als extrem angenehm, die Reißleine ziehen zu können, wenn sie das Bedürfnis danach haben. Denn immerzu kann kein Mensch Spitzenleistungen produzieren. Ruhephasen gehören dazu. Und wenn man sich diese rechtzeitig gönnt, dann braucht man auch nicht krank zu werden.

Betriebswirtschaftlich profitieren alle davon. Wenn wir unter Stress arbeiten, werden wir nicht nur unproduktiv, sondern stören auch die Kolleginnen und Kollegen. Wir betrachten Dinge einseitig, haben ein dünnes Nervenkostüm und erzielen wenig Ergebnisse. Und wir nerven leider andere. Solche Tage kennt vermutlich jeder.

Ziel

Die Mitarbeitenden sollen Distanz erreichen, Entspannung spüren, Kraft tanken.

Story

Die Augen verquollen, der Kopf schmerzt. Das Gesicht kennt sie nicht. „Das bin nicht ich", schießt es ihr durch den Kopf, als sie in den Spiegel schaut. Aber krank ist sie auch nicht. Einfach nur erschöpft. Martina fährt sich durch die Haare. Sie checkt ihren Kalender. Manche Dinge, die sie sich vorgenommen hat, kann sie verlegen. Nur eine kurze Duo-Session mit Eleonora – die möchte sie wirklich machen. Sie hält kurz inne, schaut in den Spiegel, fühlt in sich hinein und dann steht der Entschluss: Es ist für alle besser, wenn sie heute einen Balance Day einschiebt. Sie greift zum Smartphone, setzt ihren Kalender auf Balance und gibt die Info in den Chat. Eleonora schreibt sie extra an. Sie schlägt ihr den Nachmittag vor. Bis dahin geht es ihr sicher besser. Dann schnappt sie sich Lektüre, macht sich einen Kaffee, wickelt sich in eine warme Decke und legt sich im Liegestuhl in die Morgensonne. Fünf Minuten später ist sie eingeschlafen. Der Kaffee kühlt unberührt vor sich hin.

Als sie erwacht, ist es kurz vor 11.00 Uhr. Sie streckt sich. Satte vier Stunden im Liegestuhl geschlafen. Ihr Rücken beschwert sich. Martina checkt den Chat. Gibt ein paar Infos, verabredet sich mit Eleonora für später und überlegt, was sie mit dem Rest des Tages anfängt. Sie fühlt sich schon viel besser. Es ist noch nicht so heiß, sodass sie in ihre Joggingklamotten hüpft und ihre übliche Runde läuft. Auf dem Weg klären sich manche wirren Gedanken, der Matsch im Kopf löst sich auf und als sie nach Hause kommt, weiß sie, was sie nachmittags unbedingt angehen möchte. Nach einer Dusche sitzt sie am Schreibtisch, telefoniert. Zwei Stunden will sie investieren, dann kann sie morgen gleich durchstarten. Am späten Nachmittag geht sie ins Yogazentrum, nutzt die Zeit ganz für sich und ohne Gedanken, voll fokussiert auf ihren Atem. Drei Stunden später liegt sie im Bett und schlummert sanft ein. Dieser Tag hat ihr die gewohnte Kraft zurückgegeben. So soll es sein.

Ablauf

Personen, die in der Lage sind, ihren Energiehaushalt zu steuern, und die merken, wenn sie nicht mehr richtig gut sind, genehmigen sich selbstständig den Balance Day und bedürfen keiner Anregung vom New Work Coach. Alle anderen und oft auch die neuen Mitarbeitenden, die das nicht gewöhnt sind, tun sich etwas schwerer. Hier ist der Coach gefragt. Zum einen, um zu ermutigen, zum anderen aber auch, um die Sorgen und Bedenken aufzufangen, die sich um einen Balance Day ranken können. Folgende Fragen kann er mit seinem Coachee besprechen:

- „Was hindert dich, dir einen Balance Day zu gönnen?"
- „Was kann im schlimmsten Fall passieren?"
- „Welche Hypothesen hast du darüber, was Kollegen und Kunden von dir denken, wenn du deinen Balance Day genießt?"
- „Bist du dir selbst einen Balance Day wert?"
- „Was denkst du über Menschen, die sich einen Balance Day gönnen?"
- „Wie fühlt sich das für dich an: nicht produktiv zu sein?"
- „Wie könntest du deinen persönlichen Balance Day gestalten?"
- „Wie nutzen ihn andere?"
- „Welche Wirkung versprichst du dir?"

Nur im Notfall verordnet der Coach einen Balance Day und schickt eine Person nach Hause.

Tipps und Erfahrungen

Viele Menschen können gar nicht glauben, dass ein Unternehmen einen Balance Day anbietet. Der Vertrauensvorschuss rührt sie. Und der erste Tag, den sie nehmen, verunsichert noch. Nach und nach gelingt es besser, ein gutes Gefühl für sich selbst zu entwickeln, und schließlich wird der Balance Day sehr sinnvoll eingesetzt. Zum Beispiel vor oder nach einem großen Auftritt. Nach einer intensiven Arbeitsphase. Bevor neue Ideen erforderlich sind oder einfach dann, wenn der Körper signalisiert, dass bald eine Erkrankung ansteht, um Ruhe zu erzwingen.

Der Balance Day wird nicht ausgenutzt, sondern geschätzt. Meist gibt es auch eine besondere interne Abwesenheitsnotiz für den Balance Day: „Morgen bin ich gut balanciert zurück und unterstütze dich gerne."

Digitale Umsetzung

Über einen Balance Day kann der New Work Coach auch per Video mit einer Person sprechen. Da er die Reaktionen der Person gut sehen können sollte, ist das Video dem telefonischen Coaching vorzuziehen.

Tool 12 5 : 1 – konsequent ermutigen

Sprachlich müssen wir mächtig drauflegen, damit etwas als positiv empfunden wird. Ein „Gut" ist inzwischen einfach nur normal. Das hat die Sprachwissenschaftlerin Christine Liebrecht in Tilburg nachgewiesen. Ihr Team legte Versuchspersonen ein Gespräch zwischen zwei Personen vor. Bewertete beispielsweise eine Person ein Essen als „lecker", dann empfanden die Leserinnen und Leser dieses Urteil als weniger stark als die Bewertung eines Essens mit „schlecht". Derselbe Effekt ließ sich bei Wörtern wie „klug" versus „dumm" oder bei „spannend" versus „langweilig" nachweisen. Fazit: In jeder Hinsicht beeindruckt uns ein negatives Urteil mehr.

Was evolutionsbiologisch sinnvoll ist – nämlich deutlich aufmerksamer Gefahren zu begegnen als positiven Ereignissen –, wirkt sich im Arbeitsumfeld aus. Angespannte Mienen, herunterhängende Mundwinkel, kritische Blicke üben eine sehr starke Wirkung auf uns aus. Deswegen braucht es jemanden, der bewusst und wiederholt auf die positiven Ereignisse hinweist und diese in den Fokus rückt. Gepaart mit positiven Rückmeldungen, freundlichen Kommentaren und Feedback an die Unternehmensleitung über hervorragende Leistungen, ist die Aufmerksamkeit des New Work Coachs auf die positiven Ereignisse gerichtet, um diese stärker in das Bewusstsein aller zu rücken.

Ziel

Positives soll in den Fokus rücken.

Story

„Schön, dass du uns immer wieder daran erinnerst, was alles gut funktioniert." Annika ist tatsächlich dankbar. Wenn viele Aufgaben auf sie einströmen, hat sie schnell das Gefühl, dass gar nichts klappt. Ihre Energie lässt nach, sie produziert Fehler, diese bestätigen ihre Zweifel und so fort. Die Abwärtsspirale nimmt ihren Lauf. Sich selbst da herauszuwühlen ist gar nicht so einfach. Wenn sie aber mit Johanna zusammen überlegt, was in der vergangenen Woche alles geklappt hat, dann sieht die Welt schon anders aus. Und da Johanna abschließend noch sagt: „Danke, Annika, es ist immer wieder anregend, sich mit dir auszutauschen. Du nimmst die Dinge schon besonders differenziert wahr", geht es Annika nach diesem Gespräch rundherum gut.

Ablauf

Der New Work Coach ist konsequent auf der Suche nach Funktionierendem, nach positiven Interaktionen, nach Gelingendem. Kurz, nach allem, was Spaß macht und klappt. Er ist sozusagen die Nachrichtenagentur für das Positive. So kann es gelingen, dass die Stimmung im Unternehmen konsequent positiv aufgeladen wird und auch in schwierigen Situationen der Mut nicht schwindet. Dafür gibt es verschiedene Möglichkeiten der Umsetzung. Denn der Coach dient genau wie die Unternehmensleitung als direktes Vorbild. Wenn er die Kultur unterstützen will, ist es besonders wichtig, das Verhalten zu zeigen, das untereinander erwartet wird:

- wiederholte kurze Anerkennung,
- Stärken betonen und Personen wie Teams dabei unterstützen, diese weiter auszubauen,
- bei Moderationen das Positive und Gelungene betonen,
- alles, was bereits erarbeitet wurde, visualisieren,
- Fortschritt verdeutlichen und visualisieren,

- Gespräche positiv abschließen,
- Zuversicht ausstrahlen,
- Dank aussprechen – besonders für das Vertrauen, mit dem Menschen ihm begegnen,
- Muster aufzeigen, die eine Person oder ein Team erfolgreich machen,
- Mut und Zuversicht aussprechen,
- Skalierung nutzen, um Positives bewusst zu machen,
- Blog zum Thema „Unser Erfolg“ pflegen,
- in eher negativen Küchendiskussionen etwas Positives dagegensetzen,
- in Berichten das Positive gesondert betonen.

Besonders wichtig ist dabei, dass er nicht das herumträgt, was negativ ist. Dafür kann er die drei Siebe des Sokrates nutzen: Ist es wahr? Ist es gut? Ist es notwendig? Wenn alle drei Fragen mit „Ja“ beantwortet werden können, dann sollte der New Work Coach darüber sprechen. Wenn nur eine der Fragen mit „Nein“ beantwortet werden muss, dann hält er sich lieber zurück.

Da das Negative sich ohnehin von selbst verbreitet und dominant wahrgenommen wird, ist es kulturprägend, sich auf das Positive zu fokussieren. Und hier gilt die 5 : 1-Regel. Wenn wir einer Person etwa fünf Mal etwas Positives gesagt haben, dann ist sie überzeugt, dass wir es gut mit ihr meinen. Einen kritischen Punkt nimmt sie daher gerne auf. Erhalten sie immerzu negatives Feedback, dann tendieren Menschen eher dazu, den Kritiker abzuwerten: „Der hat ja keine Ahnung.“ 5 : 1 ist eine sehr wichtige Regel, nicht nur für Coachs. Auch untereinander. Wenn uns etwas gefällt, was Kolleginnen tun, können wir das formulieren und nicht für selbstverständlich befinden.

In manchen Unternehmen gibt es Feedback-Boxen. Hier kann jemand, der anerkennende Worte loswerden möchte, diese auf einem kurzen Brief notieren und sie in die Box werfen oder in einen persönlichen Umschlag stecken. Das kann anonym geschehen, entwickelt seine volle Kraft aber erst, wenn der Absender vermerkt ist. Am Ende des Monats oder auch am Ende eines größeren Meetings bekommt jeder einen Umschlag mit seinen Feedbacks. Es tut gut, das zu lesen, und bringt mehr Transparenz in die eigenen Fähigkeiten. Vermutlich gibt es bald auch dazu eine App.

Tipps und Erfahrungen

„Wie kann der nur immer so gute Laune haben?“, fragen sich manche Mitarbeitende, wenn sie den Coach beobachten. Dabei ist gute oder schlechte Laune kein Schicksal, sondern eine Entscheidung für einen Fokus. Der Coach lebt in der gleichen Welt wie alle anderen. Vermutlich fokussiert er seine Aufmerksamkeit anders als andere und betont das Positive. Das ist sein Auftrag und das kann sich jeder abschauen. Vorausgesetzt, er entscheidet sich dafür.

Digitale Umsetzung

Durch Emojis und andere Icons können immer wieder schnell und unkompliziert Ermutigungen, ein Dankeschön oder eine andere Art der Anerkennung transportiert werden. Dafür eignet sich neben dem direkten Aussprechen auch der Chat, der neben dem Video und einer Telefonkonferenz läuft. Anstatt der Feedback-Umschläge, die in einem Workshop ausliegen, können hier in den Pausen kurze schriftliche oder sprachliche Nachrichten ausgetauscht werden.

3. Mindset

Lee Iacocca galt nicht unbedingt als zimperlich. Fest im traditionellen Management verankert, führte er stringent und mit harter Hand. Aber auch er wusste schon, dass das Mindset eines Menschen wesentlicher ist als seine Kompetenzen. Wenn das Mindset passt und die Kompetenzen gut sind, dann kann eine Person im Unternehmen einen guten Weg machen. Fehlende Kompetenzen kann man ausbauen. Stimmten Mindset und Kompetenzen nicht, dann fiel es Iacocca leicht, Menschen auf die Straße zu setzen. Auch leicht fiel ihm das, wenn zwar die Kompetenzen herausragend waren, aber das passende Mindset fehlte. Denn das, so wusste er, ist nur eingeschränkt entwicklungsfähig.

Sobald eine Kultur im Unternehmen etabliert ist, sollte die Unternehmensleitung Menschen gewinnen, die mit ihrem Mindset in diese Kultur passen. Und auch das reicht nicht aus. Denn es entstehen immer wieder Kräfte, die vom einmal eingeschlagenen Weg wegführen. Eine Kultur muss permanent gepflegt und unterstützt werden.

Vielleicht ist es manchmal herausfordernd oder auch anstrengend, im Mindset zu handeln. Dann lässt man schnell nach. Oder man ist nicht so aufmerksam, hat einen schlechten Tag, fühlt sich überlastet. Alles das sind Gründe, die eine Person davon abbringen können. Und das nehmen andere wahr, kopieren unbewusst, und schon nimmt die Spirale ihren Lauf. Denn Menschen achten stark aufeinander. Sie beobachten, was andere tun, und passen sich an. Die Pflege und die kontinuierliche Weiterentwicklung des Mindsets, der Struktur und damit der Kultur ist deswegen eine der zentralen Aufgaben des New Work Coachs. Die nächsten Tools können dabei hilfreich sein.

Tool 13 Spiegel-Session

Nicht immer schön, aber hin und wieder notwendig: Dem unverschleierten Blick in den Spiegel weichen wir gerne aus, damit wir unser konsistentes Selbstbild erhalten können. Jede Person agiert Seiten aus, die ihr selbst nicht bewusst sind, die gleichzeitig einen Teil ihrer Wirkung ausmachen.

Viele Menschen können eine Haltung oder ein Verhalten bei anderen Menschen beschreiben. Bei uns selbst sind wir eher blind. Zusammenzuarbeiten ist nicht trivial. Und unsere Wirkung ist vielfältig, denn jeder Kollege nimmt andere Anteile wahr. Nicht alles, was unterstützend gemeint ist, kommt auch so an. Nicht alles wirkt wie beabsichtigt. Manchmal ist die Wirkung gegenteilig. Wir wollen unterstützen, nehmen dem anderen aber den Raum. Wir arbeiten tagelang und sogar nachts und trotzdem kommen wir nicht voran. Was passiert in solchen Fällen genau? Wir nehmen die Welt in einer bestimmten Art und Weise wahr und bemerken nicht, was wir alles ausblenden, weglassen, durch Filter betrachten, weichzeichnen oder überbewerten. So kommt es, dass bei bester Intention schräge Verhaltensweisen entstehen.

Regelmäßig in einen sprechenden Spiegel zu schauen, der nicht die gleiche Wahrnehmung hat wie wir selbst und uns Rückmeldung gibt, ist vielleicht nicht gerade das Highlight des Tages, aber unersetzbar. Denn durch ihn bekommen wir einen neuen Blick auf uns selbst.

Eine Erkenntnis ist eine Erkenntnis. Und wenn wir gut sind und an sie denken, dann setzen wir sie auch um. Dennoch ist das Rückfallpotenzial sehr hoch, denn die „alten" und bewährten Denk- und Verhaltensmuster setzen sich durch. Es braucht sehr viele Wiederholungen und oft etwas Zeit, bis das angestrebte Verhalten genauso selbstverständlich zur Verfügung steht wie das tradierte, das uns automatisch leitet. Die Schätzungen liegen zwischen 600 und 10.000 Wiederholungen.

Ziel

Der Coach unterstützt Selbsterkenntnis und verdeutlicht die persönliche Wirkung.

Story

Das ist das erste Spiegel-Coaching für Marc mit Johanna. Mit Justus hat er schon einige Sessions hinter sich gebracht. Und Marc weiß ganz genau, wo er steht, was er kann und wann er sich selbst im Weg steht. Deswegen hat er eigentlich von seiner Session heute nicht viel Neues erwartet. Aber das Feedback von Johanna hat ihn tatsächlich aufgewühlt. Sie hat noch einen ganz anderen Blick auf ihn und fokussiert in eine andere Richtung, als Justus es bisher gemacht hat. Was für Justus in Ordnung war, hat Johanna thematisiert und umgekehrt. Das beginnt schon bei der Wirkung. Seine Art beschrieb Justus mit „zugänglich" und „unterstützend". Johanna hat nun die Worte „kühl" und „distanziert" benutzt. Entweder verhält er sich beiden Personen gegenüber so unterschiedlich oder er wirkt so unterschiedlich auf verschiedene Menschen. Wenn das so ist, dann muss er zukünftig sein Verhalten gegenüber Menschen, die Johanna ähnlicher sind, anpassen. Gut, dass er etwas Zeit zum Überlegen hat. Morgen will er sie fragen, wie er sich verhalten müsste, damit sie ihn auch als zugänglich und unterstützend wahrnehmen kann. Das wird bestimmt spannend.

Ablauf

In regelmäßigen Abständen, mindestens vier Mal im Jahr, zieht sich jede Person mit dem Coach zu einer Reflexionssitzung zurück. Der Coach nutzt alle Beobachtungen, die er in den letzten Wochen und Monaten gemacht hat, um der Person Feedback zu geben. Folgende Aspekte können den Coach leiten:

- Mit welcher Haltung begegnet die Person anderen Personen?
- Welche Arbeitsweise bevorzugt die Person?
- Was sind ihre Stärken, was fällt ihr leicht?
- Was passt nicht zu ihr?
- Welche Überzeugungen leiten die Person?
- Wie wirkt sie?
- In welchen Kontexten kann sie besonders viel positive Wirkung entfalten?
- Was hemmt sie?
- Wofür wird die Person anerkannt und respektiert?
- Was ist das Besondere an ihrer Art?
- Welche Kompetenzen kann sie gewinnbringend einsetzen?
- Welche fehlen oder kommen nicht hinreichend zum Einsatz?

Hilfreich ist es, wenn der Coachee für sich selbst auch diese Fragen beantwortet. Das unterstützt beim Abgleich von Selbst- und Fremdbild. Die Antworten können auf Karten geschrieben werden. Bei jeder Frage legen dann Coach und Coachee ihre Karten nebeneinander.

Grundsätzlich hat das Feedback genauso viel mit dem Spiegel zu tun wie mit der Person, die in den Spiegel hineinsieht. Das, was wir als Spiegel fokussieren, sagt viel über uns selbst aus. Was ist uns wichtig? Was gefällt uns? Was nicht? Für den Hineinsehenden ist es deswegen relevant, in verschiedene Spiegel zu schauen. Dann wird meist deutlich, dass für jede Person andere Verhaltensweisen interessant sind. Besonders wichtig sind Aspekte, die viele Spiegel formulieren. Oft sagt der Coachee spontan: „Das höre ich nicht zum ersten Mal.“ Wenn diese Resonanz entsteht, dann schaut die betroffene Person nun ein Detail im Spiegel an, an dem es sich zu arbeiten lohnt. Es wird von verschiedenen Spiegeln bemerkt und steht so tatsächlich für den Hineinsehenden. Mit diesem Feedback kann eine Person ihre Stärken gezielt ausbauen und an Herausforderungen arbeiten. Der Coachee kann im Vorfeld auch den Coach beauftragen, auf bestimmte Aspekte zu achten. Dieser Wunsch wird in der Spiegel-Session ergänzt.

Nach dem Blick in den Spiegel kann der Coachee Fragen stellen, sich Beispiele geben lassen und die einzelnen Aspekte beleuchten. Danach kommt eine Pause. Es erhöht die Wirkung, wenn eine Spiegel-Session über zwei Tage geplant wird. Der Coachee braucht die Gelegenheit, das Gehörte sacken zu lassen und die Informationen zu verarbeiten. Ein oder zwei Tage später findet das folgende Gespräch statt, mit einer vertieften Reflexion des bereits Gesagten und einer Entscheidung, was der nächste Schritt auf dem Weg der Weiterentwicklung sein könnte.

Diese nächsten Schritte sollten so geplant sein, dass sie in den kommenden drei Monaten bis zur nächsten Spiegel-Session umsetzbar sind. Und sie sollten sich auf ein bis drei Punkte fokussieren. Mehr ist unrealistisch.

Das Tool ist genauso für Teams einsetzbar, die längere Zeit zusammenarbeiten. Hier entstehen Muster, die der Coach spiegeln kann. Denn diese bemerken nur Außenstehende.

Tipps und Erfahrungen

Geliebt und gehasst zugleich, ist dieses Tool beim ersten und zweiten Mal besonders, danach gibt es einen Gewöhnungseffekt. Manche Dinge wiederholen sich auch. Stärken bleiben konstant und werden noch besser eingesetzt, weil sie nun bewusst sind. Anderes wird neu betrachtet, der positive Anteil wieder genutzt und der vielleicht schwierige Anteil anders gespielt.

Es zeigt sich immer wieder, dass auch ein Coach keine objektive Wahrheit vermittelt, sondern immer die eigene Empfindung und Interpretation darstellt. Erst über Spiegel-Sessions mit mehreren Personen entsteht eine objektivierte Version des Selbst.

Digitale Umsetzung

Dieses sehr persönliche Thema sollte im Live-Chat oder über eine Videoübertragung besprochen werden. Es ist für den Coach relevant, auf alle Signale reagieren zu können.

Tool 14 Fokus? Außen!

„Achte auf dich selbst." Viele Jahre haben Psychologen nun den Innenfokus propagiert und Menschen dabei unterstützt, auf sich selbst zu hören. Das war und ist auch sicher eine gute Richtung, um seine Kernkompetenzen zu erkennen und zu schätzen und den Situationen des Lebens souverän und sicher begegnen zu können. Es hat gut sortiert und stabilisiert. Über diesen starken Fokus auf das innere Geschehen ist manchmal der Außenfokus ein wenig vernachlässigt worden.

Wer nur mit sich beschäftigt ist, verpasst das Team (und das Leben), hat Probleme bei der Kollaboration und überwindet eigene Grenzen kaum. Den anderen tatsächlich sehen zu können, ihn als Menschen nehmen zu können, seine Motive und Beweggründe zu respektieren und ihn entsprechend zu unterstützen, das schafft ein Klima, das die Kultur der Zusammenarbeit maßgeblich prägt.

In einem Unternehmen stechen gemeinsame Interessen die individuellen. Das ist nicht jeder Person sofort verständlich, deswegen darf es wiederholt werden.

Vor allem dann, wenn es stressig wird. Das große Ganze rutscht in anspruchsvollen Zeiten schnell aus dem Blickfeld. Der Coach schiebt es geduldig immer wieder in den Fokus. Das ist sein Job.

Es lohnt allerdings nicht, Personen einzustellen, die das prinzipiell nicht verstanden haben oder für sich nicht wollen. Sie werden nicht glücklich werden. Im Unternehmen stehen immer Verhaltensweisen im Vordergrund, die die unternehmerischen Interessen schützen und diese voranbringen.

Mit dem Tool *Fokus? Außen!* sind wir mitten im systemischen Denken gelandet. Denn Dinge, Prozesse, Verhaltensweisen sind nicht nur günstig oder ungünstig, sondern wirken je nach Kontext unterschiedlich. Über den eigenen Tellerrand zu schauen und sich immer wieder bewusst zu machen, welche Wirkungen und Nebenwirkungen es gibt, gehört zum Alltag eines Experten in einem Team.

Ziel

Der Coach hilft dabei, die Aufmerksamkeit zu erhöhen und kollaborativ zu handeln. Er richtet den Fokus einer Person nach außen.

Story

Außenfokus – das klingt ganz einfach. Eleonora geht davon aus, dass ihr Coaching heute sehr schnell geht. Das dauert vielleicht fünf Minuten. Ihren nächsten Termin legt sie deswegen mit 15 Minuten Puffer und macht sich auf die Suche nach Justus.

Und dann kommt alles ganz anders. Zwei Stunden sitzt sie mit Justus zusammen. Zwei Stunden für das Thema Außenfokus. Schon die ersten beiden Fragen, die Justus ihr stellt, sind für sie verwirrend:

- „Was ist deine Hypothese darüber, was Annika, Peter und Paul von dir brauchen?“
- „Wie kannst du sie am besten unterstützen, damit ihr alle gemeinsam eure Ziele erreichen könnt?“

Darüber hatte sie noch nicht nachgedacht. Sicher, im Moment arbeitet sie die meiste Zeit mit den dreien zusammen. Aber über ein gemeinsames Ziel haben sie sich noch nicht explizit verständigt. Sie weiß zwar genau, was sie selbst zu tun hat … Aber welche Aufgaben haben eigentlich die anderen?

Und dann kommen sie nach und nach vertieft ins Gespräch. Zum Schluss hat sie das Gefühl, dass sie sich doch gedanklich überwiegend mit sich selbst beschäftigt und zu wenig berücksichtigt, wie sie einen guten Beitrag zum gemeinsamen Ganzen leisten kann. Wie kann sie unterstützen? Ausgleichen? Ergänzen? Wie stellt sie sicher, dass sie das Ganze vor Augen hat und nicht schon dann zufrieden ist, wenn sie ihre To-dos abarbeitet? Diese Dimension ist neu und braucht etwas Übung. Deswegen wird sie zu diesem Thema auch noch zum Lunch-Termin mit der Unternehmensleitung eingeladen werden. Denn hier steht regelmäßig der Außenfokus auf dem Programm.

Ablauf

Andere Personen als Menschen mit ihren Interessen und Herausforderungen wahrnehmen und sein eigenes Verhalten überdenken – das ist das Ziel dieses Tools. Zu diesen anderen Personen gehören alle, die mit einer Person innerhalb und außerhalb des Unternehmens in Kontakt sind: Unternehmensleitung, Kollegen, Kunden, Partner, Zulieferer – und wenn wir noch weiter schauen, auch Gesellschaft und Umwelt.

Der Coach arbeitet bei diesem Tool mit Einzelnen und mit Duos sowie mit Teams. Den Startpunkt bietet eine Zeichnung, die alleine oder gemeinsam angefertigt wird. Im Mittelpunkt dieser Zeichnung steht die Person. Geleitet durch die Fragen des Coachs zeichnet der Coachee oder das Team alle relevanten Kontaktpunkte und Schnittstellen ein. Während der Zeichenarbeit kann der Coach mit folgenden Fragen unterstützen:

Arbeit mit einzelnen Personen:

- „Welche Informationen, die du hast, könnten für wen im Unternehmen interessant, hilfreich oder unterstützend sein?"
- „Wer ist außerdem relevant für dich und für wen haben deine Arbeitsergebnisse Relevanz?"
- „Wie kannst du diese relevanten Informationen passend vermitteln?"
- „Worauf genau solltest du dabei achten?"
- „Welche Überzeugungen können dich dabei unterstützen?"
- „Welche Ziele verfolgt Person X / Team X?"
- „Welchen Herausforderungen sehen sie sich gegenüber?"
- „Wie kannst du sie bestmöglich unterstützen?"
- „Wie kannst du deine Wirksamkeit verbessern?"

- „Wie kannst du die Wirksamkeit der Kolleginnen und Kollegen verbessern?“

Diese Fragen können für ein Team entsprechend angepasst werden. Das Tool ist außerdem im Anschluss an eine Working Session nutzbar. Folgende Fragen unterstützen das Team, um den Außenfokus zu aktivieren:
- „Was kann jeder Einzelne dem Duo oder dem Team liefern, damit alle optimal leistungsfähig sind?“
- „Worauf solltet ihr gegenseitig achten?“
- „Was muss passieren, damit ihr alle optimal zusammenarbeiten könnt?“
- „Wie könnt ihr die Zusammenarbeit so einfach und so angenehm wie möglich machen?“
- „Wie könnt ihr die Arbeitsweise so anpassen, dass andere einen maximalen Nutzen von eurem Engagement haben?“
- „Welche Wirkung haben eure Anstrengungen?“
- „Erreicht ihr die Ergebnisse, die ihr erreichen möchtet?“
- „Unterstützt ihr gleichermaßen Personen mit Schnittstellen zu euch?“
- „Wie könnt ihr eure Wirkung messen? Verbessern?“

Der Coach kann, nachdem jeder für sich die Fragen beantwortet hat, mit dem Tool *1, 2, viele* (Tool 29) oder mit *25/5* (Tool 38) weiterarbeiten, um weitere Ideen zu generieren oder um zu einer Entscheidung zu finden.

Alle Anstrengungen sollten deswegen nicht nur darauf gerichtet sein, die eigenen Ziele zu erfüllen und den entsprechenden Herausforderungen zu begegnen, sondern ebenso energievoll dabei behilflich zu sein, dass andere ihre Ziele erfüllen können und ihren Herausforderungen gut begegnen. Aufgabe des Coachs ist es, die Aufmerksamkeit immer wieder auf dieses Anliegen zu fokussieren.

Um die Schranken im eigenen Kopf zu überwinden, ist es hilfreich zu fragen: Was erwarte ich von meinem Umfeld? Und nahezu im gleichen Atemzug: Was bin ich bereit zu liefern oder zu investieren?

Wenn mithilfe dieses Tools die Aufmerksamkeit für andere Menschen und deren Aufgaben steigt und jede Person im Unternehmen darauf fokussiert ist, was sie liefern kann, und nicht darauf, was sie bekommen sollte, dann funktioniert Teamarbeit schon auf einer ganz neuen Ebene.

Tipps und Erfahrungen

Es fällt immer wieder auf, dass die Themen, die für ganz selbstverständlich gehalten werden, am wenigsten geliefert werden. „Klar denke ich an meine Teamkollegen", mag jemand formulieren. Das bedeutet aber noch lange nicht, dass derjenige seine Handlungen und seine Kommunikation darauf abstimmt, was die anderen tatsächlich brauchen, um gut zu arbeiten und um sinnvoll zu entscheiden. Das fängt bei ganz einfachen Dingen an: Eine Person fragt ihren Kollegen nach einer Sache, die sie selbst hätte recherchieren können. Weil es aber bequemer ist zu fragen, nutzt sie die Gelegenheit, beachtet aber nicht, dass sie womöglich den Kollegen gerade bei einer anderen Aufgabe stört oder für ihn umfangreichere Arbeit verursacht. Was als Kleinigkeit beginnt und freundlich gemeint ist, kann langfristig eine Belastung werden und Konflikte verursachen. Deswegen ist es so wichtig, das Thema Außenfokus schon im ersten Kontakt, spätestens aber im Onboarding zu berücksichtigen. Und zwar von allen Seiten: Unternehmensleitung, Tutor, Coach und Kollegen.

Digitale Umsetzung

Da die Würze dieses Tools in der Wiederholung liegt, kann es in unterschiedlichen Varianten immer wieder genutzt werden. Mal geht man zusammen zum Mittagessen, mal gibt es einen kurzen Chataustausch, dann wieder eine Videokonferenz oder ein Telefonat. Der Wechsel der Medien ist hier besonders interessant.

Tool 15 Stop doing

Alles, was zu viel ist, belastet. Ein voller Keller, die Ansammlung in der Garage, zu viele Unterlagen, ein volles Laptop, eine unübersichtliche Struktur, zu viele Informationen. Minimalismus ist nicht umsonst Trend. Denn wir verlieren uns in der Vielzahl der Dinge. Aufräumen erhält daher eine ganz andere Notwendigkeit. Ohne Aufräumen versinken wir in einer chaotischen Organisation, die mit zunehmenden Daten und Unterlagen immer langsamer wird. Und Aufräumen meint hier nicht nur, eine Ordnung in etwas zu bringen, sondern sich auch tatsächlich von Dingen, Themen, Informationen, Prozessen oder gar Produkten zu trennen.

Alles, was entsteht und wächst, wird an einer bestimmten Stelle zerstört – zumindest in Teilen –, um Neues zu ermöglichen. Wenn Altes keinen Platz macht, kann sich Neues kaum entwickeln. Auch das Mindset will immer wieder aktualisiert werden, denn die Tendenz, an Dingen festzuhalten, lebt in vielen Menschen. Weil es Sicherheit gibt. Was man hat, das hat man ...

Ziel

Der Coach hilft dabei, Übersichtlichkeit und Handlungsfähigkeit zu erhalten.

Story

Peter und Annika haben heute eine Aufräumstunde mit Konstantin. In den letzten Wochen wurde so viel Neues gestartet, dass es heute darum geht, dieses in die Dokumentation einzufügen und gleichzeitig veraltete Themen herauszunehmen und die Dokumentation dazu zu archivieren. An der Frage „Was lassen wir stattdessen?" hängen sie im Moment. Denn eigentlich ist alles wichtig. „Eigentlich?", fragt Konstantin. „Wann wollt ihr das denn fortsetzen?" „Keine Ahnung", antwortet Peter spontan. „Aber wäre doch schade, es fallen zu lassen." „Na ja", entgegnet Konstantin, „wenn du deinen Werkzeugkeller so vollpackst, dass du eine Stunde nach einem Hammer suchst und dann auch noch zwischen fünf verschiedenen entscheiden musst, dann nützt er dir vielleicht nicht mehr so viel, als wenn du zwei sehr gute und in unterschiedlicher Größe griffbereit vorfindest. Und ich habe den Eindruck, dass ihr immer wieder begeistert Neues startet, ungeachtet dessen, was ihr schon begonnen habt. Gerne auch doppelt. Nun ist es einfach zu viel." Das trifft Annika und Peter. Als Chaoten wollen sie auch nicht vor Konstantin erscheinen. Dennoch haben sie keine Idee, wie sie anfangen können. Deswegen macht Konstantin den ersten Vorschlag: „Okay. Dann lasst uns mal die Projekte finden, die aus eurer Sicht unser Unternehmen besonders voranbringen."

Ablauf

„Start, keep, stop doing" ist eine bekannte Strategie, die manchmal im unternehmerischen Kontext Anwendung findet. Erfahrungsgemäß erfolgt das nicht systematisch genug. Und oft mit dem Fokus auf Start und auf Keep. Deswegen ist es Aufgabe des Coachs, bei jeder Working Session, in der Neues erarbeitet wird, auch immer dem Einzelnen, dem Duo oder dem Team und dem *Admin of the week* Fragen zu stellen:

- „Was lassen wir stattdessen?“
- „Was wollen wir nicht weiterverfolgen?“
- „Was kann weg?“
- „Was brauchen wir nicht mehr?“
- „Was ist nun überflüssig?“
- „Was können wir verkürzen, vereinfachen?“
- „Was wurde lange schon nicht mehr benutzt? Oder abgerufen?“
- „Was gibt es schon in ähnlicher Form?“

Da es vielen Menschen sehr schwerfällt, sich von Dingen zu trennen, vor allem dann, wenn sie selbst mitgearbeitet haben, ist es oft wichtig, dass der Coach den ersten Vorschlag einbringt. Manchmal läuft es dann an. Ein anderes Mal braucht es immer wieder Impulse vom Coach.

Der Coach kann auch Maßgaben vorschlagen: „Alles, was wir zwei Jahre nicht aufgerufen haben, kommt ins Archiv“ oder „Bei allem, was es schon in ähnlicher Form gibt, kommt die alte Version ins Archiv“. Und dann werden entsprechende kleine Programme zur Suche geschrieben, damit die themenspezifischen Dateien schnell identifiziert werden können.

Da Abwechslung in der Methode so wichtig ist, damit wir uns nicht langweilen, kann der New Work Coach alternativ auch einige Themen herauspicken, die lange nicht genutzt worden sind. Diese präsentiert er den Beteiligten und fragt provokativ: „Kann das weg?“ Wenn es keinen Widerspruch gibt, wandern alle Dokumente, die mit diesem Thema verbunden sind, direkt ins Archiv.

Auch jede andere Methode kann nutzbringend eingesetzt werden. Wichtig ist nur, dass sich eine Person regelmäßig darum kümmert. „Stop doing“ bezieht sich gleichermaßen auf Prozesse und Vorgehensweisen. Es gibt nichts, das nicht überprüft werden sollte.

Tipps und Erfahrungen

Wir waren mal Jäger und Sammler. Gefühlt sind wir es immer noch. Wegwerfen, sich trennen, loslassen fällt besonders schwer. Umso wichtiger ist es, dieses Tool regelmäßig anzuwenden. Weil es wenig beliebt ist, muss der Coach den Arbeitsgruppen beim Stop doing oft nachhelfen. Gelingt es ihm damit, Prozesse zu verschlanken und Dokumentationen übersichtlich zu halten, gewinnt diese

Arbeit an Attraktivität. Es dauert aber, bis das den Experten bewusst wird. Deswegen kann ein Coach manchmal erst dann mit diesem Tool punkten, wenn ein Pull im Unternehmen entstanden ist, wenn zum Beispiel ein Mitbewerber einen Pitch gewinnt, weil seine Prozesse kürzer und flexibler sind oder er schneller agieren kann.

Digitale Umsetzung

Allein der Reminder im digitalen Kalender, dass eine Stop-doing-Session ansteht, hilft schon weiter. Das Tool kann sehr gut mit einer Videokonferenz gestaltet werden. Vorteilhaft ist wie meist die Möglichkeit, auf ein gemeinsames Whiteboard zuzugreifen.

Tool 16 Implizite Regeln

Wir sind Gruppentiere. Das Denken und Fühlen der Menschen um uns herum beeinflusst unsere eigene Wahrnehmung und unser Verhalten. Menschen neigen dazu, sich anzupassen und die Dinge ähnlich zu betrachten wie vertraute Personen, mit denen sie ihren Alltag teilen. Am Anfang sind wir noch aufmerksam, finden etwas ungewöhnlich und hinterfragen Dinge. Möglicherweise kommen wir aus einem Team, in dem jeder freimütig seine Meinung geäußert hat. In diesem neuen Team aber gilt die implizite Regel „Bevor du deine Meinung sagst, denke genau nach". So stellt sich bei neuen Themen und vor Entscheidungen erst einmal Ruhe ein. Jede Person denkt nach. Wenn man selbst viel Aktivität und hitzige Diskussionen gewöhnt ist, mutet dieses Verhalten erst einmal seltsam an. Bis man diese Regel verstanden hat und nun auch nur noch Gedanken äußert, die man sorgfältig erwogen hat.

Mit der Zeit finden wir uns in das Regelwerk eines neuen Teams ein, gewöhnen uns daran und bemerken nicht, wie beeinflusst wir sind. Wir adaptieren uns an implizite Regeln und verhalten uns konform. Kurz: Wir haben die Spielregeln verstanden und können das Spiel mitspielen.

Spielregeln definieren ein Spiel sehr viel stärker als die Mitspieler. Wir unterscheiden ein Spiel von einem anderen über die Regeln. Die Spieler könnten hier und dort dabei sein. Deswegen lohnt es, sich die Spielregeln – vor allem die,

die im Geschehen entstehen – bewusst zu machen und zu hinterfragen: Wollen wir mit dieser Spielregel arbeiten?

Mit diesem Tool kann der Coach Einzelne und Teams konfrontieren. Er setzt es immer dann ein, wenn er die Hypothese hat, dass sich Menschen zu sehr einfinden und anpassen, ohne ihren kritischen Verstand ausreichend zu bemühen. Sei es aus dem Wunsch nach Harmonie heraus oder sei es, weil sie stark auf die anderen eingeschwungen sind und nicht mehr wahrnehmen, dass sie eigentlich eine differente Meinung vertreten. Das geschieht besonders dann, wenn sich im Unternehmen Freundschaften entwickeln und das Klima sehr gut ist. Was auf der einen Seite die gute Zusammenarbeit unterstützen kann, wirkt manchmal auf der anderen Seite einschränkend. Aber auch, wenn die Atmosphäre nicht so freundschaftlich ist, wirken Spielregeln.

Ziel

Der Coach will Wahrnehmungsfilter bewusst machen und kritisches Denken anregen.

Story

Sie waren schon mal effektiver als Team. Das können alle Experten, die an dieser Working Session beteiligt sind, erkennen. Woran das liegt, wissen sie nicht. Deswegen haben sie heute Johanna eingeladen, ihre Working Session zu beobachten. Sie möchten wissen, welche impliziten Regeln sich im Umgang miteinander eingeschliffen haben. Johanna nimmt diese Aufgabe gerne an. Sie beobachtet eine Working Session und entscheidet sich dann, zunächst mit Einzelnen und später mit dem ganzen Team ihre Beobachtungen zu teilen. Es gibt ein paar Beobachtungen, von denen sie nicht sicher ist, ob die Einzelnen das im gesamten Team besprechen möchten. Mit diesen Personen führt sie sehr intensive Gespräche, bevor sie mit der Gruppe ins Gespräch kommt. Sie beginnt: „Ich habe mit jedem von euch gesprochen, insofern kennt ihr nun schon die Richtung. Es scheint in eurer Zusammenarbeit so, als hätten sich feste Rollenmuster eingeschlichen, die jeder spielt, sobald ihr als Team zusammenkommt. Auch wenn ihr allein und in Duos dieses Verhalten nicht zeigt. Das passiert manchmal. Die meisten von euch sind auch gar nicht mehr zufrieden mit den Zuschreibungen, die sie glauben regelhaft erfüllen zu müssen. Deswegen möchte ich jetzt gerne mit euch besprechen, wie ihr diese festen Rollen auflösen und ein neues Miteinander finden könnt. Ich habe im Kreativraum die Ergebnisse meiner Beobachtungen als implizite Regeln für euch visualisiert und möchte euch nun bitten, an den Wänden entlangzuwandern und die Informationen zu betrachten. Dann lasst uns überlegen, wie ihr in ein neues Miteinander kommen könnt. Lasst uns dafür die Form *1, 2, viele* nutzen (Tool 29). Wir treffen uns in 15 Minuten im Kreativraum. Die Session wird 50 Minuten dauern."

Ablauf

Der Coach beobachtet neue Mitarbeitende ganz besonders. Denn das Unternehmen hat sie eingestellt, um von ihnen profitieren zu können. Passen sie sich zu schnell an, verlieren sie automatisch einen Teil ihrer Kompetenz. Sie warten vielleicht ab. Der Coach ermutigt und stärkt die Person.

- „Wie kam es zu dem Impuls, dich in Situation X zurückzuhalten?"
- „In welcher Form könntest du deine Expertise sinnvoll einbringen?"
- „Wie kannst du dem Team dein Wissen zur Verfügung stellen, ohne dass bei dir oder anderen ein unangenehmes Gefühl entsteht?"
- „Was glaubst du, welche impliziten Regeln gibt es in diesem Team?"
- „Was kann schlimmstenfalls passieren, wenn du dich positionierst?"
- „Glaubst du, dass alle anderen mit diesen Regeln einverstanden sind? Woran machst du das fest?"
- „Was geschieht, wenn du dagegen verstößt?"

Die letzte Frage zielt auf den sogenannten Worst Case. Wenn der Worst Case besprochen wird und sich herausstellt, dass eigentlich nicht viel Schlimmes passieren kann, ermutigt das Menschen, zu ihrer Meinung zu stehen und ihre Kompetenz zu nutzen.

Auch im Team kann es wichtig sein, implizite Regeln, die im gemeinsamen Tun entstehen, zu hinterfragen. Oft schwingt sich eine Gruppe ein und wird immer dysfunktionaler, ohne es selbst zu bemerken. Ein Coach kann hier eingreifen und seine Beobachtungen zur Verfügung stellen:

- „Wie kommt es, dass ihr heute nach zwei Wortmeldungen schon einig wart?"
- „Wie kommt es, dass ihr zwar in einem hohen Tempo arbeitet, aber die Qualität gesunken ist? Oder umgekehrt?"
- „Wie könnt ihr euch gegenseitig weiterhin ehrlich Feedback geben?"
- „Wie könnt ihr systematisch euren ruhigeren Teammitgliedern Gehör geben?"

- „Wie könnt ihr die Schnelleren zufriedenstellen und die Langsameren mitnehmen?“
- „Wie kann man eure impliziten Regeln beschreiben?“
- „Seid ihr alle mit diesen zufrieden?“

An dieser Stelle ist es auch sehr hilfreich, wenn der Coach die impliziten Regeln formuliert, die er bei der Zusammenarbeit im Team festgestellt hat. Dem Team selbst fällt das oft sehr schwer. Dafür ist es günstig, eine interessierte Person aus dem Team als weiteren Beobachter zu etablieren. Mit dieser Person stimmt der Coach ab, welcher Fokus bei den Beobachtungen gesetzt werden soll und welche Kriterien sie anlegen wollen.

Nach ein paar Tagen findet ein Fish Bowl statt, bei dem sich Coach und Teamkollege über die impliziten Regeln zu Kommunikation und Zusammenarbeit im Team unterhalten. Die involvierten Kollegen schauen zu. Im Anschluss nutzen sie beispielsweise *25/5* (Tool 38) – möglicherweise modifiziert in *25/3*, um einige Verbesserungen zu generieren, die sie umsetzen möchten.

In der nächsten Working Session nutzt das Team einen Stopp, um zu reflektieren, inwiefern die Umsetzung gelungen ist. Dies kann mit oder ohne Coach erfolgen.

Tipps und Erfahrungen

Je länger ein Team zusammenarbeitet, umso mehr läuft unbewusst ab. Manche dieser Dinge sind hilfreich und bringen die Arbeit voran, andere sind eher hinderlich und unterstützen den Prozess nicht mehr. Aufgabe des Coachs ist es, ungünstige Muster zu unterbrechen, sie bewusst zu machen und dem Team zu helfen, neue Wege zu gehen. Das ist vor allem dann wichtig, wenn er hört, „dass die Dinge nicht mehr wie früher sind“, „der Austausch nachgelassen hat“, „es weniger Spaß macht“, bis hin zu handfesten Konflikten. Manchmal kommen aber auch Teams auf den Coach zu und formulieren ihre „unspezifischen Bauchschmerzen“. Auch dann kann der Blick auf implizite Regeln hilfreich sein.

Digitale Umsetzung

Dieses Tool kann gut in einer Videosession genutzt werden. Die Coachkollegen unterhalten sich und das Team schaut zu. Danach geht es an die Umsetzung von Ideen. Die 1:1-Session kann genauso mit oder ohne Medium stattfinden.

Tool 17 Customer Bowl

Dieses Tool hat zwei Richtungen. Entweder beobachten wir Kunden, wie es Marktforschungsteams regelmäßig tun. Dann schauen wir uns zum Beispiel an, wie eine Person eine Verpackung mit eingeschweißten Nüssen öffnet. Wird sie die dafür vorgesehene Lasche nutzen? Auf den meisten Verpackungen finden sich Hinweise wie „Bitte hier öffnen". Die Felder sind rot markiert, vorgestanzt oder weniger stabil verklebt. Wenn wir unsere Testperson beobachten, werden wir erleben, wie sie eine Schere oder ein Messer nutzt und diese mittig in die Verpackung einbringt. Vermutlich sticht sie einfach mittenrein, um an die Nüsse zu gelangen. Vielleicht verwendet sie auch den Korkenzieher, den man für Weinflaschen inzwischen ja kaum noch braucht. Menschen nutzen Werkzeug. Verpackungsingenieure bekommen Kopfschmerzen, wenn sie hier zusehen. Bei einer Befragung im Rahmen einer Marktforschung würden wir dieses Verhalten nicht zugeben: „Ich suche immer die vorgegebene Öffnung und ziehe am Bändchen."

Oder der Kunde beobachtet uns. Das ist neu. Und mutet vielleicht zunächst befremdlich an. Wir laden Kunden ins Unternehmen ein, damit sie uns bei der Arbeit über die Schulter schauen. Sie dürfen uns beobachten, wenn wir überlegen, wie wir den Service am besten optimieren. Sie dürfen unseren Working Sessions folgen und unsere Überlegungen reflektieren. Dazu fehlt bisher vielen Unternehmen der Mut. Der meist hohe Erkenntnisgewinn empfiehlt dieses Risiko.

Das New Chamber Orchestra, das seit den 1970er-Jahren ohne Dirigent arbeitet, hat daraus für sich ein Geschäftsmodell entwickelt. Es bietet Unternehmen an, vor seinen Auftritten bei Proben zuzuschauen. Die Zuschauenden können so erfahren, wie das Orchester ohne Leitung agiert. Sie beobachten die Diskussionen in der Probe und ziehen daraus für ihre Zusammenarbeit Schlüsse. Gleichzeitig profitiert das Orchester von den Beobachtungen als Feedback und kann daraus für sich Schlüsse ziehen, um die Probe weiter zu optimieren.

Ziel

Systemisches Kundenfeedback wird auf allen Ebenen eingeholt.

Story

Man könnte eine Stecknadel fallen hören. So ruhig und gleichzeitig gespannt ist die Atmosphäre. Nach der Working Session sitzen die eingeladenen Kunden in der Mitte, das Team drumherum – ein klassischer Customer Bowl. Nur Justus sitzt auch in der Mitte und befragt die Kunden nach ihren Eindrücken – und zwar anhand des Beobachtungsleitfadens, den das Team zuvor gemeinsam mit den Kunden erstellt hat. Und die Kunden sind sehr aktiv: Viel Begeisterung ist in der Working Session spürbar und sehr viele – zu viele – Ideen. Dadurch geht der Fokus verloren. Anstatt pragmatisch vorzugehen, will jeder eine noch bessere Idee einbringen. In der Suche nach dem Optimum verlieren sich die guten Ansätze.

Wie kommt man nun von den Visionen zum Konkreten, Umsetzbaren? Empfehlung der Kunden? Da kommt zunächst nichts. Deswegen greift Justus zu einer Unterstellung: „Bestimmt ist euch aufgefallen, dass wir alle sehr wortgewandt sind und viel Energie in unsere Diskussionen geben. Vermutlich werdet ihr empfehlen, länger und intensiver zu diskutieren, um zu einem richtig guten Ergebnis zu kommen …“ Hier regt sich spontan Widerspruch und es kommt zu einem konstruktiven Gespräch.

An diesem Tag möchte keiner nach Hause gehen. Das Team hat eine ganz neue Energie und es scheint, als würden die Dinge sich nun verbessern. Das wäre ohne die Kunden nicht in dieser Form gelungen. Denn alle wollen überzeugen und zeigen, wozu sie in der Lage sind.

Ablauf

Um die Kunden zu beobachten, wie bei Tool 41 (*Interfaces und Co-Creation*) beschrieben, brauchen wir eigentlich nur die Erlaubnis, es zu dürfen. Aufgabe des Coachs ist es, zum einen die Unternehmensleitung dabei zu unterstützen, passende Kunden und Situationen zu definieren. Zum Zweiten aber bereitet er die Personen, die zum Kunden fahren, auf diesen Besuch vor. Denn wir nehmen meist nur die Dinge wahr, auf die wir vorbereitet sind.

- „Welche Nutzung des Produktes / der Dienstleistung ist vorgesehen?“
- „Wie ist der optimale Ablauf?“
- „Welche Varianten gibt es?“
- „Worauf fokussiert ihr eure Beobachtungen?“
- „Wer von euch übernimmt welche Beobachtungsaufgaben?“
- „Was geschieht mit den Ergebnissen eurer Beobachtungen?“

Gemeinsam mit dem Team wird ein Beobachtungsbogen entworfen, an dem sich die Beobachter orientieren. Auch bei der Auswertung der Beobachtung unterstützt der Coach und überlegt gemeinsam mit dem Beobachtungsteam, wie die Ergebnisse relevanten Personen zugänglich gemacht werden können.

Wird der Kunde ins Unternehmen eingeladen und soll Feedback geben, muss noch genauer vorbereitet werden. Es reicht nicht, Kunden einzuladen und abzuwarten, was passiert. Bevor Kunden für diese Aufgabe interessiert werden, sollte sich das Team genau gewahr sein, welches Ergebnis es für sich mitnehmen möchte. Dafür braucht es zunächst einen Fokus: Was genau wollen wir in der Working Session erarbeiten? Wichtig ist, dass es sich um einen besonderen Aspekt handelt, den das Team für sich kritisch prüfen möchte und der gleichzeitig für die Kunden relevant ist.

- „Welchen Erkenntnisgewinn erwarten wir von dieser Aktion?“
- „Welche Session ist die richtige dafür?“
- „Welche Kunden können uns verwertbares Feedback geben?“

Auch die Kunden sollten auf dieses Event entsprechend vorbereitet werden. Auch sie bekommen einen Beobachtungsbogen, mit dem sie die Session beobachten und anschließend Feedback geben. Und sie nehmen einen Nutzen für sich mit. Vielleicht lernen sie etwas über die Art und Weise der Kommunikation und Zusammenarbeit und können bestimmte Elemente in ihrem Unternehmen umsetzen? Ein beiderseitiger Nutzen ist Voraussetzung für die Bereitschaft, Zeit zu investieren. Deswegen sollte diese Session sehr gut durchdacht und vorbereitet sein. Und: extrem fokussiert ablaufen.

Den anschließenden Customer Bowl zum Austausch der Ergebnisse moderiert der New Work Coach. Er stellt seine Fragen geschickt, um einen möglichst hohen Erkenntnisgewinn zu ermöglichen. Bewährt hat sich die Strategie, Unterstellungen zu formulieren:

- „Bestimmt ist euch aufgefallen, dass wir …“
- „Vermutlich habt ihr erlebt, wie wir …“
- „Es wird euch nicht entgangen sein, dass einige von uns …“

Auf Unterstellungen zu reagieren und diese geradezurücken ist oft einfacher, als ein Feedback zu formulieren. Und wenn es mit einem gewissen Augenzwinkern geschieht, dann erfrischt es die ganze Runde.

Tipps und Erfahrungen

Beim Customer Bowl ist jeder Teilnehmer motiviert, zu zeigen, was er draufhat. Wenn jemand von außen ins Unternehmen schaut, dann putzt man vorher alles durch und überlegt sich ein besonders gutes Format. Anstatt Kunden kann man auch Partner und Lieferanten einladen. Das funktioniert oft ähnlich gut. Wichtig ist nur, dass das Tool nicht abgenutzt wird, indem gefühlt jede Woche Externe als Beobachter da sind. Als Besucher und für Co-Creation darf öfter eine externe Person im Haus sein. Nicht aber mit der Aufgabe, Feedback zu geben.

Digitale Umsetzung

Die Kunden digital zuzuschalten ist kein Problem. Auch wenn manche Kunden möglicherweise noch unsicher mit Medien sind, überzeugt sie schnell eine selbstverständliche Nutzung. Das zu beobachtende Team sollte sich in einem Raum befinden. Doppelt digital zu arbeiten, also Team und Beobachter digital zusammenzuschalten, ist nicht ganz so einfach, aber vorstellbar.

Tool 18 Side-Effects

Die Natur beruht auf einem Zusammenspiel vieler kleiner Details und findet in diesem Zusammenspiel immer wieder zu einem Gleichgewicht. Das kann man an vielen Beispielen sehen. Das eindrucksvolle Video zum Thema „Wie Wölfe den Yellowstone-Nationalpark veränderten" zeigt die Ansiedlung von Wölfen und deren Auswirkungen: Rotwild wird gerissen und aus vielen Revieren verdrängt. Daraufhin können sich wieder einige Tierarten ansiedeln, die zuvor durch die steigende Anzahl an Rotwild ihren Lebensraum aufgaben. Der Yellowstone-Nationalpark verfügt durch diesen Eingriff heute über eine deutlich höhere Artenvielfalt – bei Tieren und Pflanzen.

Dafür, dass eines das andere bedingt, möglich macht oder auch verhindert, finden wir in Öko-Systemen eine Vielzahl an Beispielen. Und wir können auch beobachten, dass Handlungen in Unternehmen nicht nur die Wirkung zeigen, derentwegen sie ausgeführt wurden, sondern eine Vielzahl an weiteren Folgen und Nebenwirkungen haben, die manchmal nicht direkt sichtbar werden oder über die man sich später wundert. Und manchmal kann man schon nicht mehr den Zusammenhang mit dem ursprünglichen Impuls sehen.

Aus diesem Grund und aus vielen anderen gibt es in lebendigen Systemen kein „Richtig" oder „Falsch". Es gibt lediglich ein Balancieren und Beobachten. Nicht alles, was wir erreichen wollen, gelingt auch, und nicht alles, was darüber hinaus geschieht, obwohl es nicht intendiert war, ist gleich offensichtlich.

Ziel

Der Coach hilft, Wirkungen und Nebenwirkungen zu betrachten und Handlungsoptionen zu ermitteln.

Story

Paul ist zwar genervt, weiß aber, dass die Session nur dafür gedacht ist, ihn zu unterstützen. „Side-Effects": Darauf hat er keine Lust. Es geht um Details und um Nebenwirkungen. Beides ist nicht seine Stärke. Aber was soll's? Meist gelingt es doch, den Humor zu behalten und nicht zu verzweifeln, wenn ein Kollege überlegt, welche unerwünschten Side-Effects auf den Kunden zukommen könnten, wenn sein neues Programm eingesetzt wird. Paul weiß ja selbst, dass die Schnittstellen noch nicht hundertprozentig sitzen. Aber er hat keine Lust darauf, dass der Kollege etwas findet, was seine viele Arbeit und sein schönes Projekt infrage stellt. Er will die Marktreife. Und zwar schnell. Auch, weil es etwas ist, das er sich selbst ausgedacht hat. Mit dieser Stimmung kommt er zu Justus. „Immer besser, wir sind intern sehr streng und kritisch und betrachten alle Fälle, als dass uns der Kunde darauf aufmerksam macht. Und wir können dann immer noch entscheiden, ob wir trotz der Nebenwirkung zur Marktreife gehen." Das weiß Paul ja alles, trotzdem mag er seine Arbeit ungern dem suchenden Kollegen präsentieren, der den Fokus auch auf kritische Aspekte gesetzt hat. „Es ist massiv wohlwollend und schützend für dich. Immerhin hast du danach die Chance, mit den Dingen umzugehen, die dir auf die Füße fallen könnten, wenn du sie ignorierst", bemerkt Justus, der seine Nervosität wahrnimmt.

Mit etwas mulmigem Gefühl denkt Paul an die Grillparty, die heute Abend stattfindet. Nach so einer Session will er nur nach Hause und alleine mit seinen Gedanken sein. Auch eine Art Nebenwirkung. Und die hat Justus heute besonders im Blick. Denn er freut sich auf die Party.

Ablauf

Dieses Tool geht mit Szenarien um. Sobald etwas mit einer Person oder einem Team erdacht wurde, geht es darum, Hypothesen zu bilden, welche weiteren Effekte auftreten könnten. Hier können Erfahrungen eine Rolle spielen, es können Annahmen gebildet werden und es können Geschichten zurate gezogen werden.

In der Side-Effects-Session befinden sich außer Coach und Coachee zwei weitere kompetente Kollegen, die sich aufteilen. Eine Person fokussiert die positiven Effekte, die zweite explizit die unerwünschten Nebenwirkungen. Der Coach malt eine Zeitlinie auf oder legt diese auf dem Boden aus. Hierbei einigt er sich mit den Coachees auf eine Metrik: Wochen, Monate, Jahre. Welche Wirkung hat die Lösung in den ersten zwei Wochen? Zwei Monaten? Zwei Jahren? In manchen Fällen kann es auch Verästelungen dieser Grundlinie geben, weil weitere Ereignisse oder Wirkungen hinzukommen.

Der Coachee berichtet nun von seinem Projekt und die anderen beiden kommentieren – eine Person positiv, die andere Person kritisch. Ihre Punkte schreiben sie auf Kärtchen und legen diese an die Zeitlinie auf dem Boden. Dieses Pingpong-Spiel hört sich der Coachee an, bis er genug verstanden hat. Dann macht er sich Notizen zu den Aspekten, die er aus dieser Session mitnehmen und weiterentwickeln möchte. Seine Ergebnisse kann er teilen.

Die Session kann bei Bedarf erweitert werden. Falls Themen aufkommen, für die der Coachee keine ausreichend guten Lösungen findet, können die anderen bei der Lösungsfindung unterstützen. Oft entstehen Duos, die ganz neue Teillösungen entwickeln.

Tipps und Erfahrungen

Es macht nicht unbedingt Spaß, sich mit den Side-Effects zu beschäftigen und Hypothesen darüber zu bilden, was mit etwas gutem Neuem noch alles passieren kann. Deswegen muss der Coach die Personen, um deren Lösung oder Entscheidung es geht, an die Hand nehmen und begleiten. Je weniger man an der Lösung oder der Entscheidung beteiligt war, umso mehr Spaß macht es, sie zu zerlegen. Je mehr Herzblut drinnen steckt, umso schwieriger wird es. Allen muss stets bewusst sein: Wir zerlegen nicht eine Person oder mehrere Personen, sondern die Lösung bzw. die Entscheidung, um sie zu optimieren und um die Personen und das Unternehmen zu schützen. Diesen Geist in der gesamten Session aufrechtzuerhalten ist Aufgabe des Coachs. Die meisten Coachees formulieren nach der Session, dass ihnen die positiven Aspekte besonders gutgetan haben und sie dankbar für die Kritik sind. Nach viel Arbeit nur Kritisches zu hören, macht einfach keinen Spaß und motiviert auch nicht, sich weiter mit den Dingen auseinanderzusetzen. Deswegen ist es sehr wichtig, die positiven Effekte zu betonen.

Digitale Umsetzung

Side-Effects können ganz einfach digital umgesetzt werden. Dafür braucht man nur eine einfache Videokonferenz mit der Möglichkeit, ein Chart zu teilen.

Tool 19 Ideen.Blog

In jedem Brevier zu agiler Projektarbeit kann man es lesen: Ein Projektsprint endet mit einer Retrospektive. Hier soll nach Abschluss eines Projektes darüber reflektiert werden, was gut und was schlecht lief, damit diese möglichen Fehler nicht in einem Folgeprojekt erneut zum Tragen kommen. Aus den Fehlern wird gelernt und der nächste Sprint wird gleich besser aufgesetzt. Die Methode wurde zur evolutiven Verbesserung eingeführt und wenn alle gut mitarbeiten und die Retrospektive gut moderiert ist, sind die Ergebnisse sehr hilfreich. Das klingt prima? Ist es auch. Wenn da nicht der Faktor Mensch wirken würde, der sich langweilt, wenn Dinge immer gleich ablaufen. Nach der fünften Retrospektive nimmt die Energie meist ab.

Im Projektalltag steht der nächste Sprint schon an, wenn der vorangegangene beendet wird. Alle Energien sind bereits auf die Zukunft und die kommenden Aufgaben fokussiert. Anzuhalten und zurückzublicken fällt Menschen insbesondere dann sehr schwer, wenn sie gedanklich schon mit dem nächsten Thema losgesprintet sind. Deswegen fehlt oft für die Retrospektive die notwendige Geduld.

Nichts ist so alt wie die Tageszeitung von gestern. Nichts macht so wenig Spaß, wie Vergangenes aufzuarbeiten. Und: Wenn man alle 14 Tage eine Retrospektive mit der gleichen Methodik durchführt, schleift es sich ab. Es wird langweilig. Man braucht ein neues Format. Zum Beispiel einen Blog.

Deswegen gehen wir hier einen anderen oder auch zusätzlichen Weg. Wir klinken die Retrospektive in das aktuelle Geschehen ein und setzen auf Continuous

Improvement im wörtlichen Sinn. Hier finden automatisch die Erfahrungen des letzten Projekts ihren Platz. Die Perspektive bleibt nach vorne gerichtet. Man muss sich nicht umdrehen, obwohl man zurückblickt, und kann schon weiterlaufen.

Meist erwachsen aus Dingen, die nicht funktioniert haben, auch gute Ideen. Denn Ideen entwickeln sich im Tun. Nicht, wenn man sich an einen Tisch setzt, um Ideen zu entwickeln. Und so kann der Blog regelmäßig nach neuen grundsätzlicheren Ideen durchforstet werden. Das kann die Unternehmensleitung machen oder der Coach. Oder auch jede Person, die dazu Lust und Zeit hat. Und wenn jemand etwas findet, dann kann er es direkt umsetzen. Denn gute Ideen verbreiten sich von selbst. Man muss sie nicht „ausrollen". Wenn eine interessierte Gruppe mit etwas startet, dann können andere vorbeischauen und zusehen. Dazu wird ein Bericht auf dem Ideen.Blog eingestellt für alle, die von den Erfahrungen der ersten Gruppe profitieren wollen. So hat zum Beispiel das niederländische Unternehmen Buurtzorg Buurtzorg + gegründet. Über die Altenpflege hinaus kooperiert Buurtzorg nun eng mit Therapeuten und bietet deren Leistungen zusätzlich zur Pflege an. Das wurde nicht von der Leitung entschieden. Eine Region hat es ausprobiert, darüber berichtet, es weiterentwickelt, die Ergebnisse wieder allen zur Verfügung gestellt, bis andere Regionen diese Idee aufgegriffen und sie passend für ihre Region umgesetzt haben.

Ziel

Das Tool unterstützt die kontinuierliche Verbesserung.

Story

Peter freut sich. Mehr als 70 Prozent seines Teams teilen seine Meinung, dass Working Sessions mehr draußen in der Natur stattfinden sollen. Also ab in den Park oder in den Wald! Der Kreativraum ist zwar schön, aber wenn man immer im gleichen Raum sitzt, gehen die Ideen aus. Jetzt gilt es, das zu testen. Peter lädt Paul ein und testet mit ihm eine Duo Session im Park. Danach schreibt er darüber im Blog: ablenkende Geräuschkulisse, zu viel Licht für den Bildschirm, Kontext ist besetzt und Konzentration fällt schwer. Fazit: Der Park eignet sich nicht für längere Duos. Besser wäre der Wald oder ein anderer ruhiger Platz draußen. Er erhält spontan einige „Nützlich" von Kollegen. Mit diesen Kollegen will er nun geeignete Orte finden. Wer wohnt außerhalb und kennt sich aus?

Ablauf

Zum Start eines neuen Projekts, spätestens aber beim Kick-off richtet der New Work Coach einen Ideen.Blog ein, in dem Ideen zur Verbesserung der Arbeitsweise geteilt werden. Der Blog unterteilt sich in ein Board und eine Story. Alternativ gründet der Coach eine Seite im Projekt-Wiki. Welche Alternative besser ist oder ob eine dritte Option hilfreich sein kann, entscheidet er anhand der kommunikativen Gewohnheiten des Teams. In diesem Blog oder Wiki werden nicht nur Texte eingestellt, sondern kleine, unprofessionell gedrehte Filme unterstützen die Beschreibung.

Auf dem Board stehen kurze anregende Fragen (maximal drei):

- Was haben wir beim letzten Projekt neu verstanden?
- Was tun wir mit dieser Erkenntnis?
- Was können wir besser machen – jetzt?

Auf diesem Board kann jeder Ideen hinterlegen, die eine Verbesserung oder Optimierung bringen sollen. Bei der Story geht es um Folgendes:

- Welche Teile habe ich schon umgesetzt?
- Mit welchem Erfolg?
- Was fehlt?

Diese Story wird von demjenigen, der die Idee hatte, gepflegt und ergänzt. Oft haben wir die besten Ideen dafür, wie andere ihre Arbeit optimieren können. Die Story unterstützt, dass Personen sich auf ihre eigene Performance konzentrieren. Hier geht es tatsächlich darum, eine Optimierung vorzunehmen, die man zumindest zum Teil selbst umsetzen kann. Diese Idee wirkt im Projektalltag auf andere. Und wenn der Umsetzungsbeschreibung ein interessanter Film hinzugefügt wird, ist es noch wahrscheinlicher, ein Like zu erhalten. Filme sind im Moment das optimale Mittel, um Informationen weiterzugeben und Interesse zu wecken. Vermutlich wird sich auch das wieder weiterentwickeln.

Anhand der Anzahl von vergebenen „Nützlich“ aus dem Team wird entschieden, welche Ideen zur Umsetzung in eine Working Session eingehen. Der Coach beobachtet die Entwicklung und schaut auch auf Überschneidungen der Ideen. Dabei gilt ein kritischer Wert von 70 Prozent. Wenn 70 Prozent der Personen, die am Projekt beteiligt sind oder diese Idee umsetzen könnten, die Idee für nützlich befinden, dann initiiert der Coach zu diesem Thema eine

Working Session. Beteiligt sind der Ideengeber und ein bis zwei weitere Personen. Das hängt ab von der Fachkompetenz, die benötigt wird, um die Idee weiter zu spezifizieren.

Jeder kann auf diesem Blog zu jedem Zeitpunkt im Projekt Ideen einbringen. Die Ideen werden aber erst dann in einer Working Session ausgearbeitet und zur Reife spezifiziert, wenn 70 Prozent und mehr diese Idee interessant finden. So schützt der Coach das Team davor, dass sich die eher lauteren Menschen mit ihren Ideen durchsetzen und die leisen nicht gehört werden. Darüber hinaus besteht schon ein gewisser Grundkonsens. Und: Es gibt nicht nur einen Zeitpunkt zur Optimierung. Jeder kann dann, wenn ihm etwas einfällt, eine Idee ergänzen. Und zwar in der Form, die ihm oder ihr am meisten liegt: als Text, als Sprachnachricht oder als kleines Video.

Auch die Blogs der verschiedenen Projekte können sich untereinander befruchten. Sollte der New Work Coach oder eine andere Person herausfinden, dass in einem anderen Projekt eine Idee Gehör fand, die auch für das laufende Projekt attraktiv sein könnte, kann er diese Idee übernehmen. Mit einer gelungenen Struktur können die Blogs auch verschränkt werden, ohne zu unübersichtlich zu sein. Auch hier müssen konsequent Redundanzen gelöscht werden.

Tipps und Erfahrungen

Oft sind Menschen so überzeugt von ihren Ideen, dass sie versuchen, bei Retrospektiven ihre Ansätze durchzusetzen. Was erst einmal eine gute Idee zu sein scheint, muss sich aber nicht bewähren. Deswegen braucht es eine kritische Größe an Zustimmung: 70 Prozent.

Der Ideen.Blog ermöglicht ein spontanes Sammeln an Ideen und ein Priorisieren über Zustimmung. So kommen nur die besten Ideen voran. Das funktioniert, wenn die Ergebnisse für alle einsehbar sind. Der gemeinsame Geist liegt darin, konsequent voneinander zu lernen und zu profitieren.

Digitale Umsetzung

Der Ideen.Blog ist ein digitales Tool.

Tool 20 Imperfektion

Nichts bleibt, nichts ist abgeschlossen, nichts ist perfekt. Diese Philosophie drückt sich in dem japanischen Ästhetikkonzept „Wabi Sabi" aus: die Schönheit der Imperfektion. Nicht das Vollkommene, das absolut Schöne wird hier bevorzugt, sondern das mit der Patina, mit dem Fehler, das zunächst Unscheinbare. Ein Konzept, das Malerei und Fotografie beeinflusste.

Perfektion ist ein Mindset. Manchmal hilfreich, häufig hinderlich. Denn Perfektion behindert gute Ideen, kann hyperaktivieren oder auch passiv machen. Wenn man etwas nicht perfekt machen kann, dann lässt man lieber die Finger davon. Dabei stecken in vielen unvollkommenen Ideen gute Ansätze. Und wenn von einer Idee die ersten 10 bis 20 Prozent realisiert sind, dann entstehen neue Ideen zur Weiterentwicklung. Es wird abgebogen in eine andere gute Richtung. Das kann man aber zu Beginn der Überlegungen noch nicht sehen. Vertrauen in einen Prozess zu haben und nicht, wie gewohnt, vom Ergebnis her zu denken, das ist die Herausforderung. Nicht einfach, wenn man eine Person ist, die am liebsten gut strukturiert und systematisch arbeitet: perfekt eben.

Ziel

Mitarbeiterinnen und Mitarbeiter beginnen und entwickeln weiter. Sie verwerfen nichts, weil eine Perfektion zum aktuellen Zeitpunkt unmöglich erscheint.

Story

„Wie kann nun jeder von euch 10 Prozent umsetzen?", fragt Justus unvermittelt in der Working Session. Sie waren schon dabei, eine Idee nicht weiterzuverfolgen, weil sie nicht zu 100 Prozent umsetzbar erschien. Justus bittet jeden, aufzuschreiben, was er von der Idee vielleicht zu 10 oder 15 Prozent realisieren könnte, ohne den Anspruch zu haben, unbedingt auf 100 Prozent zu kommen. Vielleicht kann er einen Teil der Ideen auch in anderen Projekten nutzen? Diese Frage von Justus reißt alle aus der Trance der Perfektion. Nach einer Kaffeepause stellt jeder, der mag, in drei Minuten vor, welche 10 bis 15 Prozent er in welchem Kontext nutzen kann und wie ihn das möglicherweise weiterbringt. Anstatt die Idee also wegzuwerfen, nutzt jede Person einzelne Aspekte und bereichert dadurch andere Kontexte.

Ablauf

Imperfektion wird immer dann eingesetzt, wenn eine gute Idee im Raum steht, sie aber nicht zu 100 Prozent umgesetzt werden kann. Die Umsetzung wird in diesem Fall als Wunder definiert und gemeinsam ausgeschmückt. Der Coach notiert das Wunder und alle Ideen. Alternativ malt das Team die Ideen gemeinsam auf ein Chart oder schreibt Karten, die an das Wunder angeheftet werden. Jede kreative Form, das Wunder in den Köpfen zu verankern, ist dabei hilfreich.

Gute Ideen werden oft beiseitegeschoben, als idealistisch abgetan und mit der Zeit vergessen. Dabei geht es gar nicht darum, etwas vollumfänglich umzusetzen. Ein Teil würde die Arbeit oder das Team schon bereichern. Vielleicht reicht sogar der erste Schritt? Diesen ersten Schritt erfragt der Coach: „Was kann jeder von euch tun, um auf einer Skala von 0 bis 100, wobei 100 die Perfektion beschreibt und 0 bedeutet, man würde gar nicht mit der Umsetzung der Idee beginnen, auf Stufe 10 zu kommen?" Erst arbeitet jeder für sich, um unbeeinflusst überlegen zu können, in welchen Bereichen er einen Teil dieser Ideen umsetzen kann. Danach findet ein Austausch zu zweit statt, dann zu viert und so weiter (siehe auch Tool 29 *1, 2, viele*).

Am Schluss hat die Gruppe gemeinschaftlich eine Idee, wie dieser Ansatz bereits jetzt umgesetzt werden kann, obwohl noch nicht umfänglich die notwendigen Bedingungen dafür geschaffen werden können. Meist gehen die Teilnehmenden davon aus, dass sie die Idee ohne weitere Mittel zu 20 bis 30 Prozent mit Leben füllen können. Das reicht für den Moment. Das ist besser als nichts.

Tipps und Erfahrungen

Dieses Tool funktioniert in der Zusammenarbeit mit Einzelnen und mit Gruppen gleichermaßen gut. Die Aufforderung des Coachs zur Imperfektion muss klar formuliert werden. Zu stark wirkt die Trance, alles, was man sich ausdenkt, auch vollumfänglich umsetzen zu wollen. Der Mut zur Imperfektion muss manchmal erst geweckt werden. Und für den Rauswurf aus der perfekten Welt braucht es manchmal eine Weile. Denn 10 Prozent erscheinen vielen zu wenig zu sein. Nahezu nichts im Verhältnis zu unserem Perfektionsanspruch. Dabei zählt manchmal jeder kleine Beitrag zu einer großen Idee.

Digitale Umsetzung

Imperfektion kann genauso digital umgesetzt werden.

II NEW WORK TEAM

4. Working Sessions

Meetings bestimmen in vielen Unternehmen den Alltag. Hier eine Stunde, dort sogar zwei. Auch vor drei- oder vierstündigen Meetings ohne Wasser und Biopausen schrecken manche Manager nicht zurück. Konzentriertes Zuhören wird erwartet. Beiträge sind erwünscht, aber nicht immer willkommen. In Meetings wird Reden und Arbeiten getrennt. Man sitzt zusammen, um zu reden, und dann geht jeder alleine arbeiten. Lustige Idee.

Meetings sind oft schlecht vorbereitet, es sind zu viele Menschen eingeladen und die Agenda ist nur in Teilen interessant. Beliebt sind vor allem Statusmeetings, die dem Chef das Gefühl geben sollen, dass sein Team viele tolle Sachen macht. Die Mitarbeitenden wissen ohnehin längst, woran die Kollegin oder der Kollege arbeitet. Schließlich tauscht man sich aus, in der Kaffeeküche oder beim Mittagessen. Ganz ohne Outlookeinladung und ohne den Vorgesetzten. „Es ist doch wichtig, dass jeder weiß, was der andere tut", rechtfertigen Chefs oft vierzehntägliche Statusmeetings und gehen davon aus, dass jeder so wenig weiß wie sie selbst.

Meetings bilden das Zentrum des unternehmerischen Geschehens. Sie sind zuerst im Kalender eingetragen, manchmal regelhaft, das ganze Jahr im Voraus. Der Rest – also die Arbeit – rankt sich darum herum. Viele Menschen fahren nach Hause mit dem Gefühl, nur in Meetings gesessen und viel zu wenig Zeit für die Projekte gehabt zu haben. Schade.

Meetings gehören dann sofort abgeschafft, wenn sie zur Gewohnheit geworden sind. Und auch immer dann, wenn nichts mehr dabei herauskommt, also wenn die Menschen, die hier zusammenkommen, nichts zusammen erarbeiten. Meetings statt Zeit für Projekte klingt zwar lustig, fühlt sich für die Betroffenen aber eher unlustig an. Und immer mehr Menschen entscheiden sich dafür, nicht teilzunehmen. Sie suchen Vorwände und Ausreden, weil sie nicht formulieren möchten, dass sie das Schaulaufen im Meeting nicht weiterbringt und wichtige Themen, für die sie gerne ihre Zeit einsetzen würden, liegen bleiben. Deswegen experimentieren einige Firmen gerade mit der Idee „Vier Tage meetingfrei". Und die Mitarbeitenden freuen sich, dass sie so viel Zeit für konzentrierte Arbeit haben.

Sich zusammenzusetzen, um sich auszutauschen, ist vermutlich in vielen Situationen eine gute Idee. Dafür braucht es aber keine Regelmeetings, sondern eine Küche, einen Spaziergang oder eine elektronische Form von Wiki bis Chat. Gelegenheiten zum Austausch schaffen reicht völlig, um Menschen miteinander in Kontakt zu bringen und Informationen zu verflüssigen. In einer Zeit, in der Menschen sogar Spaß daran haben, ihr Abendessen zu veröffentlichen, ist die Dokumentation der eigenen Leistungen oft keine Hürde. Jedenfalls eine geringere Hürde, als sich Hornhaut am Hinterteil zuzulegen und zu lernen, Langeweile zu ertragen.

Nach dem Motto „No Meeting is a good Meeting" lassen wir in unserem Modell das Format Meeting ganz fallen. Anstatt sich zusammenzusetzen und zu reden, treffen wir uns, um in einer Working Session miteinander zu arbeiten. Und das, was herauskommen soll, wird gleich am Anfang definiert: etwas Neues, etwas Erarbeitetes, ein sogenanntes Deliverable. In Working Sessions leistet jeder einen Beitrag, gibt seine Expertise und sitzt gefühlt nicht seine wache Zeit ab, um abends müde nacharbeiten zu müssen.

Working Sessions werden vorbereitet und geplant, können aber auch spontan entstehen. Eine Agenda braucht es nicht, denn jede Working Session hat genau ein Thema. An diesem Thema sind alle Anwesenden beteiligt und können einen Beitrag leisten. Für das nächste Thema gibt es eine neue Working Session. Vermutlich mit anderen Teilnehmenden.

Working Sessions gibt es in verschiedenen Formen: als Single Working Session, als Duo Working Session oder als Team Working Session. Und es gibt ein paar Tools, die die Zusammenarbeit erleichtern. Dazu gehören zum Beispiel *50 + 10*, *3 MT* und *Walk in, walk out*.

Tool 21 Single Working Sessions

Das, was heute üblicherweise abends eingeschoben oder am Wochenende erledigt wird, ist das Wichtigste, um das sich der Arbeitsalltag sortiert. Das Gefühl, richtig arbeiten zu können, soll jedoch den Alltag dominieren und ein Gefühl von Zufriedenheit ergeben. Sich täglich konzentriert einem Thema zu widmen und dieses systematisch ergebnisreif erarbeiten zu können, gibt vielen Menschen Zufriedenheit und Gelassenheit im Umgang mit anderen. Deep Work, wie der Informatikprofessor Cal Newport ablenkungsfreie, konzentrierte Arbeit nennt, ist ein wesentlicher Bestandteil unternehmerischer Spitzenleistung.

Wenn Mitarbeitende immer das Gefühl haben, sich den Dingen nicht in Ruhe widmen zu können, weil andere sie aufhalten und abhalten von dem, was sie eigentlich tun und schaffen möchten, wirkt sich das ungünstig auf Leistung und Zufriedenheit aus und sorgt nicht unbedingt für ein gutes Miteinander. Deswegen gehören Single Working Sessions im Deep-Work-Modus mit hoher Priorität in den Kalender, und zwar passend zum eigenen Biorhythmus.

Ziel

Alle Mitarbeitenden identifizieren ihre leistungsfähigste Zeit und nutzen diese konsequent.

Story

Das ist neu für Eleonora. In ihrem bisherigen Unternehmen bekam sie in den ersten Arbeitstagen die festen Meetings genannt, an denen sie teilnehmen musste. Verbindlich und verpflichtend. Um diese Meetings, die fast schon die Hälfte der Arbeitszeit ausmachten, plante sie ihre Aufgaben. Sich nun an ihrer Leistungsfähigkeit zu orientieren und so zu planen, das fühlt sich viel besser an. Das hat sie in ihrem Studium ja auch so gemacht. Da ist sie oft früh zum Sport gegangen, weil sie so lange braucht, um anzulaufen und sich zu konzentrieren. Richtig gut lernen konnte sie immer erst ab 15.00 Uhr. Dafür dann aber ziemlich lange und effektiv. Fein, dass sie nun wieder so arbeiten kann, wie es für sie persönlich am besten ist. Das macht schon jetzt richtig Spaß, weil sie jeden Tag das Gefühl hat, richtig viel zu schaffen.

Ablauf

Der New Work Coach erläutert, warum es günstiger ist, die besten Arbeitszeiten für die Entwicklung der Themen zu nutzen, für die eine Person verantwortlich ist. Wenn das verstanden ist, werden diese Zeiten identifiziert. Oft sind das Randzeiten. Die meisten Menschen arbeiten gerne morgens zuerst sehr konzentriert und zügig, andere werden erst am Nachmittag fit und haben hier ihre konzentrierten Single Working Sessions.

Phase 1:

Der New Work Coach unterstützt die Person bei der Identifikation ihrer besten und konzentriertesten Phasen. Dafür kann er ihr einen Beobachtungsbogen geben, den sie über zwei bis vier Wochen füllt, bis sich ein Muster zeigt. In diesem Bogen werden die Tätigkeiten mit einer kurzen Bewertung eingetragen. Kriterien sind Konzentrationsfähigkeit und Zufriedenheit mit dem Ergebnis.

Phase 2:

Nach der Ermittlung dieser Zeiten werden feste Single Working Sessions in den Kalender eingetragen. Je nach Aufgabe können diese eine, zwei bis maximal drei Stunden am Tag beanspruchen, unterbrochen durch kurze Pausen zur Regeneration und für Chats.

Phase 3:

Der Coach erarbeitet mit dem Coachee eine passende Herangehensweise und Struktur für eine exemplarische Single Working Session. Diese Struktur kann der Coachee dann weiterhin nutzen. Dabei orientiert er sich an folgenden Fragen:

- „Welches Ergebnis möchtest du in den Sessions erarbeiten?“
- „Was genau möchtest du wem vorlegen?“
- „Welche Ergebnisse erwarten die Personen, die auf deinen Ergebnissen aufbauen möchten?“
- „In welcher Form möchtest du dieses Ergebnis darstellen?“
- „Wie soll es transportiert werden?“
- „Um welches Thema geht es und in welchen Teilschritten möchtest du es erschließen?“
- „Welche Arbeitsschritte bieten sich an?“
- „Wann soll für welche Session ein Review stattfinden? Wer kann dich bei diesem Review unterstützen?“

Phase 4:
Das Arbeitsmodell wird über vier bis sechs Wochen getestet, optimiert und dann für weitere Monate übernommen. Vierteljährlich wird das Working-Modell überprüft und angepasst. So gelingt es dem Coachee, sich entlang seiner Prioritäten zu organisieren.

Tipps und Erfahrungen

Die Überraschung ist groß, wenn Single Working Sessions das wichtigste Element sind, um den Alltag zu strukturieren. In die Single Working Sessions gehören die Themen, die für die Bewältigung des Jobs die Expertise der Person brauchen. Das können Verhandlungen mit Kunden sein, die Erarbeitung eines Konzepts, das Entwickeln von Ideen, die Bearbeitung von anspruchsvollen Fällen usw. Was es genau ist, erarbeiten Coachee und Coach.

Diese Form der Selbstorganisation ist umgekehrt zu dem gewohnten Vorgehen. Deswegen stößt sie erst einmal auf Irritation. Wenn eine Person sich aber darauf einlässt, dann wird sie nicht mehr anders arbeiten wollen. Denn sie erreicht erheblich mehr Ergebnisse. Deswegen ist es für den Coach wichtig, passend zu jeder Person eine niedrige Hürde für eine Einstiegsphase zu testen. Vielleicht zunächst für nur ein Projekt oder einen Wochentag? Wenn sich dann der Erfolg einstellt, wird die Person es von ganz alleine ausweiten wollen.

Digitale Umsetzung

Ein Coach kann eine Single Working Session mit einer Videoschaltung digital umsetzen.

Tool 22 Duo Working Sessions

Extreme Programming macht es vor. Anstatt dass ein Experte einen Code erarbeitet und ein anderer ihn überarbeitet, sitzen zwei Programmierer zusammen und schreiben gemeinsam Zeile für Zeile. Jedes Detail können sie direkt diskutieren, gemeinschaftlich die beste Idee entwickeln und gegenseitig auf Fehler achten. Was zunächst etwas länger dauert, weil zwei Personen gebunden sind, bewährt sich im weiteren Prozess: Der Code braucht kaum überarbeitet zu werden und zeigt auch im Testlauf weniger Fehler.

Die Arbeit zu zweit, besonders bei sich ergänzenden Kompetenzen, liefert oft die besten Resultate. Die Gedanken können direkt ausgetauscht und diskutiert werden, beide sind voll und ganz im Thema und es können gemeinsam Entscheidungen getroffen werden. Das spart Zeit. In einem Meeting Arbeitspakete zu schnüren und aufzuteilen, sich dann alleine hinzusetzen und die erarbeiteten Stücke am Schluss wieder zusammenzusetzen, dauert oft wesentlich länger und ergibt manchmal auch kein schlüssiges Konzept. Denn sich in die Gedankenwelt einer anderen Person aufgrund von Schriftstücken hineinzuversetzen ist nicht trivial. Und zu zweit macht es auch mehr Spaß, als alleine vor sich hinzuwurschteln oder in einer großen Gruppe um eine Übereinkunft zu ringen.

Zu zweit kann man kaum abschalten, an etwas anderes denken oder E-Mails checken. Man ist voll gefordert, und wenn die Konzentration nachlässt, dann wird eine Pause eingelegt. Sollte man nicht weiterkommen, kann ein Duo auch abbrechen, eine längere Pause machen, um etwas single – weil in der individuellen Kompetenz liegend – zu recherchieren oder zu erarbeiten und dann die gemeinsame Arbeit wieder fortsetzen.

Weil die Arbeit in Duo Working Sessions so ergebnisreich ist, wundert es immer wieder, dass dieses Format eher selten genutzt wird.

Ziel

Menschen arbeiten effektiv zusammen.

Story

Martina hat einige Tests gemacht und die Fragen haben sie ins Grübeln gebracht. Bisher erschien ihr eigener Arbeitsstil der einzig mögliche zu sein. Jetzt erkennt sie an ihren Ergebnissen, dass es auch viele andere zielführende Methoden gibt. Beispielsweise ist sie sehr kreativ und kann schnell tragfähige Lösungen entwickeln. Da sie so begeistert ist, wirkt sie auf der einen Seite sehr energievoll, auf der anderen Seite nimmt ihre Kollaborationsfähigkeit dadurch ab. Dinge, die sie bei der Entwicklung ihrer Idee nicht wahrgenommen hat, will sie nun auch nicht wirklich sehen. Es könnte ja sein, dass sie ihre schöne Idee kaputt machen. Für Martina sind Kollegen dadurch oft echte Spaßbremsen. Im Coaching erkennt sie, dass sie alleine aufgrund der Komplexität nicht in der Lage sein kann, alle relevanten Aspekte zu berücksichtigen. Sie sieht im Moment das Thema nur durch ihre persönliche Kompetenzbrille. Andere Personen liefern deswegen einen notwendigen relevanten Input. Sie ist deshalb tatsächlich auf ihre Kollegen angewiesen, um etwas wirklich Sinnvolles auf die Beine zu stellen. Und offenbar sind es besonders Personen, die anders ticken als sie, von denen sie am meisten profitieren kann. Was sie bisher am liebsten gemieden hat, ist also nun ihre neue Herausforderung geworden. Gut, dass der Coach sie auf diesem Weg in die Kollaborationsfähigkeit begleitet. Mit den Fragen aus Phase 4 kann sie ihre Working Session mit der neuen Kollegin Eleonora gut vorbereiten und gleich möglichen Erwartungsunfällen vorbeugen.

Ablauf

Phase 1:

Der Coach ermittelt gemeinsam mit seinem Coachee die Art und Weise der persönlichen Arbeit. Dazu können Präferenzmodelle eingesetzt werden. Daraus ergibt sich eine Selbsteinschätzung. Um diese Selbsteinschätzung zu verifizieren, kann es hilfreich sein, die gleichen Fragebögen auch von anderen Personen ausfüllen zu lassen, um zu einem realistischen Bild zu gelangen. Ein direktes Feedback auch ohne Fragebogen von Kollegen, Kunden und vom Coach ist ebenfalls hilfreich und komplettiert das Bild vom Arbeitsstil weiter. Im Internet finden sich verschiedene kostenfreie Online-Tests mit Auswertungen zum Arbeitsstil. Auch aus den klassischen Typ-Präferenzmodellen sind Arbeitsstile ableitbar.

Phase 2:

Der New Work Coach bespricht mit dem Coachee die Ergebnisse, damit der Coachee zu einer realistischen Selbsteinschätzung gelangen kann.

Phase 3:

Im dritten Schritt wird gemeinsam geschaut, mit welchem ergänzenden Experten der Coachee zu welchem Thema am besten zusammenarbeitet. Ist dieses fachliche Matching erfolgt, wird eingangs kurz über beide Arbeitsstile gesprochen. Das hilft den beiden, sich schneller aufeinander einzustellen und mit sich selbst wie mit dem anderen besser umzugehen. Sind hohe Ähnlichkeiten und Unterschiede erkennbar, liefert der Coach Strategien für die Duo-Partner, damit diese Ähnlichkeit wie Unterschiedlichkeit optimal für ihre Zusammenarbeit nutzen können. Bei guter Passung besteht meist die Gefahr, in die Sympathiefalle zu laufen, und bei weniger guten Passungen müssen die Beteiligten lernen, die Unterschiedlichkeit produktiv zu nutzen.

Phase 4:

Der Coach erarbeitet mit dem Duo eine passende Herangehensweise für ihr Thema. Dabei orientiert er sich an folgenden Fragen:

- „In welchem Bereich tickt ihr gleich? In welchem unterschiedlich?“
- „Was nehmt ihr aufgrund eurer Ähnlichkeit zu wenig wahr? Wie wollt ihr mit diesem Risiko umgehen?“
- „Wie könnt ihr in eurer Unterschiedlichkeit gut ergänzend arbeiten? Wer kann welche Stärken wie optimal einbringen?“
- „Was sollte prima funktionieren? Auf was könnt ihr euch gegenseitig ver-lassen?“
- „Welche Bedenken habt ihr? Wie könnt ihr damit umgehen?“
- „Welches Ergebnis möchtet ihr erreichen?“
- „Welche Ergebnisse erwarten die Personen, die auf euren Ergebnissen aufbauen möchten? Worauf legen diese Personen wert?“
- „In welcher Form möchtet ihr euer Ergebnis darstellen und transportieren?“

Da der Coach beide Personen gut kennt, kann auch er seine Eindrücke teilen und Möglichkeiten für die optimale Kollaboration vorschlagen. So vorbereitet sollte einer erfolgreichen Duo Working Session nichts mehr im Wege stehen. Den Ablauf vereinbaren die Duo-Partner unter sich.

Tipps und Erfahrungen

Arbeitsstil-Analysen sind oft echte Augenöffner. Menschen lernen sich noch einmal ganz anders kennen und erkennen auch wertschätzend andere Arbeitsstile an. Es wird auf eine einfache Art und Weise bewusst, dass jeder Arbeitsstil Vor- und Nachteile hat und dass eine echte Kollaboration nur durch Respekt und Interesse am anderen gelingen kann. Sich nicht einfach ins Arbeiten zu stürzen ist für viele Menschen eine Herausforderung. Wenn sie aber erkennen, wie sie von einer Arbeitsstil-Analyse profitieren können und wie gut die vorbereitenden Fragen das Duo unterstützen, lassen sie sich bereitwillig darauf ein.

Digitale Umsetzung

Viele Präferenztests sind online verfügbar und können so gut genutzt werden. Um einem Duo gezielt weiterzuhelfen, kann der Coach eine Live- oder eine digitale Session nutzen.

Tool 23 Team Working Sessions

Aus den Duo Working Sessions wird deutlich, dass die Komplexität bei einer Zusammenarbeit mit jeder weiteren Person steigt. Gleichzeitig kommen die Präferenzen in etwas größeren Gruppen nicht so stark zum Tragen wie in einer Duo Working Session. Die Arbeitsstil-Präferenzen gleichen sich gegenseitig aus. Mehrere Wünsche und Bedürfnisse, die im Raum stehen, machen jedem deutlich, dass nicht alle erfüllt werden können.

In Team Working Sessions werden ergänzende Kompetenzen genutzt, um gemeinsam zu guten Ergebnissen zu kommen. Auch werden zukünftige Schnittstellen direkt integriert, anstatt erst etwas fertigzustellen, was dann von anderen umgesetzt wird. Idealerweise gibt es ohnehin keine festen Abteilungen, sondern nur funktionelle Teams. Also sitzen in einer Working Session in erster Linie Experten zusammen.

Ziel

Jede Zusammenkunft fokussiert ein Thema und hat ein relevantes Ergebnis.

Story

Heute hat Aron die ehrenvolle Aufgabe, die Working Session für das Team, in dem er gerade arbeitet, zu moderieren. Etwas ratlos schaut er Johanna an. Wie soll er nun vorgehen? Johanna fragt Aron: „Hast du schon mal in einem Team das Gefühl gehabt, besonders effektiv zusammenzuarbeiten und in kurzer Zeit gute Ergebnisse zu erstellen? Wie war das genau? Was habt ihr gemacht?“

Da fällt Aron eine Erfahrung ein, die er nutzen könnte. Erst braucht es ja ein Ziel für die Session. In seinem früheren Team hat jeder sein Ziel für die Session auf eine Karte geschrieben. Die Karten wurden aufgehängt. Doppelte wurden entfernt und so blieben meist zwei oder drei Ziele übrig. Diese blieben im Raum hängen und leiteten die Gruppe. Der Moderator hat immer wieder auf die Ziele gezeigt und gefragt, ob sie in die richtige Richtung gehen. Das kann er auch machen.

Danach will Aron alle Aufgaben zusammentragen und definieren lassen. Das geht auch mit Karten. Für die Reihenfolge will er eine sprachfreie Methode testen. Das findet Aron richtig gut. Danach will er priorisieren und dann überlegen, welche Aufgaben nun in Singles und Duos gegeben werden und welche Aufgaben jetzt gemeinsam im Team erarbeitet werden können.

Johanna bestärkt Aron. Ihr fallen zwar schon ein paar Klippen ein, die Aron nehmen werden muss, aber sie wird während der Session auf Arons Wunsch hin dabei sein und auf sein Zeichen einspringen.

Ablauf

Jede Working Session wird von einer Person moderiert. Diese Person wird vom Coach für die Moderation und die methodische Auswahl so lange unterstützt, wie das passend ist. Gemeinsam wird über das Ziel, das Format und die Moderation nachgedacht. Es werden zwei bis drei Varianten festgelegt. Der Coach kann mit in die Session gehen und Moderation wie Format unterstützen. Nach und nach zieht er sich zurück. Auf Wunsch des Teams kann der Coach wieder in die Working Session kommen. Einmal im Quartal aber sitzt er immer dabei und gibt im Anschluss Feedback.

Vorbereitung:

Das Format für eine Working Session ergibt sich aus dem zu bearbeitenden Thema. Jede Methode zur Ideenfindung kann hier genutzt werden, genau wie jede Methode, die zur Ausarbeitung führt. Wichtig ist nur, hin und wieder zu wechseln und etwas Neues anzubieten. Der Coach achtet darauf, dass die Methode zum Thema passt und sich alle Beteiligten mit ihren Kompetenzen optimal einbringen können.

Phase 1:

Das Thema wird so beschrieben, dass alle es verstanden haben. Ein Ziel für die Working Session wird vorgeschlagen. Auch das Ergebnis wird definiert. Insbesondere, in welchem Umfang und in welcher Form es nach Abschluss der Working Session vorliegen soll. Für beides legt der Verantwortliche vorbereitete Formulierungen vor. Inhaltliche Fragen haben hier ihren Platz. Der Coach sorgt dafür, dass sie gestellt werden. Falls es zu ruhig zugeht, stellt er selbst Fragen.

Eine Zielfusion wird nur dann angestrebt, wenn es stark divergente Meinungen gibt. Die Erfahrung zeigt, dass es bei kleinen Abweichungen besser ist zu starten, da sich im Laufe des Prozesses die zunächst gefühlten Unterschiede oft nivellieren. Deswegen sollte nicht zu viel Zeit in Zieldefinition und Ergebnisformat investiert werden. Eine gute Regel ist, etwa 5 Prozent der Working Session für Phase 1 und 2 einzusetzen.

Phase 2:
Das Team einigt sich über einen optimalen Ablauf der Session. Hierfür stellt der Verantwortliche oder der Coach zwei oder drei Varianten vor, die zum Thema passen.

Phase 3:
Die Entscheidung für ein Vorgehen fällt. Hier sollte schnell entschieden und nicht erst eine Decision Session gestartet werden. Meist führen viele Wege nach Rom und man kann auch unterwegs noch Prozessschritte verändern.

Phase 4:
Die Working Session wird durchgeführt.

Phase 5:
Das Ergebnis wird dargestellt und die Beteiligten vereinbaren das weitere Vorgehen.

Phase 6:
Es erfolgt eine kurze Abfrage mit Punkten:

- Wie zufrieden bist du mit dieser Session?

Jeder Teilnehmer kann einen bis fünf Punkte vergeben.

- Würdest du nächstes Mal etwas anders machen? Wenn ja, was?

Hier kann man in einer Zeile eine Idee hinterlassen, die der Moderierende und der Coach betrachten und aufnehmen.

- Konntest du deine Kompetenz einbringen? Was war dafür hilfreich/hinderlich?
- Was ist dir aufgefallen in der Art und Weise, wie diese Gruppe zusammenarbeitet?

- Wird das Team aus deiner Sicht das anvisierte Ergebnis erreichen? Wie kommst du zu deiner Auffassung?

Die Ergebnisse dieser Nachbefragung sind für alle Teilnehmenden zugänglich. Auch mit diesen Bewertungen oder Abfragen ist sensibel umzugehen. Oft nervt es schon, dass man überall seine Meinung hinterlassen soll. Diese Rückmeldung sollte nur benutzt werden, wenn der Moderierende noch neu ist und Feedback zum Lernen haben möchte. Alternativ wählt er seinen Coach und ein oder zwei qualifizierte Kollegen für Feedback, das dann auch vertieft gegeben werden kann.

Auch für Phasen 5 und 6 stehen etwa 5 Prozent der Zeit zur Verfügung. Diese Vorgabe unterstützt alle Beteiligten. Gleichzeitig gilt das Prinzip *Konsent* (siehe Tool 34).

Tipps und Erfahrungen

Eine Working Session ist eine ideale Arbeitsform für Teams und definierte Aufgaben. Es gibt drei Dinge, die ein Coach oder Moderator immer wieder im Blick haben sollte:

1. Ist die Working Session ausreichend kurz?
2. Ist die Working Session ausreichend abwechslungsreich?
3. Sind die richtigen Personen anwesend?

Aufgrund der Antworten können Working Sessions verkürzt werden, Teile in andere Arbeitsformen ausgelagert werden und vor allem die Dinge bearbeitet werden, für die man genau die Personen braucht, die im Moment anwesend sind. Hat ein Unternehmen erst einmal mit den drei Formen von Working Sessions gestartet, sehnt sich niemand mehr nach Meetings zurück.

Digitale Umsetzung

Eine Working Session besteht aus unterschiedlichen Phasen, in denen verschiedene Tools genutzt werden. Integriert sind auch Single und Duo Working Sessions. Für die Arbeit zu zweit sind Breakout Rooms sehr hilfreich. Moderiert eine Person eine Working Session, ist es gut, einen Administrator dabei zu haben, der sich nur um die Technik kümmert und damit für einen reibungslosen Ablauf sorgt.

Tool 24 50 + 10

Wenn man so richtig mitten in einer Diskussion oder einer Arbeitsphase steckt, dann möchte man es am liebsten durchziehen, die Lösung entwickeln oder ausarbeiten, zu einer Entscheidung kommen, die Unstimmigkeiten aus dem Weg räumen – kurz: Man möchte einfach fertig werden. Das Bedürfnis, Dinge abzuschließen, ist sehr hoch. Wir bleiben sonst mit den Gedanken bei dem Thema. Genau wie uns die angebrochene Tafel Schokolade erst dann Ruhe lässt, wenn sie aufgegessen ist.

Genau dann aber, wenn wir sehr involviert sind, vielleicht sogar mit Widrigkeiten kämpfen, uns möglicherweise verheddert haben und der Knoten eher enger wird, als sich zu lockern, ist es sinnvoll, Abstand zu nehmen. Genau dann, wenn wir eigentlich gar keine Lust dazu haben, aufzuhören, wenn wir etwas einfach nur schnell zu Ende bringen wollen, brauchen wir eine Pause.

Ziel

Für ein besseres Ergebnis gehen die Beteiligten auf Distanz.

Story

Schon wieder dieser dämliche Klingelton. Nun sind sie fast am Ziel, sie brauchen nur noch eine kleine Idee, aber jetzt heißt es erst einmal, zehn Minuten zu pausieren. „Manchmal sind Spielregeln doof", denkt Hannah. Sie verlässt den Raum und holt sich etwas Frisches zu trinken. Sie schaut aus dem Fenster. Unterhalb des Gebäudes schlängelt sich der Fluss durch die Wiese. Er bahnt sich seinen Weg. Auch an Stellen, an denen das Ufer unbefestigt ist. Und genau dort schafft er einen besonderen Wert für alle Tiere, die am und im Fluss leben. Die Feuchtwiesen, ein wundervolles Ökosystem. „Genau", denkt Hannah, „wir brauchen uns gar nicht über das Vorgehen zu einigen. Vor allem, weil es gerade so schwierig ist. Es wird sich im Verlauf der Zusammenarbeit von selbst finden." Und mit diesem neuen Gedanken kehrt sie zurück. Interessanterweise bringen die Kollegen ähnliche Ideen mit aus der Pause.

Ablauf

Jede Session hat einen Zeitverantwortlichen, der ein Signal so programmiert, dass es sich nach 50 Minuten meldet. Dann ist stringent für zehn Minuten Pause. Auch dann, wenn es gefühlt gerade gar nicht passt. Einfach auf die Uhr zu schauen reicht dafür nicht. Ein Signal, das alle als solches erkennen, ist sehr hilfreich. Das darf auch in jeder Session etwas anders sein. Man stellt sich schnell darauf ein und ist vielleicht gespannt, welches Signal die Kollegen auswählen, wenn sie die Aufgabe haben, die Pausen einzuläuten.

Dieses sehr einfache Tool entfaltet eine sehr starke Wirkung. Es hilft, sich an Themen nicht festzubeißen, lockert die Atmosphäre und sorgt dafür, dass alle mit Energie und Konzentration dabei sind. Auch viele Einheiten hintereinander.

Auch die Sicherheit, dass man nach 50 Minuten wieder Mails und Chats checken, Anrufe beantworten oder etwas anderes erledigen kann, entspannt die Teilnehmenden an der Session und sichert ihre kognitive Anwesenheit. Und interessanterweise entsteht nach zehn Minuten Pause etwas Neues, was ohne die Pause nicht möglich gewesen wäre. Auch dann, wenn die Teilnehmenden die Pause dazu nutzen, um etwas zu erledigen. Einfach das Separieren, die Distanz zu dem, was gerade passiert, zeigt uns andere Blickwinkel und lässt uns entspannt weiterarbeiten.

Tipps und Erfahrungen

50 + 10 hält erstaunlich frisch. Wenn man die Methode bei einer Session von einem ganzen Tag konsequent durchhält, darf man erstaunt sein, wie frisch und energetisiert die Teilnehmenden die Session am Abend verlassen. Und wenn man diesen Rhythmus mal einen Tag lang eingeübt hat, dann geht er schnell ins Unbewusste und die Teilnehmenden fragen 30 Sekunden vor dem Signal nach, ob jetzt nicht wieder Zeit für ihre zehn Minuten sei. Was am Anfang holprig beginnen kann, wird mit der Zeit zum willkommenen und erfrischenden Selbstläufer.

Digitale Umsetzung

Bei der digitalen Zusammenarbeit sollte besonders auf Pausen geachtet werden, um konzentriert und fit zu bleiben. Das Tool *50 + 10* ist ein „Muss" bei der digitalen Teamarbeit. Auch wenn man alleine vor dem Bildschirm sitzt, ist die Einhaltung dieses Rhythmus sehr hilfreich.

Tool 25 Walk in, walk out

„Walk in, walk out" – Kommen und Gehen – ist sinnvoll und extrem zeitsparend für Team Working Sessions. Oft sind nicht alle Kompetenzen für die ganze geplante Zeit notwendig. Die Möglichkeit, für einige Zeit in einem Team mitzuarbeiten, dann seine Expertise an einer anderen Stelle zur Verfügung zu stellen und sich dann wieder in das erste Team einzuklinken, kann dazu führen, dass eine Person sehr viel effizienter und besser ihre Kompetenz einbringen kann, als wenn sie an einer Stelle „geparkt" wird. Manchmal ist das auch ad hoc ganz passend, weil man vielleicht nicht von Anfang an bemerkt, dass Fragen in Bezug auf eine Fachkompetenz aufkommen, an die man bei der Sessionplanung noch nicht gedacht hat. Bevor sich alle in Hypothesen ergehen, kann man den entsprechenden Experten auch spontan dazu bitten. Falls er die Fragestellung erst prüfen und ausarbeiten muss, kommt er in der Folgesession hinzu. Und umgekehrt. Es kann sich ferner jemand aus der Working Session ausklinken, um etwas zu erarbeiten, und dann wieder zur Gemeinschaft hinzustoßen. Es können sich auch alle trennen, einzeln etwas erarbeiten und dann etwas später die neuen Erkenntnisse wieder zusammenfügen. Wir sind hier die ganze Zeit in einer Working Session und nicht ablenkbar, auch wenn wir nicht unbedingt in einem Raum zusammensitzen, sondern uns für Single Sessions physisch oder remote trennen.

Ziel

Experten agieren in Sessions an sinnvollen Stellen, Langeweile wird vermieden, Spontanität ermöglicht.

Story

Henrik kostet es immer noch Überwindung, einfach aufzustehen und zu gehen, wenn er realisiert, dass er in der nächsten Zeit keinen sinnvollen Beitrag mehr zum Geschehen liefern kann. Es ist seine Verantwortung, seine Arbeitskraft sinnvoll einzusetzen. Zu sagen, „Okay, ich klinke mich jetzt aus, ihr findet mich im Zweifel …", fühlt sich noch ungewohnt an. Und wenn er dann zur Tür geht, hat er immer wieder das Gefühl, etwas zu verpassen. Fragt er im Nachgang Teilnehmende der Session, dann war seine Entscheidung meist sinnvoll. Er hätte wirklich nur untätig zuhören können. Und so konnte er die Zeit sehr gut in ein anderes Projekt investieren. Wie lange es wohl dauern wird, bis das aktive

Ausklinken noch selbstverständlicher für ihn wird? Justus meint, es brauche genauso lange, wie man sich angewöhnt hat, immer sitzen zu bleiben und alles über sich ergehen zu lassen …

Ablauf

Der New Work Coach unterstützt den Sessionverantwortlichen bereits in der Vorbereitung. Personen, die nur zu gewissen Zeitfenstern in die Session kommen möchten, werden identifiziert und informiert. Diesen Personen werden Ziel, Auftrag und Erwartung kommuniziert.

Die Ergebnisse der Sessions werden in time für alle sichtbar mitdokumentiert, damit eine Person, die später dazukommt, sich schnell einen Überblick über den aktuellen Stand verschaffen kann. Der Coach prüft immer wieder, ob die Session optimal besetzt ist oder ob eine andere Kompetenz hinzugebeten werden sollte bzw. eine Person nicht mehr gebraucht wird. Folgende Fragen helfen dabei:

- Ist jeder aktiv dabei?
- Entsteht Langeweile? Beschäftigen sich Personen mit anderen Themen?
- Ergeht sich die Diskussion in Hypothesen?
- Werden die geplanten Ergebnisse erzielt?
- Wird nach wie vor am Ziel gearbeitet?
- Welche neuen Themen sind aufgekommen?

Auch der Coach kann den Impuls geben, sich alleine oder zu zweit zurückzuziehen und sich zu einem definierten Zeitpunkt wieder mit den anderen zu treffen, wenn er bemerkt, dass die Session unproduktiv wird. So kann es sein, dass man eine Videokonferenz schließt und sich 40 Minuten später für eine neue Videokonferenz wieder trifft. Was vis à vis funktioniert, klappt auch remote.

Tipps und Erfahrungen

Für die meisten Menschen ist es neu, sich in bestehende Gruppen sinnvoll einzuklinken und danach auch wieder zu gehen. Es besteht die Gefahr, dass die hinzugebetenen Fachkundigen „kleben“ bleiben. Aufgabe des Coachs ist es, genau dieses Phänomen zu beobachten und den einen oder anderen höflich darauf hinzuweisen, dass er seine Zeit jetzt sinnvoller einsetzen kann.

Besonders aufmerksam und diszipliniert muss man sein, wenn man sich für eine Pause zurückzieht. Denn hier können andere wieder auf eine Person zukommen und sie ablenken. Die Working Session geht über Single oder Duo Sessions hinaus und mündet oft wieder in einer Team Working Session. Im Team muss also klar sein, dass sich jemand abschirmen darf, wenn er gerade in einer Working Session mit Dritten ist – auch dann, wenn er dabei alleine am Schreibtisch sitzt. Ein Signal kann hier hilfreich sein: „Bin in einer WS – auch wenn es nicht so aussieht."

Digitale Umsetzung

Zuschalten und rausgehen funktioniert in der digitalen Welt genauso wie live.

Tool 26 Fitness of Mind

Gleichförmigkeit bringt zwar Sicherheit und Voraussagbarkeit. Aber sie macht auch bequem und unaufmerksam. Und wenn Unternehmen gefühlt zum Sofa mutieren, verliert sich die Leistung. Menschen sind nur dann lebendig, wenn sie Bewegung spüren, wenn gedanklich immer wieder etwas Neues passiert, wenn ihr Mind fit bleibt. Das zeigen uns schon Säuglinge, die nicht besonders lange auf das gleiche Bild schauen mögen. Auch sie suchen nach wechselnden Inputs. Working Sessions sollten also abwechslungsreich gestaltet werden. Das ist der Job des New Work Coachs. Er ist aktiv, findet neue Ansätze oder entwickelt selbst Ideen, mit denen er dafür sorgen kann, dass alle Teilnehmenden einer Working Session aktiv und aufmerksam dabei sind. Genauso wie er für Pausen sorgt, wechselt er Impulse, Formate, Abläufe. Auch und besonders dann, wenn es sich ein Team besonders nett eingerichtet hat. Es läuft alles rund und man kommt gut voran. Aber genau an dem Punkt, bevor zu viel Routine oder Langeweile aufkommt, greift der New Work Coach ein und bietet etwas an.

Ziel

Aufmerksamkeit und Konzentrationsfähigkeit sollen erhalten bleiben.

Story

Justus teilt alles, was er Neues findet, mit Konstantin und Johanna. Sich gegenseitig zu inspirieren ist für ihn sehr wichtig. Gestern war er auf einem New Work Workshop in Hamburg. Davon will er heute beim Mittagessen unbedingt den beiden berichten – ein Working Lunch. Vielleicht können sie diese Methoden auch nutzen? Er hat schon konkrete Ideen, was passen könnte. Außerdem wollen sie für die kommenden vier Monate festlegen, wer auf welche Veranstaltung geht, um wieder neue Ideen zu haben. Ihre Kollegen sind immer sehr experimentierfreudig und haben Freude an neuen Formaten.

Ablauf

Der Coach ist und bleibt immer auf der Suche nach methodischer Vielfalt. Er findet Anregungen, nimmt an Sessions außerhalb des Unternehmens teil, schaut in ganz andere Felder und sammelt Ideen und Möglichkeiten. Gleichzeitig ermutigt er alle Mitarbeitenden, ihre Ideen einzubringen und Tools und Formate, die sie an anderer Stelle kennengelernt haben, zu nutzen. Neben vorliegendem Buch gibt es weitere sehr gute Quellen. Folgende Standards sollte ein Coach im Blick behalten:

- LEGO® (Serious Play) und alle Formen von Figuren, um Szenarien zu simulieren – Quelle: Kinderzimmer
- Der Kunde als Persona in Form einer Person oder einer Figur
- Bilder, Postkarten, Karten und andere Materialien
- Wechsel des Working Place
- Methoden aus Kanban, Scrum und Design Thinking
- Methoden von Anbietern, die sich auf Methodenentwicklung im Umfeld New Work spezialisiert haben
- Inspiration aus kulturellen Workshops
- Anregungen aus vorliegendem Buch aufgreifen und entsprechend der Situation anpassen, weiterentwickeln

Menschen tendieren dazu, sich ein gutes Set an Vorgehensweisen zuzulegen und diese immer zu wiederholen. Weil es gut funktioniert. Das hat vermutlich auch seine Berechtigung. Unabhängig davon, wie gut etwas funktioniert, wird es doch mit der Zeit langweilig. Der Coach fungiert für die Mitarbeitenden als Quelle der Inspiration und muss deswegen auch immer wieder für sich sorgen und sein Repertoire auffrischen. Methoden, die einmal ihre Berechtigung hatten und gut funktioniert haben, sind irgendwann uninteressant. Manchmal geht schon ein Raunen durch ein Team, wenn der Moderierende Moderationskarten in die Hand nimmt. Hier gilt es, mutig zu experimentieren. Auch wenn mal eine Methode danebengeht, so bleibt sie doch eine Erfahrung. Alle Wechsel sind willkommen: Zeit, Ort, Ablauf, Hilfsmittel. Heute ohne Tische, auf dem Teppich oder Sitzsack? Morgen in einer Eisdiele eine kurze Diskussionseinheit durchführen? Mit einem neuen Rhythmus „20 + 5", also zwanzig Minuten arbeiten und dann fünf Minuten Pause, experimentieren? Unbeteiligten oder Fachfremden Zwischenergebnisse vorstellen?

Die Möglichkeiten sind nahezu unbegrenzt. Und es liegt alleine in der Hand des New Work Coachs, wie viel Experimentieren er seinem Unternehmen zutraut und zumutet.

Tipps und Erfahrungen

Alles, was gleich abläuft, gibt zwar auf der einen Seite Sicherheit, auf der anderen Seite hemmt es Kreativität und neue Ideen. Bewährt hat sich – wie in vielen anderen Bereichen auch – ein gutes Mittelmaß. Bewährte Moderationen, bewährte Methoden und sichere Vorgehensweisen wechseln sich ab mit kreativen Ansätzen und neuen Ideen. Auch auf die Gefahr hin, dass Letztere beim ersten Durchlauf nicht so gut gelingen oder angepasst werden müssen. Langeweile, Unkonzentriertheit und Ideenlosigkeit in Routinen rechtfertigen diese Form von Zeitinvest.

Digitale Umsetzung

Anregungen und Tipps können sich New Work Coachs auch digital holen. Es gibt inzwischen ein sehr gutes Angebot an digitalen Weiterbildungsmöglichkeiten.

Tool 27 3 MT und Co

Manchmal muss etwas dargestellt oder präsentiert werden. Daran führt nicht immer ein Weg vorbei. Vor 20 Jahren haben die Teilnehmer eines Meetings gestöhnt, wenn der Referent mit einem Ordner voller Folien ankam, heute geht schon ein schwerer Atem durch die Gruppe, wenn der Beamer angeschaltet wird. Präsentierende lockern inzwischen die Charts mit Bildern auf und zeigen Filme. Gleichzeitig aber müssen oft viele Details betrachtet werden, was zu unattraktiven Charts führt. Bewährt hat sich eine Trennung von Präsentation und Dokumentation. Alle Teilnehmenden bekommen Letztere zugesandt und sehen sie vor der Präsentation durch oder haben sie auf einem Bildschirm dabei.

Insgesamt bleibt es wichtig, dass der New Work Coach alle Experten im Bereich Präsentation schult und mit ihnen gemeinsam gute Darstellungsformen wählt. Auch wenn Filme im Moment modern sind, zu oft genutzt werden sie langweilig. Es gilt für jedes Thema eine optimale Form zu finden, die ausreichend kompakt ist. Die skizzierten Formate werden schon in kurzer Zeit wieder unattraktiv sein, weil sich neue Formate und Gewohnheiten durchsetzen. 3 MT steht hier stellvertretend für moderne Formate. Es hat sich international an Universitäten für Science Slams durchgesetzt. Absolventen stellen ihre Abschlussarbeiten innerhalb von drei Minuten mit einem Chart vor. 3 MT steht für Three Minutes Master Thesis, ein Format, das durch seine Kürze und Prägnanz Aufmerksamkeit bindet und zum Denken anregt. Im Netz findet sich eine Vielzahl von preisgekrönten 3 MT.

Ziel

Präsentationen sind kurz, prägnant und interessant zu gestalten.

Story

Das ist eine echte Herausforderung für Annika: die Ergebnisse der letzten drei Monate ihrer Single Session auf ein Chart mit drei Minuten Redezeit zu bringen. Wie soll das denn gelingen? Sie wendet sich an Johanna, die ihr mit ein paar Fragen aus der Ideenlosigkeit hilft:

- „Wieso hast du diese Aufgabe übernommen? Was hat dich interessiert?“
- „Was ist aus deiner Sicht das wichtigste Ergebnis?“
- „Wer sind deine Zuhörer und wofür interessieren sie sich?“
- „Was sollen sie denken, fühlen, wissen, wenn sie den drei Minuten gefolgt sind?“

Jetzt wird es schon klarer und bekommt Form. Alleine wäre sie nicht so schnell auf die wichtigen Dinge gestoßen. Sie konzipiert einen Entwurf und geht ihn mit Johanna durch. Nach drei Durchgängen steht das Ergebnis. Das Learning für Annika: Eine 3 MT vorzubereiten ist erheblich aufwendiger und man muss sich genauer mit dem Ergebnis und der Zielgruppe auseinandersetzen, als wenn man 45 Minuten Redezeit und 60 Charts hätte.

Ablauf

Der New Work Coach bietet immer wieder neue Ideen und Formate für Präsentationen an. Er schult die Mitarbeitenden und bleibt auf dem aktuellen Stand. Auch hier gilt, dass im Wechsel der Formate der Spaß liegt.

Neben MT 3 ist derzeit Pecha Kucha (japanisch etwa: Geplauder) en vogue. Pecha Kucha hat bisher die Unternehmen nicht so stark beeinflusst wie 3 MT. Dennoch kann die Idee anregen und kreative neue Lösungen bedingen. Bei einer Pecha-Kucha-Präsentation zeigt der Vortragende 20 Bilder nacheinander. Jedes Bild bleibt genau 20 Sekunden stehen und wird von ihm kommentiert. Die Gesamtzeit der Präsentation beträgt 6,40 Minuten.

Das sieht jeder sofort. Moderne Formate sind kurz. Wir denken hier nicht mehr über 90, 60 oder 40 Minuten nach. Die Erträglichkeitsgrenze liegt inzwischen bei maximal 20 Minuten. Längere Formate ermüden. Die Aufmerksamkeit driftet weg. Und auch wenn der Vortragende viel Mühe investiert, bleibt nicht so viel hängen. Vor allem dann nicht, wenn eine Präsentation auf die andere folgt. „Druckbeschallung" wurden früher Formate scherzhaft genannt, die ohne Wechsel einen ganzen Tag so durchliefen. Und im Grunde genommen hätte man sich einen solchen Tag sparen können. Es sei denn, er hat sich allein schon für das Ambiente oder das Essen gelohnt.

Das Schöne an den kurzen Formaten ist: Sie sind leicht aufzuzeichnen und zu posten. So haben alle etwas davon.

Tipps und Erfahrungen

Eigentlich sind kurze, fokussierte Formate keine Beschränkungen, sondern eher Erweiterungen. Auch wenn sie zunächst einschränkend wahrgenommen werden. Denn der Präsentierende setzt sich sehr viel intensiver mit seinem Thema und seiner Zielgruppe auseinander. Und das Ergebnis ist deutlich besser. Darüber hinaus bleibt das, was gezeigt und gesprochen, wird länger in Erinnerung. Denn es ist sehr pointiert und klar.

Digitale Umsetzung

Bei digitalen Workshop-Formaten ist es unerlässlich, kurze Formate zu nutzen. Denn hier driftet die Aufmerksamkeit noch schneller weg als in Live-Workshops.

Tool 28 Friendly User Session

Es ist ein schönes Gefühl, alleine, zu zweit oder in einer Gruppe ein Arbeitsergebnis erzielt zu haben. Und weil wir viele Gedanken, Konzentration, Energie und Ideen investiert haben, sind wir meist auch zufrieden. Diese Zufriedenheit ist gleichermaßen angenehm, wie sie blind macht gegenüber Dingen, die wir vielleicht übersehen haben, nicht berücksichtigt haben oder nicht genau genug betrachtet haben. Deswegen lohnt es, ausgewählte Arbeitsergebnisse schon in einem frühen Stadium Friendly Usern vorzulegen.

Friendly User sind interessierte Personen, die mit einem wohlwollenden Blick und der Fähigkeit zu konstruktivem Feedback eine nicht ganz finale Version eines Ergebnisses ansehen und Impulse setzen, die das Ergebnis noch verbessern könnten.

Ziel

Mitarbeitende sollen das Ganze im Blick behalten, andere einbeziehen, sich frühestmöglich aufeinander einschwingen und abstimmen.

Story

„Das ist doch noch gar nicht fertig, noch nicht einmal in einem Entwurf-Zustand. Wie soll ich das denn mit einem Kunden besprechen?" Peter ist etwas mulmig zumute. Denn Marc hat ihn um Einschätzungen der Kunden gebeten. Auch das Team will wissen, wie Kunden diesen Ansatz finden. Peter nimmt allen Mut zusammen und sucht Justus auf. Vielleicht kann er ihm helfen, wie er das Problem löst? Justus freut sich, dass Peter auf ihn zukommt. „Schönes Thema", meint er. „Das heißt, dass Marc und das Team an deinem Entwurf tatsächlich interessiert sind." So hat Peter das noch nicht betrachtet. Ein Lächeln huscht über sein Gesicht. „Dann lass mal sehen, Peter, was meinst du, welcher Kunde käme denn infrage?" „Nur einer?", fragt Peter zurück. „Ich dachte, ich müsste nun eine relevante Stichprobe vorlegen, 30 oder so?" „Lass uns doch erst einmal mit einem hoch relevanten Kunden beginnen. Mehr machen kannst du immer noch. Aufwand und Nutzen sind dann wieder neu zu bewerten, wenn wir wissen, wie aufwendig es ist und was dabei rumkommt." Peter fällt ein Stein vom Herzen. Wahrscheinlich hat er wieder viel zu kompliziert gedacht. Ihm fallen gleich eine Klinik und ein Chefarzt ein, mit dem er ins Gespräch kommen kann.

Ablauf

Der Verantwortliche und der Coach überlegen gemeinsam, welche Arbeitsergebnisse zu welchem Zeitpunkt wem vorlegt werden können. Wichtig sind bei der Auswahl folgende Fragen:

- Wer wird inwiefern von unserem Arbeitsergebnis betroffen sein?
- Welcher Experte könnte einen weiteren sinnvollen Input leisten?
- Wer kann uns gut bei der Risikobewertung unterstützen?
- Wer steht uns wohlwollend gegenüber und ist interessiert an unserer Arbeit?

Sind die Personen identifiziert – es sollen nicht mehr als ein bis drei Personen sein –, dann geht es darum, für diese Friendly Usergruppe eine konkrete Aufgabe zu formulieren. Folgende Informationen braucht ein Friendly User:

- Welches Ziel soll erreicht werden?
- Was soll mit diesem Ergebnis passieren?

Und er braucht einen konkreten Auftrag:

- „Bitte prüfe für uns …"
- „Bitte gib uns Feedback zu …"
- „Bitte schenk uns deine Einschätzung zu …"

Der Auftrag sollte möglichst knapp und klar formuliert sein und den Friendly User nicht länger als notwendig beschäftigen. Die Ereignisse werden in einer neuen Working Session in die Lösung integriert.

Tipps und Erfahrungen

Der Coach hat hier die Aufgabe, eine möglichst einfache Form der Umsetzung zu finden. Die meisten Menschen, die Friendly User Sessions durchführen sollen, denken zu groß und zu umfangreich. Es geht mehr um einen Eindruck, bevor man weiterentwickelt und investiert. Es geht um ein Gespräch, um ein Herausfinden, was den Kunden tatsächlich weiterbringen würde. Und das nicht nur zu Beginn, sondern wiederholt an definierten Punkten. Zwei bis drei gut vorbereitete und qualifizierte Gespräche bringen hier oft mehr als eine große Anzahl mit einem oberflächlichen Austausch.

Digitale Umsetzung

Friendly User Sessions können gleichermaßen digital umgesetzt werden.

5. Solution Sessions

Jetzt geht es um Lösungen. Damit diese nicht mit der Entscheidungsfindung vermischt werden, gibt es hierfür eigene Solution Sessions. Mit ihnen werden für klar umrissene Problemstellungen Lösungsoptionen definiert. Das Entwickeln von Lösungen von der Entscheidungsfindung zu trennen ist ein wichtiger Schritt, um kreative Lösungen zu ermöglichen. Manchmal sind es auch unterschiedliche Gruppen: Personen, die Lösungen entwickeln, und Personen, die entscheiden. Für eine Lösungsentwicklung braucht man in vielen Fällen andere Kompetenzen als für eine Entscheidungsfindung. Das wird oft übersehen. Mit der Maßgabe, dass jede Person in ihrer maximalen Kompetenz arbeiten sollte, ergibt sich automatisch diese Trennung. Die Ergebnisse von „jeder kann alles" fallen uns ja gerade auf die Füße. Das Peter-Prinzip lässt grüßen.

In Solution Sessions definiert das Team einen Diskussionszeitraum für ein Thema und der Moderator lässt entsprechend den Timer mitlaufen. Denn mehr Zeit bringt häufig nicht mehr Ergebnis. Oft wird deutlich, dass noch nicht alle relevanten Fakten auf dem Tisch liegen. Dann stoppt der New Work Coach die Session und sorgt dafür, dass die fehlenden Informationen zur Verfügung stehen, die das Team dazu befähigen, zu einer Lösung zu finden. Manchmal sind für eine Lösung auch gar nicht alle Details relevant. Sie zu finden hält nur auf und kompliziert die Sachlage unnötig. Das wägt der Coach ab.

Solution Sessions fokussieren immer das Hier und Heute. Lösungen von heute können morgen nicht mehr aktuell sein. Deswegen ist es wichtig, stets im Kopf zu haben, dass es sich um einen Ongoing Process handelt. Wir suchen eine Lösung auf der Basis der aktuellen Datenlage.

Und weil Lösungsfindung ein Team sehr fordert, wechseln wir für diese Sessions am besten den Ort. Zum Beispiel in die Natur, auf ein Boot, in einen Bus, in einen Kreativraum, in die Eisdiele, auf den Markt. Darüber hinaus nutzen wir verschiedene Tools, um zu Lösungen zu kommen ... Und wir nutzen Pausen als festes Element.

Tool 29 1, 2, viele

Die Tendenz, sich einer Gruppenmeinung anzupassen, ist seit vielen Jahrzehnten hinreichend bekannt. *1, 2, viele* trägt dieser Tendenz Rechnung, indem jede Session mit einer Einzelarbeit beginnt. So fällt keine kluge Idee unter den Tisch, nur weil wir uns zu schnell von einer kompetenten Person überzeugen lassen. Manchmal erscheinen gut vorgebrachte Ideen hinreißend, obwohl die bestechende Wirkung sich nur im ersten Moment zeigt. Bei Licht betrachtet ist die Idee dann doch nicht so spannend. Oder eine Idee, die wir wenig betrachtet haben, birgt die momentan beste Lösung.

Bevor die Idee nun aber der großen Gruppe präsentiert wird, sichern wir sie im Duo ab. Hier kann sich jeder einen Friendly User suchen. Danach erst geht es weiter.

Die Lösung, die am Schluss am geeignetsten erscheint, ist immer eine Teamlösung, weil die Ursprungsidee über die zwei weiteren Schritte oft noch einen besonderen Schliff erhält. Deswegen ist es nicht relevant, wer die Eingangsidee formuliert hat. Das vergessen manche Teilnehmende. Sie versuchen ihre Idee bis zum Schluss durchzubringen. Weil sie überzeugt sind. Menschlich.

Ziel

Gemeinsam finden Experten zu guten Lösungen, indem alle Ideen berücksichtigt werden. (Angelehnt an Familientherapie und Liberating Structures)

Story

Was für Paul super passt, ist für Eleonora eher schwierig: sich erst einmal mit einer Fragestellung allein zu beschäftigen. Sie bekommt eigentlich im Gespräch mit anderen immer die besten Ideen. Und nun soll sie mit Stillarbeit starten? Das mochte sie in der Schule schon nicht so gerne. Aber das gibt ihr die Gelegenheit, die Augen zu schließen und ein paar Gedanken durch den Kopf fliegen zu lassen. Sie geht am Fenster auf und ab, trinkt einen Schluck Wasser und lässt den Blick schweifen. Nach und nach entstehen Fragen in ihrem Kopf. Fragen, die sie sich so noch nicht gestellt hat. Vielleicht kann sie das im nächsten Schritt mit Henrik besprechen. Daraus könnte man einen Ansatz entwickeln. Und natürlich ist sie schon gespannt, was er sich ausgedacht hat.

Ablauf

Format A

Phase 1:
Jeder überlegt sich die aus seiner Sicht besten Lösungsoptionen (ein bis drei).

Phase 2:
Jede Person diskutiert ihre Vorschläge mit einem Kollegen, der auch Phase 1 durchlaufen hat. Gemeinsam verständigen sie sich auf drei Optionen und arbeiten diese im nächsten Detailierungsgrad aus. Diese Phase kann wiederholt werden, wenn weitere Duos einbezogen werden sollen. Zwei Duos bringen in dieser Phase ihre Ideen zusammen und einigen sich.

Phase 3:
Die gemeinsam gefundenen Ideen der Vierergruppen werden abschließend in einem Fish Bowl diskutiert. Dafür schickt jede Vierergruppe einen Vertreter in den Fish Bowl. Dort sollten sich zwei bis maximal vier Personen zusammenfinden. Im Fish Bowl werden die drei interessantesten Lösungen ausgewählt und weiter in Duos oder kleinen Teams differenziert, bis sie ausreichend spezifisch sind, um in einer Decision Session vorgestellt zu werden.

Format B

Schriftliche oder mündliche Vorschläge einzelner Personen, die in Single Working Sessions erarbeitet wurden, werden Experten-Duos zur Diskussion vorgelegt. Die Experten bewerten aus ihren unterschiedlichen Sichtweisen die Vorschläge und diskutieren sie. Sie zeigen Chancen und Risiken jeder Lösungsoption auf und geben auf Basis ihrer Expertise Hinweise. Die so klassifizierten Lösungsoptionen werden dann in einer Decision Session den Entscheidern zur Festlegung gegeben. Dieses Format kann auch als Fish Bowl stattfinden, wenn die Lösungsentwickler die Diskussion gerne beobachten möchten, um daraus etwas zu lernen.

Der New Work Coach moderiert die jeweiligen Runden und achtet darauf, dass sich keine Option deshalb durchsetzt, weil sie charmanter oder dominanter vorgetragen wird. Das ist nicht ganz einfach. Und besonders wichtig für den Coach ist es, seine eigenen Ideen und Entscheidungstendenzen zu reflektieren und aus dem Prozess herauszulassen.

Tipps und Erfahrungen

Was manchmal hitzig diskutiert wird, wenn man direkt in den Austausch geht, bekommt eine andere Form, mehr Ruhe und mehr Struktur, wenn man das Tool *1, 2, viele* nutzt. Es schützt die ruhigeren Personen, zähmt die anderen und lässt auch dem Bedürfnis nach Austausch seinen Raum. Für manche ist Phase 1 super, die anderen bevorzugen eher Phase 3. Aber alle kommen zu ihrer bevorzugten Strategie und das Ergebnis passt. Manchmal geht es nur um Nuancen. Und besonders den Personen, die am liebsten sofort loslegen wollen, hilft dieses Tool am meisten, um nicht in den gewohnten Strategien hängen zu bleiben.

Digitale Umsetzung

In der digitalen Variante startet das Tool auch mit Phase 1: Single Session. Verschiedene Tools bieten Breakout Rooms an, um eine größere Gruppe in kleinere aufzuteilen. Das kann hier wunderbar genutzt werden. Es werden jeweils zwei Personen zusammengeschlossen. Falls das Tool diese Option nicht beinhaltet, können die beiden Personen miteinander telefonieren. Danach geht es auf der gemeinsamen Plattform mit einem moderierten Fish Bowl weiter. Auch hier sollten nicht mehr als vier Personen diskutieren und zu einer gemeinsamen Lösung finden.

Tool 30 Provokative These

In den üblichen Bahnen zu denken, fällt den meisten Menschen leicht. Diese Bahnen aber zu verlassen und neu zu denken, braucht oft einen provokativen Anstoß. Dann kommt das Geschehen schnell in Gang. Denn Widerstand aktiviert. Wenn ein Team Spaß an Provokation und Absurdität hat, bereichern solche Thesen die Diskussion sehr.

Der Coach ist hier inhaltlich so lange involviert, bis das Team in eine intensive Diskussion eingestiegen ist. Als Außenstehender ist es für ihn einfacher, eine provokative These zu formulieren. Denn er spricht hier vielleicht Themen an, die für die eine oder andere Person nicht einfach sind. Manchmal ist es auch glaubwürdiger, wenn ein Experte die These in der Solution Session vorträgt. Wichtig ist, dass diese nicht vollkommen absurd ist. Sie soll schon den Nerv treffen. Vielleicht nicht in der vorgetragenen Pauschalierung, aber der

„Darüber habe ich auch schon nachgedacht, habe mich nur nicht getraut, es auszusprechen"-Effekt sollte sich einstellen. Neues zu denken und zuzulassen braucht oft einen Anschub. „Denk mal was Neues!", geht nicht so einfach. Vor allem, wenn mit einer neuen Idee auch neue Strukturen und Aufgaben verbunden sein werden.

Ziel

Menschen sollen ihre Gedanken in Schwung bringen und über naheliegende Grenzen hinausdenken. (Abgeleitet aus dem provokativ-humorvollen Kommunikationsstil nach Frank Farrelly und Noni Höfner)

Story

„Wir brauchen keine Beraterinnen oder Verkäufer mehr, weil sich unsere Kunden im Internet selbstständig informieren können." Mit dieser starken Hypothese eröffnet Johanna die Solution Session. Was zunächst entsetzte Gesichter produziert, reift nach und nach zu einer Idee, wie zukünftig mit Kunden zusammengearbeitet werden soll. Und hier tun sich ganz neue Dimensionen auf. Das zu formulieren, hätte sich aber niemand getraut. Schließlich schießt man damit direkt lieben Kollegen ins Knie. Es deswegen aber nicht zu diskutieren, wäre schade – wenn man den langfristigen Erfolg des Unternehmens im Blick hat.

Ablauf

Der Coach oder ein Experte formuliert eine provokative These oder der Coach unterstützt einen Experten bei der Formulierung einer provokativen These als Ausgangspunkt. Dieser Ausgangspunkt muss zwar inhaltlich zur Fragestellung passen, aber er muss nicht unbedingt vollkommen realistisch oder direkt umsetzbar sein. Der Ausgangspunkt sollte den Widerstand der Beteiligten wecken und einen Rechtfertigungsimpuls auslösen. Außerdem soll er ermöglichen, über die üblichen Grenzen hinauszudenken. Folgender Ablauf ist sinnvoll:

Phase 1:

Eine provokative These wird in den Raum gestellt. Falls nötig, wird sie erläutert.

Pause

Phase 2:
Alle Beteiligten können diese These ergänzen, erweitern oder eine zweite und auch dritte provokative Ausgangsthese hinzufügen.

Pause

Phase 3:
Anhand der gefundenen Thesen werden Lösungsoptionen entwickelt und diskutiert. Das kann wieder mit *1, 2, viele* (Tool 29) geschehen.

Neue Gedanken brauchen Zeit. Die Beteiligten sollen sich intensiv mit den Ideen befassen und müssen die Chance haben, alleine darüber nachzudenken. Deswegen gibt es nach Phase 1 und 2 eine kleine Pause von fünf bis zehn Minuten. In dieser Pause sollte nicht gesprochen werden, damit sich jeder für sich, unbeeinflusst von anderen, mit der provokativen These beschäftigen kann.

Tipps und Erfahrungen

An dieser Stelle braucht man den Mut, Dinge anzusprechen, die andere auch denken, aber nicht sagen würden. Man könnte jemanden verletzten. Mit einem permanenten Change ändern sich auch immer wieder die Aufgaben. Wer damit nicht umgehen kann, wird sich im Bereich New Work und in den globalen Märkten nicht wohlfühlen. Ignorieren geht nicht. Veränderung geschieht auch dann, wenn wir nicht hinschauen mögen.

Digitale Umsetzung

Mit einer provokativen These kann ein New Work Coach auch eine digitale Session eröffnen. Gerade hier kann eine provokative These schneller Menschen in die Aktivität bringen, weil sich ein innerer Widerstand regt.

Tool 31 Working Walk

Unsere Umgebung beeinflusst unser Bewusstsein und stimuliert unsere Gedanken. Es braucht eine frische Umgebung, um Neues denken zu können. Darüber hinaus kommen Gedanken ohnehin leichter in Schwung, wenn sich auch der Körper bewegt. Den wenigsten fallen die interessanten Ideen am Schreibtisch ein. Die berühmte Dusche, der Spaziergang, der Sport, das Plaudern mit Freunden – alle nicht unbedingt mit Arbeit assoziierten Formate können die Kreativität anregen.

Für den gemeinsamen Spaziergang durch die Natur bietet der Coach ein Diskussionsformat an. Dieses wird vorher besprochen und dann durchgeführt. Das Team kann das Format jederzeit weiterentwickeln. Bewährt hat sich auch eine kurze Reflexion, inwiefern sich das Verlassen des gewohnten Gebäudes ausgewirkt hat.

Ziel

Durch eine andere Umgebung und durch Bewegung kommt man auf neue Gedanken. (Abgeleitet aus dem systemischen Denken)

Story

Gerade an einem heißen Tag fühlt sich der Wald besonders mild und lieblich an. Und da sie als Team im Kreativraum nicht wirklich Lösungsideen finden konnten und Bewegung bestimmt guttut, schlägt Konstantin vor, die Veranstaltung zu verlegen. Der Unternehmensbus steht bereit und wird in den kommenden drei Stunden nicht gebraucht. Und so kommt es, dass ein Team mit Softwarearchitekten und -entwicklern an einem Mittwochmittag Richtung Wald fährt.

Angekommen laufen sie erst eine Runde um den See und unterhalten sich immer zu zweit. Alle fünf Minuten klatscht Konstantin in die Hände und die Unterhaltung wird mit einer anderen Person fortgesetzt, so lange, bis jeder mit jedem gesprochen hat. Das mutet wie ein Schulausflug an, inspiriert aber durch die Umgebung, die Bewegung und durch den regelmäßigen Wechsel des Gesprächspartners.

Dann zieht sich jeder alleine für zehn Minuten zurück, spaziert für sich in eine Richtung, die ihm gefällt, und beobachtet, wie die Natur für ähnliche Probleme Lösungen findet.

Danach sitzen alle auf dem warmen, weichen Waldboden zusammen und tauschen ihre Ideen aus. Interessanterweise entsteht in dieser Umgebung immer etwas Neues. Dieses Mal ist es der kleine Wasserfall, der alle inspiriert hat. Er besteht aus vielen einzelnen Tropfen, die im Ganzen nicht mehr sichtbar sind. Alleine hat jeder Tropfen kaum Kraft, aber gemeinsam gräbt sich das Wasser ein Bett. Diese Beobachtung übertragen sie auf ihre Entwicklungsaufgabe und finden neue Lösungsansätze.

Ablauf

Um neue Lösungen zu entwickeln, entfernen sich die Beteiligten von ihren Räumlichkeiten und suchen bewusst eine andere Umgebung auf. Das kann ein Spaziergang an der frischen Luft sein, das kann ein Spielplatz (Working Play) sein, ein Bällchenbad (Working Bath), ein Kletterwald (Working Climb), eine Eisfläche (Working Slide), ein Badesee (Working Swim), eine Flusslandschaft, ein Stadtpark, eine Fußgängerzone (Working irgendwas). Optionen gibt es viele. Wichtig ist nur, dass diese neue Umgebung einfach zu erreichen ist und alle, die gemeinsam Lösungen entwickeln möchten, mit dorthin kommen können. In der neuen Umgebung beginnt dann das Format:

Phase 1: Auseinandersetzung mit der neuen Umgebung

Die Beteiligten beschäftigen sich für einen bestimmten Zeitraum, zum Beispiel 30 Minuten, mit der Umgebung. Die Beschäftigung kann aktiv oder beobachtend erfolgen. Jeder entscheidet, ob er gehen, schwimmen, schlittern möchte oder einfach dem Geschehen zuschaut.

Alternativer Einstieg: Alle gehen zu zweit spazieren, um Ideen auszutauschen, und wechseln nach etwa fünf Minuten den Gesprächspartner.

Phase 2: Assoziationen triggern

Assoziationen werden untereinander ausgetauscht, wenn die Personen zuvor Zeit alleine verbracht haben und ihre Gedanken sortieren konnten. Sonst wird allen Zeit für sich gegeben, bevor es an den Austausch geht. Folgende Fragen soll jeder zunächst für sich beantworten:

- Was hat diese Umgebung mit unserem Thema zu tun?
- Welche Aspekte dieser Umgebung können uns Hinweise für eine Lösungsfindung geben?
- Was funktioniert in dieser Umgebung sehr gut und ist auf unsere Lösungsfindung übertragbar?

Die Ergebnisse werden dann in der Gruppe ausgetauscht.

Phase 3: Konkrete Aspekte für die neue Lösung identifizieren

Das Team verständigt sich auf handfeste Aspekte und baut seine Lösungsentwicklung darauf auf. Hier kann gut parallel gearbeitet werden, sollten mehrere Aspekte gefunden werden.

Phase 4: Ideen zur Entscheidungsreife bringen

Wieder im Office werden die Ideen systematisch in Single, Duo oder Team Working Sessions weiterentwickelt, formuliert und zur Entscheidungsreife gebracht.

Tipps und Erfahrungen

Wenn Energie ins Stocken kommt, ist eine Verlegung der Solution Session oft ein Trigger. Manchmal entstehen nicht sofort neue Ideen. Aber über die Themen in einer anderen Umgebung nachzudenken, sich inspirieren zu lassen und diese Gedanken mitzunehmen, kann ein bis zwei Tage später noch nachwirken. Und dann ist es doch die Dusche ... Ein Coach sollte nicht enttäuscht sein, wenn es in der Session selbst zu keiner bahnbrechenden Idee kommt. Dann sollte er ungefähr vier Tage später nochmals eine Session ansetzen. Vielleicht haben sich bis dahin die Gedanken neu sortiert und anders verknüpft? Meist gibt es ein paar Tage später ganz konkrete Ideen.

Digitale Umsetzung

In einer digitalen Session kann der Coach auch eine Pause einlegen und das Team bitten, etwas ganz anderes zu tun. Von Spazierengehen über Joggen, Yoga, Boxen, Duschen – alles ist möglich. Diese Pause sollte nicht länger als 20 Minuten dauern, damit man gedanklich beim Thema bleibt und sich mit der Aufmerksamkeit nicht anderen Themen zuwendet. Der klassische Working Walk mit dem wechselnden Austausch ist dann umsetzbar, wenn die Personen beim Spazierengehen miteinander telefonieren.

Tool 32 Minimalismus

Menschen lieben einfache Dinge, die sie schnell lösen können: Schrauben sortieren oder den Kleiderschrank aufräumen steht hoch im Kurs, wenn große Schwierigkeiten drücken. Denn wir wissen nicht, wie wir komplexe Themen angehen können. Anstatt ein großes Problem zu zerlegen und in kleine erreichbare Schritte aufzuteilen, drücken wir uns. Es fallen uns plötzlich Dinge ein, um die wir uns schon lange kümmern wollten.

Das Gleiche passiert am Arbeitsplatz. Wir beantworten schnell eine E-Mail, die gerade eingeflogen ist, und schieben die großen Themen damit wieder ein paar Minuten hinaus. Und schon hoffen wir, dass wieder etwas passiert ... Das Gefühl, alles bedacht zu haben und ein Projekt vollumfänglich im Griff zu haben, tut einfach gut. Man legt den Stift weg oder klappt die Tastatur zu und entspannt sich. Denn gefühlt kann nun nichts mehr schiefgehen. Was ein Wohlgefühl verursacht, bleibt aber ein Gefühl. Denn es ist zu Beginn eines Projektes nicht möglich, alles zu spezifizieren. Und je mehr wir spezifizieren, umso enger wird der Handlungsrahmen. Nicht immer eine kluge Entscheidung.

Deswegen werden zu Beginn eines Projektes nur die absolut notwendigen Dinge spezifiziert. Die minimalen Anforderungen werden minimal dokumentiert und bieten Orientierung für die weitere Arbeit. Mehr geht immer. Aber wenn die Minimalanforderungen nicht erfüllt sind, funktioniert es einfach nicht. Ein Auto ohne Räder kann noch so wunderschöne Sitze haben, es erfüllt seinen Zweck einfach nicht. Bei aller Schönheit, mit einem Auto möchte man in erster Linie von A nach B kommen – die meisten jedenfalls. Schwierig ohne Räder. Deswegen werden die minimalen Spezifikationen definiert und während des Projektfortschritts in regelmäßigen Abständen überprüft. Scrum nennt das „Minimum Viable Product" (MVP).

Der Tendenz, dass in Working Sessions zur Projektdefinition oft sehr viele Fragen gestellt werden, wirken wir mit diesem Tool entgegen. Denn Fragen bringen nicht immer weiter. Auch dann nicht, wenn sie schlau klingen. Sie werfen Probleme auf, weisen auf Details hin, analysieren Gegebenheiten oder zeigen, was fehlt. Damit nähern wir uns keiner Spezifikation. Diese brauchen wir aber, um mit einem neuen Projekt starten zu können.

Mit diesem Tool zeigt der Coach, wie wir Komplexität reduzieren und erreichbare Schritte definieren, um in den wichtigen Dingen voranzukommen und dabei der allgegenwärtigen Ablenkung zu widerstehen. Und gleichzeitig fragen wir mit diesem Tool immer: „Darf es ein bisschen weniger sein?"

Ziel

Die Mitarbeitenden packen wichtige Dinge an und bleiben handlungsfähig.
(Inspiriert durch Scrum)

Story

Justus hat sich das Team geschnappt. Er hat seit ein paar Tagen das Gefühl, dass die Gruppe das große neue Thema vor sich herschiebt. Zu komplex erscheint das Ganze und keiner weiß so recht, wie sie anfangen sollen. Es gab schon zwei Working Sessions, um sich auf einen Ablauf zu verständigen, aber es kam immer wieder heraus, dass Informationen fehlen. So hat die Energie, mit der das Team einmal begonnen hatte – denn alle halten das Thema für relevant –, schon nachgelassen. Schade. Denn diese ist dringend notwendig, um ins Tun zu kommen. Justus hat sich heute vorgenommen, die Unsicherheit und den Widerstand auf den Tisch zu legen, um das Team wieder handlungsfähig zu machen. Auch begleitet er gerne die ersten Projektschritte, bis es läuft. Wie immer beginnt er mit der Vision.

Ablauf

Ein Kreativraum, alle sind da, Getränke stehen bereit.

Phase 1:

Die Session beginnt damit, dass alle gemeinsam eine erste Idee als Ergebnis entwickeln. Eine Vision, eine Lösung, ein erster Ansatz – wie man es nennen mag. Diese erste Vorstellung wird mit einem Medium entwickelt. Das kann LEGO® Serious Play sein oder auch einfach Pappe, Papier, Klebstoff und Farbstifte. In Zweiergruppen werden Ideen entwickelt und dann dem Team vorgestellt. Fragen dürfen an dieser Stelle gestellt werden, diskutiert wird nicht.

Phase 2:

Im zweiten Schritt schreibt jeder auf eine Karte den Vorteil, das Besondere oder das Interessante, das er an dem Ergebnis der anderen Gruppe erkennen kann. Diese Notizen werden zu den einzelnen Vorschlägen gelegt.

Phase 3:
Im dritt:en Schritt werden Punkte vergeben: Welche Version findet eine Person am besten? Die Punkte sollten so vergeben werden, dass jeder neutral abstimmen kann – also nicht das Ergebnis einer anderen Person sehen kann (Bias!). Es folgt die Feststellung der Mehrheit. Das Ergebnis oder die Ergebnisse, die die meisten Punkte erhalten, stehen nun als gewählt im Raum. Diese werden weiterentwickelt. Die anderen bleiben für Anregungen stehen. Das ist das erste Weglassen …

Wenn das Ziel klar ist, dann geht es oft ganz einfach. Es wird retropoliert, um einen Zeitplan zu erstellen. Dafür legt der Coach eine Timeline aus. Die Teilnehmenden erstellen Arbeitspakete auf Karten und legen diese an die Timeline. Diese Phase kann sprachfrei gestaltet werden. Beim stillen Betrachten der Timeline entwickeln sich nach und nach weitere Arbeitspakete, die zeitlich eingeordnet werden. Dabei ist auch Gleichzeitigkeit zugelassen. Diese Phase dauert so lange, bis keine weiteren Arbeitspakete mehr definiert werden. (Der Zeitplan wird nur in den nächsten 14 Tagen eingehalten. Danach wird er angepasst. Erfahrungsgemäß entstehen so viele neue Themen, dass es eine Illusion ist, zu Beginn eines Projekts konkret bis zum Ende alles planen zu können.)

Phase 4:
Im nächsten Schritt bekommt jeder eine andere Farbe an Klebezetteln, versieht diese mit seinem Namen und klebt sie an die Arbeitspakete, die er entweder ganz übernehmen kann oder zu denen er einen Beitrag leisten kann. Dies geschieht so lange, bis alle Arbeitspakete vergeben sind.

Bis jetzt unterscheidet sich das Vorgehen nicht wesentlich von einer normalen Working Session, bei der Ideen entwickelt werden, Entscheidungen getroffen werden und die Umsetzung vereinbart wird. Die besondere Rolle des Coachs bei diesem Tool ist es, immer wieder zu schauen, ob das Projekt nicht zu groß angelegt wird. Allein aus dem Bedürfnis der Perfektion heraus denken wir manchmal zu kompliziert und bewerten Details über, die ein Weiterkommen hemmen. Aber erst in der Umsetzung fallen uns Dinge auf, die wir betrachten müssen. Besonders dann, wenn es sich nicht um routinierte Projekte, sondern eher um Neuland handelt.

Nach jedem Arbeitsschritt mit der Gruppe fragt der Coach, denn seine Aufgabe ist es, das Team dabei zu unterstützen, mit minimalem Aufwand das maximale Ergebnis zu erzielen:

- „Was würde passieren, wenn wir auf X verzichten?"
- „Welche Abkürzung könnten wir nehmen?"
- „An welcher Stelle könnten wir weniger investieren … Aufwand, Personen, Material?"

Dann kommt ein Check: Alle überlegen, wie viele Personen für welches Arbeitspaket optimal sind, und entsprechend werden einige Klebezettel neu zugeordnet. Auch das kann sprachfrei erfolgen, indem jeder eine Zahl an die Pakete klebt, die er einschätzen kann. Nicht jeder muss alle Pakete einschätzen. Wenn jemand mit der Schätzung des Kollegen einverstanden ist, ist das prima. Es braucht nicht alles von jedem wiederholt zu werden. Gibt es Uneinigkeit, wird mit der geringsten Zahl gearbeitet. Ausbauen ist immer einfacher als abbauen.

Phase 5:
Abschließend wird vereinbart, an welchen Stellen gemeinsam auf die erzielten Ergebnisse geschaut wird, was parallel gestartet werden kann und an welchen Stellen es Abhängigkeiten gibt, die wie gestaltet werden sollen. Auch werden entsprechende Chats, ein Wiki, ein Blog usw. gestartet.

Und bei jeder weiteren Working Session fragt der Coach erneut: „Was könnten wir weglassen? An welcher Stelle ist ein Invest im Moment nicht sinnvoll? Welchen Pfad wollen wir verfolgen? Welchen im Moment nicht?"

Tipps und Erfahrungen

Für Menschen, die gerne schnell anfangen und konkret werden wollen, sind solche „Spielereien" zur Vision ein Stresstest. Sie wollen eigentlich loslegen, obwohl sie nicht so genau wissen, wo sie beginnen sollen. Alles erscheint gleich wichtig. Die Zielklärung – auch wenn dieses Ziel im Verlauf des Prozesses immer wieder geschärft, weiterentwickelt und angepasst wird – löst oft den Knoten und nimmt einer Gruppe die Lähmung. Zum einen macht es den meisten Spaß zu basteln und zum anderen dauert dieses Verfahren meist nicht mehr als zwei Stunden. Und direkt danach geht es ja schon in die konkrete Umsetzungsplanung.

Die Fragen des Coachs nach „Weniger“ können ein Team manchmal ganz schön beanspruchen. Gleichzeitig merkt man, wenn man nicht inhaltlich involviert ist, dass möglicherweise zu viel gleichzeitig gewollt wird. Mit einer Sache um 100 Prozent vorankommen macht deutlich mehr Freude als mit sehr vielen Dingen nur um 10 Prozent, von denen man auch noch etwa ein Drittel im weiteren Verlauf verliert.

Digitale Umsetzung

Auch in digitalen Formaten kann der Coach immer wieder nach dem „Weniger“ fragen. Das hilft Teams, erfolgreich zu bleiben.

Tool 33 ROFL

„Rolling on the floor laughing“ (ROFL) und die Verschlimmerungsfrage können immer dann genutzt werden, wenn das Team keine Lösungsideen findet. Über diese humorvollen Ansätze entstehen neue, kreative Potenziale, aus denen sich letztendlich möglicherweise ein guter Lösungsansatz entwickeln lässt.

Was viele albern finden, hat schon zu guten Lösungsideen geführt. Denn oft findet man die Hebel nicht, wenn man zielgerichtet denkt. Darf man aber zerstören, also schlechter machen, dann kommen neue Ideen. Denn normalerweise darf man das nicht. Obwohl es so viel Spaß macht, mit Anlauf in die Sandburg zu hüpfen.

Ziel

Ideen entwickeln, wenn ein Lösungsprozess nicht ins Laufen kommt.

(Angelehnt an konstruktivistische und systemische Ideen, um eine unbewegliche Situation in Bewegung zu bringen)

Story

„Welche Architektur müssen wir wählen, um ein Krankenhaus komplett und zügig lahmzulegen?“ Na, diese Frage macht ja mal Spaß, denkt Peter und schreibt gleich ganz viele Ideen auf das Flipchart, das sie als Dreiergruppe füllen sollen. Da die Lösungsideen im Moment stagnieren, wählt Konstantin den ROFL-Weg. Und schon geht das Kichern an den einzelnen Stationen los. Jeder hat noch eine und noch eine Idee, wie ein Krankenhausbetrieb schnell erlahmen kann. Und gleichzeitig wird dadurch auch bewusst, wie sensibel der Betrieb von einer guten Software abhängig ist. Erschreckend eigentlich.

Die Session ist noch nicht zu Ende. Jetzt tauschen sie die Stationen und erarbeiten konkrete Lösungen, indem sie die Ideen der anderen Gruppe einfach umdrehen: „Wenn es so erlahmt, was müssen wir dann tun, damit es funktioniert?" Und plötzlich ist das Team wieder lebendig und generiert viele Ideen, die es dann priorisieren und in Working Sessions nochmals spezifizieren will, bevor es sie in eine Decision Session geben möchte.

Ablauf

In einer Solution Session, in der etwas festgefahren ist oder sich keine Lösung abzeichnen will, kann der Coach mit ROFL eine Frage in den Raum stellen, die möglicherweise kreatives Potenzial antriggert:

- „Welche Lösung würde man nicht von uns erwarten? Was wäre total absurd? Und peinlich für uns?"

Diese Frage kann im Duo oder in kleinen Gruppen beantwortet werden. Der Austausch macht Spaß und bringt meist neue Ansatzpunkte für eine ernsthafte Lösung.

Die zweite Möglichkeit ist die Verschlimmerung:

- „Wenn wir es schon nicht lösen können, wie könnten wir die Situation dann wenigstens richtig schlimm machen?"

Auch das macht Spaß und bringt oft neue Ideen. Wenn der Coach beide Fragen nutzen möchte, um die Diskussion wieder in Schwung zu bringen, dann sollten die beiden Fragen in unterschiedlicher Zusammensetzung diskutiert werden. Und zu unterschiedlichen Zeitpunkten in der Solution Session. Durch andere Diskussionspartner und andere Zeitpunkte entstehen wieder neue Dinge.

Die Ergebnisse beider Fragen werden danach zusammengestellt und die Gruppen wechseln die Tafeln. Jede Gruppe wandert sozusagen zum Ergebnis einer anderen Gruppe und überlegt, was von diesen Ideen Potenzial für eine Lösung hat. Jede Gruppe stellt das Ergebnis vor und dann wird vereinbart, wie damit weiter verfahren wird: Wer arbeitet diese Ideen bis zur Entscheidungsfähigkeit aus?

Tipps und Erfahrungen

Was wie Klamauk anfängt, spinnt sich zu einer sehr sinnvollen Session aus. Nachdem die Blockade gelöst ist und man ganz anders denken darf, hat man schnell viele Hinweise produziert, die umgedreht konstruktiv nutzbar sind. Viele Teilnehmende sind darüber erstaunt. Und wenn sie erst etwas widerwillig mitmachen, weil sie nicht an die Methode glauben, sind sie hinterher vom Ergebnis überrascht. Beim zweiten Mal sind sie dann oft ausgelassener und mit mehr Spaß dabei.

Digitale Umsetzung

ROFL macht auch digital Spaß. Ob als Gesamtgruppe, im Breakout Room oder telefonisch – einfach mal darüber nachdenken, wie man die Situation verschlimmern könnte, behält seinen besonderen Reiz als Kreativtool.

6. Decision Sessions

Eine undankbare Aufgabe ist die Entscheidungsfindung, wenn man als Führungskraft im mittleren Management „hängt“ und den richtigen Weg finden soll. Man hat weder das Ganze im Blick, da man oft in die strategischen Gedanken nicht involviert ist, noch sind die Details dieser Führungsebene verfügbar, da sie nicht Experte auf allen Gebieten sein kann. Und so fällen diese „Sandwich-Manager“ ihre Entscheidungen auf einer wackeligen Grundlage. Das macht nicht gerade mutig. Chefgefällig zu entscheiden bringt da Sicherheit.

Entscheidungen werden in New Work deswegen an Experten gegeben. Experten werden relevante Informationen zugänglich gemacht, die sie für eine gute Entscheidung brauchen. Und dann entscheiden sie in einer sinnvollen Art und Weise. So weit die Theorie. Praktisch sind auch Expertenentscheidungen nicht immer einfach. Deswegen braucht es Tools, um auf neue Art miteinander zu einer tragfähigen Entscheidung zu kommen. Zum Beispiel einfach dafür, dass sich nicht der Eloquentere, sondern der Kompetentere bei einer Entscheidungsfindung gut positionieren kann.

Gute Entscheidungen beginnen da, wo der Fokus auf sich selbst nicht mehr das Wichtigste ist. Dem anderen zuzuhören, seinen Beitrag zum gemeinsamen Ganzen zu erkennen, die Perspektive zu wechseln, sich gegenseitig in seiner Expertise und als Mensch zu respektieren – das sind Fähigkeiten, die einer klugen Entscheidungsfindung vorausgehen.

Mit gegenseitigem Respekt, Großzügigkeit und Anerkennung der gegenseitigen Expertise kann auch gemeinsam gestritten werden. Um das große Ganze zu verbessern. Nicht, um sich durchzusetzen oder um den anderen zu zeigen, wie furchtbar schlau man ist.

Entscheidungen sind in neuen Formen der Zusammenarbeit nicht mehr an den Chef delegierbar. Die Experten müssen sich einig werden. Die Gefahr, zu lange zu diskutieren, zäh zu werden und Entscheidungen zu schieben, liegt auf der Hand. Es braucht Regeln zur Entscheidungsfindung, die für alle akzeptabel sind. Kombinierte Formate können hier unterstützen.

Entscheidungen können nur retrospektiv beurteilt werden. Sie sind deswegen im Moment gleichzeitig richtig und falsch. Und genau das macht Entscheidungen oft so schwer. Wenn man nur wüsste, wie sich die Entscheidung auswirken wird …

Typische Formate zur Entscheidungsfindung wie Meinungsbild und Mehrheitsentscheid werden hier genauso wenig beschrieben wie eine bilaterale Klärung. All das findet sich in traditionellen Arbeitsformen und ist Menschen in Organisationen hinreichend bekannt. Der Fokus liegt hier eher auf neueren und noch unüblichen Tools, so zum Beispiel auf dem Umgang mit Einwänden und auf der Idee, sprachfrei zu entscheiden.

Tool 34 Konsent oder die beste Lösung

Die Entscheidung ist getroffen, wenn nichts mehr dagegenspricht. Es gibt keinen Einwand mehr, für den keine Lösung gefunden wurde. So werden auch Einzelne gehört und deren Einwände berücksichtigt. Das ist die Definition von „Konsent", wie sie in der Soziokratie zu finden ist. Im Gegensatz dazu ist beim Konsens eine Entscheidung dann getroffen, wenn die Mehrheit dafür stimmt.

Im Konsent gilt eine Lösung als entschieden, wenn es keine wichtigen oder berechtigten Bedenken mehr gibt. Diese kleine Einschränkung ist relevant, denn wenn man einen Einwand gegen eine Lösung finden möchte, nur weil sie einem persönlich nicht gefällt, dann kann das gelingen. So könnte man auch im Konsent eine Teamentscheidung blockieren. Deswegen werden Bedenken auf ihre Berechtigung geprüft.

Mit diesem Tool wird zusätzlich versucht, Bedenken in eine Lösung zu integrieren. Sollte es aber ein schwerwiegendes und nicht integrierbares Bedenken geben, dann spricht das gegen eine Lösung. Für die Diskussion in der Gruppe bedeutet das, dass jeder Teilnehmer dazu angehalten ist, seine Bedenken auf Relevanz zu prüfen. Ist es tatsächlich so wichtig, dass wir damit die Lösung verbessern können oder gar stoppen müssen? Falls nicht, geht die Person mit der gefundenen Lösung mit und setzt sie um. Dieser kleine Zusatz ist relevant. Auch wenn einer Person eine Entscheidung nicht gefällt, sie aber kein relevantes

Bedenken dagegen vorbringen kann, setzt sie die Entscheidung mit um. Denn persönliche Vorlieben sind hier nicht an der richtigen Stelle. Und da das nicht ganz einfach ist, unterstützt hier der Coach.

Bedenken können alle Personen vorbringen, die von der Lösung betroffen sind. Das können auch Schnittstellen im Unternehmen, Friendly User oder Kunden sein. Wichtig ist, dass der Coach Bedenken unterscheidet in berechtigt, weil etwas der Sache schadet, und unberechtigt oder persönlich.

Nach einem Konsent ist eine Entscheidung gut genug, auch wenn sie nicht perfekt ist. Aufgrund der vorliegenden Tatsachen passt sie. Ergeben sich neue Tatsachen, ändern sich Dinge, werden getroffene Entscheidungen wieder geprüft. Konsent bringt uns daher in eine evolutive Entscheidungssituation. Alles lässt sich weiterentwickeln, ändern, verbessern. Zu jeder Zeit. Das entspannt und nimmt Stress und Druck aus der gefühlten Situation, jetzt die richtige und lange gültige Entscheidung treffen zu müssen. Funktioniert etwas einmal Entschiedenes nicht mehr, wird die Lösung weiterentwickelt.

Ziel

Eine Entscheidung ist so zu finden, dass sie gemeinschaftlich getragen werden kann. (Angelehnt an den Konsent aus der Soziokratie)

Story

Das ist das Tool, mit dem Lösungen nochmals richtig verbessert werden können. Johanna mag es besonders gerne. Denn nur mit Zustimmung wird zu viel ausgeblendet. Explizit nach Bedenken zu suchen, um diese zu integrieren, das macht ihr besonders viel Freude. Man sieht richtig, wie die Lösungen immer besser werden. Und das, was am Ende übrig bleibt, wird meist neugierig und verbindlich umgesetzt. Denn jeder möchte nun auch zeigen, dass zusammen der richtige Weg gefunden wurde.

Für Aron ist die erste Session sehr spannend. Er ist froh, erst einmal zusehen zu dürfen. Als Praktikant kann er sowieso nur einen begrenzten Beitrag leisten. Denn mit vielen Themen hat er sich noch nicht richtig beschäftigt. Das wird ihm besonders klar, als die Bedenken auf den Tisch kommen. Die Lösung selbst sah zunächst super aus. Er hätte sofort zugestimmt. Aber als die Gruppe die Argumente und die Risiken ausarbeitet und es um die Bedenken geht, gewinnt die Lösung nochmals richtig. Aron ist sicher, dass nun die wirklich beste Entscheidung getroffen wurde. Und es macht auch richtig Spaß, ein Team dabei zu beobachten, wie sich alle Schritt für Schritt gemeinsam der besten Lösung annähern – immer das gemeinsame Ziel im Blick. Und zu jedem Zeitpunkt konstruktiv.

Ablauf

Der New Work Coach bereitet die Session vor und prüft die Teilnehmerliste: Sind alle Beteiligten da? Er moderiert eine Decision Session so lange, bis ein Team die Auffassung vertritt, dass es selbst die Moderation in die Hand nehmen möchte. Dann coacht er den Moderator.

Für einen Konsent hat sich ein fester Prozess bewährt. Er beginnt mit einer kurzen Erläuterung für ungeübte Konsent-Entscheider in der Gruppe. Sobald dieses evolutive Verfahren im Unternehmen einen festen Platz gefunden hat, kann die Einführung entfallen. Folgende Regeln sollte der Coach zur Einführung erläutern:

- Jede Person kann Bedenken äußern.
- Alle Bedenken werden auf Relevanz geprüft.
- Relevante Bedenken werden integriert.
- Ein relevantes Bedenken, das nicht integriert werden kann, kann die Entscheidung kippen.
- Ein getroffener Konsent bleibt so lange bestehen, bis sich die Gegebenheiten verändern.

Haben alle die Regeln verstanden, kann es losgehen.

Phase 1:

Die Verantwortlichen stellen die Lösung vor, um die es in dieser Decision Session geht. Alle wichtigen Dokumente liegen vor und können eingesehen werden. Experten ergänzen, falls notwendig. Alle Teilnehmenden haben die Unterlagen im Vorfeld erhalten und sind vorbereitet. Es geht in einer Session immer nur um eine Lösung. Sonst würde sie zu lange dauern.

Phase 2:

Die Beteiligten dieser Session können Fragen stellen. Danach sind fünf Minuten Pause sehr hilfreich.

Phase 3:
Bedenken werden gesammelt und klassifiziert (Punktesystem). Alternativ können Bedenken auch mit dem Tool *25/5* (Tool 38) generiert werden, wobei Bewertung 5 bedeutet: Relevantes Bedenken, unbedingt berücksichtigen. Eine 1 bedeutet hingegen: Vernachlässigbares Bedenken. In dieser Phase ist es wichtig, dass alle Bedenken notiert und besprochen werden. Dabei ist es unerheblich, wer oder wie viele Personen ein Bedenken teilen. Möglicherweise sieht nur eine Person ein hoch relevantes Problem, das die anderen eher übersehen hätten. Es kommt also nicht auf die Mehrheit der Personen an, sondern auf die Qualität der Argumentation.

Phase 4:
Die Gruppe entwickelt Ideen, um die für relevant befundenen Bedenken zu integrieren. Wenn es mehrere relevante Bedenken gibt, dann geht die Integrationsentwicklung in die Hände von Duos oder kleinen Teams für Working Sessions. An dieser Stelle sind alle gefordert. Im Konsent funktioniert es nicht, dass jemand Bedenken äußert und die anderen Personen Lösungen entwickeln. Derjenige, der ein Bedenken formuliert, ist gleichzeitig bereit und mitverantwortlich, eine Integration zu finden, damit die Lösung insgesamt besser wird. Sollte keine Integration des Bedenkens gefunden werden, spricht das gegen die Lösung insgesamt.

Phase 5:
Zur Integration des Bedenkens erfolgt ein neuer Konsent. Dabei wird die neue Lösung immer im Verhältnis zur Ist-Situation geprüft. Die neue Lösung sollte eine Verbesserung darstellen. Sonst bleibt die Option, zur Ist-Lösung zurückzukehren.

Phase 6:
Es wird geprüft: Ist die Entscheidung gut und sicher genug, um sie jetzt auszuprobieren? Für welchen Zeitraum?

Die Session endet mit einer Entscheidung für eine überarbeitete Lösung. Diese Entscheidung bleibt nun so lange in dieser Form in der Umsetzung, bis etwas Wichtiges dagegenspricht. Eine erneute Diskussion muss mit dem Moderator oder dem New Work Coach abgestimmt werden. So lässt sich vermeiden, dass eine Diskussion zu oft wieder aufgerollt wird und ein „Müde-Diskutieren“ entsteht.

Abschließend stellt der Coach folgende Frage:

- „Ist die Entscheidung gut genug für jetzt und sicher genug, um sie bis zur nächsten Evaluation umzusetzen?"

Das „Ja" jeder Person gilt als Zustimmung und auch als verbindliche Zusage zur Umsetzung. Die Session ist beendet.

Tipps und Erfahrungen

Manche Menschen lassen eine Lösung gerne fallen, sobald sich ein Bedenken zeigt, das unüberbrückbar erscheint. Dass jetzt erst die Arbeit beginnt, ist für manche Personen befremdlich. Meist wird diese Hürde leicht genommen, wenn einmal erlebt wurde, wie sich die Lösungs- und Entscheidungsqualität durch Integration von Bedenken steigern lässt.

Gleichzeitig ist es wichtig, dass der Coach zwischen persönlichen Bedenken (an mancher Stelle auch Einwand genannt) und relevanten Bedenken unterscheidet. Relevanz fußt auf Tatsachen, zeigt Risiken und ist unternehmerisch wirksam. Persönliche Bedenken drücken mehr die Unsicherheit einer Person aus, folgen deren Interessen oder sind eher hypothetischer Natur.

Eine Entscheidung mittels Konsent zu treffen, muss geübt werden. Neue Konsententscheider sind immer wieder verunsichert und wissen oft nicht, was von ihnen gefordert ist. Deswegen sollten die Regeln wiederholt und mögliche Wege aufgezeigt werden. Falls man im Team zu einer Entscheidung kommen soll und Personen noch nicht mit dieser Methode vertraut sind, ist es hilfreich, sie bei einer Session in einem anderen Team zusehen zu lassen. Hier können sie als Beobachter den Prozess betrachten, ohne selbst aktiv werden zu müssen.

Digitale Umsetzung

Zu einem Konsent gelingt man genauso digital. Vorteilhaft ist es, wenn sich die Teilnehmer einer Session gegenseitig sehen können.

Tool 35 Entscheiderbriefing

Es gibt keine Gleichheit. Die fachliche Expertise ist ein sachliches Unterscheidungsmerkmal, das meist akzeptiert wird. Insofern ist bei jeder Entscheidung genau zu überlegen, wer sinnvollerweise entscheiden sollte. Gleichberechtigung ist daher sogar kontraproduktiv. Ein Team, das gute Entscheidungen trifft, lernt diese Unterschiede wahrzunehmen und anzuerkennen. Das Team kann jederzeit den Experten unterstützen und eine gute Entscheidung vorbereiten. Darüber nehmen alle Interessierten Einfluss.

Ein Entscheiderbriefing ist immer dann sinnvoll, wenn das Team nicht über die relevante Kompetenz verfügt. Dann stellt das Team nur die Sachlage zusammen und übergibt diese Informationen an einen Entscheider, der aufgrund seiner Qualifikation eine Empfehlung abgibt.

Auch das Entscheiderbriefing ist keine Einbahnstraße. Möglicherweise ist das Team sachlich so wenig kompetent, dass es zwar die Situation darlegen kann, aber gar nicht weiß, worauf es alles zu achten hat. Der Entscheider erhält dann eine fragende und beratende Rolle. Das Briefing wird gemeinsam entwickelt.

Ziel

Passende Kompetenz trifft eine optimal vorbereitete Entscheidung.

Story

„Wenn ihr ihr diese 50 Punkte mit Details schickt, dann übertragt ihr eure Verwirrung nur auf die Expertin. Mit dem Ergebnis werdet ihr vermutlich nicht einverstanden sein“, mahnt Justus. „Was haltet ihr davon, wenn wir die Unterlage nun priorisieren und die anderen Informationen zurückhalten. Wenn sie nachfragen sollte, sind wir optimal vorbereitet.“ Dann wird aufgestellt und gepunktet, bis ein Zehn-Punkte-Katalog entsteht, mit dem alle einverstanden sind.

Da das Thema hoch emotional ist, wählt Justus hier das Punktesystem und damit den einfachen Mehrheitsentscheid. Das kann in manchen Situationen der beste Weg sein.

Das Team arbeitet mit dem Punktesystem und wird sich schnell einig. Als es aber darum geht, wer der Ansprechpartner für die Expertin sein soll, wird die Diskussion doch emotional. Justus stoppt das sofort. Er schlägt vor, dass jeder zwei unterschiedliche Namen – wenn er möchte, auch seinen eigenen Namen – auf ein Kärtchen schreiben und in die Auswahl geben darf. Die Kärtchen werden dann ausgezählt. Also gilt wieder die einfache Mehrheit. Da es kein eindeutiges Ergebnis gibt, schlägt Justus hier ein Duo vor, denn zwei Personen haben gleich viele Stimmen erhalten. „Wer jetzt gerne noch seinen Punkt besonders berücksichtigt wissen möchte, kann mit dem Duo in der Küche noch einen Kaffee trinken“, schließt Justus die Decision Session. „Und lieben Dank für eure engagierte Diskussion.“ Die Küche bleibt im Nachgang allerdings leer.

Ablauf

Die Gruppe bereitet eine Entscheidungsgrundlage vor. Ein Experte wird zur Entscheidung hinzugezogen. Die Vorlage zur Entscheidung sollte in einer Working Session gemeinschaftlich erarbeitet und visualisiert beziehungsweise dokumentiert werden. Dabei ist es wichtig, dass alle Punkte in der Vorlage erwähnt sind, die einzelne Teammitglieder für relevant halten. Der Experte sollte damit in der Lage sein, alle wichtigen Aspekte zu erkennen und daraufhin eine Entscheidung zu treffen. Dem Experten wird eine Ansprechpartnerin zugewiesen, die das Eingangstor zum Team bildet und auf Rückfragen reagiert. Wird das vergessen, dann schickt möglicherweise jedes Teammitglied den Entscheider in eine andere Richtung.

Die Entscheidungsvorlage sollte folgende Aspekte enthalten und logisch aufgebaut sein. Hier kann der Coach unterstützen:

- „Historie: Wie kommt es zu diesem Thema?“
- „Wieso ist das Thema relevant?“
- „Wieso vertrauen wir diese Entscheidung dir an?“
- „Welche Erwartung haben wir an dich?“
- „Was passiert mit deiner Entscheidung?“
- „Was passiert, wenn du nicht entscheidest?“
- „Wie gestaltet sich die Faktenlage?“

Insgesamt sollte der Experte mit ausreichenden Informationen ausgestattet sein. Aber auch hier gibt es nicht nur ein Zuwenig, sondern auch ein Zuviel. Es empfiehlt sich, den Experten zu fragen, welche Informationen er braucht, um eine kompetente Entscheidung zu treffen. Nach dem Minimax-Prinzip werden dann die Informationen zusammengestellt: so wenig wie möglich, so viel wie nötig. Das ist nicht trivial, da das Team antizipieren muss, was der Entscheider wissen möchte. Da das bei fachlicher Inkompetenz möglicherweise nicht vollumfänglich gelingen kann, braucht es eine Person aus dem Team, die den Entscheider bei der Entscheidungsfindung begleitet.

Sollte eine Gruppe sich nicht für eine Person entscheiden können, steht schnell zur Diskussion, ein Team zu beauftragen, um alle möglichen Interessen vertreten zu wissen. Das hat sich allerdings nicht bewährt, da die für einen Teamentscheid eingesetzte Zeit oft überproportional hoch zum erwarteten Ergebnis ist. Maximal ein Duo ist denkbar, wie in unserem Beispiel. Das Duo sollte die unterschiedlichen Denkrichtungen der Gruppe repräsentieren.

Tipps und Erfahrungen

Vom Briefing hängt oft die Entscheidung ab. Das ist kein Geheimnis. Zumal der Entscheider nur seinen eigenen Kompetenzbereich überblicken kann. Die Art und Weise, wie man den Sachverhalt einem Experten schildert und wie Informationen aufbereitet und gewichtet werden, ist hoch relevant. Der New Work Coach muss hier darauf achten, dass die Vorlage von allen Personen im Team getragen wird und alle aus Sicht des Teams relevanten Aspekte ausgeführt sind. Gleichzeitig muss die Unterlage so knapp und übersichtlich sein, dass der Experte Lust hat, sich damit zu beschäftigen.

Bewährt hat sich auch, alle wichtigen Punkte von einem Team zusammentragen zu lassen, die Formulierung des Entscheidungsproblems aber in die Hände eines ausgewählten Duos zu legen, das danach die Unterlage nochmals zum Check ins Team gibt. Auch hier gilt der *Konsent* (Tool 34).

Digitale Umsetzung

In der digitalen Umsetzung tendieren Gruppen dazu, ein einmal erstelltes Format immer wieder zu nutzen. Hier kann der New Work Coach anregen, immer wieder neu zu überprüfen, ob das Format auf diese spezielle Situation passt. Manchmal macht man sich zu viel Arbeit, ein anderes Mal fehlt eine relevante Information für den Entscheider.

Tool 36 Beratungsregel

Jeder Mitarbeitende in einem modernen Unternehmen kann Entscheidungen treffen. Manche Entscheidungen haben größere Auswirkungen – nicht nur auf das Budget. Es kann sein, dass sich Abläufe anderer Kollegen ändern, Prämissen sich verschieben oder Verantwortlichkeiten erneuern. Eine systemische Perspektive zeigt, dass jede Entscheidung Wirkungen nach sich zieht, die der Entscheider manchmal weder berücksichtigt noch intendiert hat. Deswegen ist es so wichtig, Entscheidungen zu prüfen, bevor sie getroffen werden. Und da vier Augen bekanntlich mehr sehen als zwei, lohnt es, Entscheidungen vor der Umsetzung mit entsprechenden Personen zu reflektieren.

Ziel

Entscheidungstendenzen sind mit Kolleginnen und Kollegen zu prüfen.

Story

Das gefällt Hannah immer gut: Entscheidungen mit kompetenten Kollegen zu besprechen. Alleine schon, wenn sie ihre Entscheidung darstellt, fallen ihr andere Dinge auf, als wenn sie alleine am Schreibtisch sitzt. Heute hat sie sich für Aron seines unverstellten Blicks wegen und für Martina ihrer Erfahrung wegen entschieden. Mit Johanna hat sie ihre Fragen vorbereitet und sie ist sich sehr sicher, dass diese beiden Sessions sie in ihrer Entscheidung bestärken werden. Sie ist schon sehr gespannt auf die Einschätzungen beider Gesprächspartner.

Eigentlich würde sie gerne die Dinge einfach so machen können, wie sie es selbst für richtig hält. Die Beratungsregel hat sie anfangs als sehr lästig erlebt. Inzwischen freut sie sich richtig auf die Sessions, denn tatsächlich haben diese Sessions sie bereits vor schlechten Entscheidungen bewahrt. Als ihr das bewusst wurde, begann sie, die Sessions noch besser vorzubereiten und die Themen genauer auf den Punkt zu bringen. Und sie wählt eher kritische Personen aus, damit die investierte Zeit gut verbracht ist. Sie hat manchmal immer noch das Gefühl, dass einige Mitarbeitende ihr nicht gerne sagen, was sie tatsächlich denken, nur weil Hannah Mitglied der Unternehmensleitung ist. Mit Justus will sie nochmals überlegen, wie es ihr gelingen kann, die Hürde, die sie spürt, abzubauen. Vielleicht trägt sie unwissentlich dazu bei?

Ablauf

Eine Person muss eine größere Entscheidung treffen und wendet sich zur Entscheidungsfindung an den New Work Coach. Gemeinsam prüfen sie die verschiedenen Optionen und überlegen einen optimalen Weg. Folgende Fragen können die Gedanken leiten:

- „Was wollen wir mit dieser Entscheidung erreichen?“
- „Wer ist von der Entscheidung außerdem betroffen?“
- „Was bewegt diese Person?“
- „Welche Kriterien muss die Entscheidung berücksichtigen?“
- „Wie sollen die Kriterien priorisiert werden?“
- „Was passiert, wenn wir nicht entscheiden?“
- „Was kann maximal schiefgehen?“

Sobald eine Idee vorliegt, in welche Richtung die Entscheidung gehen kann, identifizieren Coach und Coachee gemeinsam Personen, die zu dieser Entscheidung befragt werden können. Gesucht sind mindestens zwei verschiedene Personen:

- ein Experte,
- eine Kollegin, die von dieser Entscheidung betroffen sein wird.

Mit beiden Kollegen und vielleicht noch einem Dritten kommt die Person ins Gespräch. Ziel ist es, den Rat dieser Kollegen einzuholen und ihn ernsthaft zu betrachten. Es muss auch möglich sein, den Rat der Kollegen nicht zu befolgen und die Entscheidung unabhängig davon zu treffen, solange der Rat durchdacht wurde.

Tipps und Erfahrungen

Für manche Experten ist dieses Tool sehr angenehm, denn es sichert sie ein Stück ab. Für andere ist es eine Herausforderung, denn sie fühlen sich als Experten und entscheiden gerne alleine. Deswegen ist es wichtig, dass der New Work Coach dieses Tool immer und jedem zur Verfügung stellt. Und es denjenigen, die sich als Experten fühlen und gerne unabhängig entscheiden, besonders dann ans Herz legt, wenn die Entscheidung, die sie treffen möchten, im System wirken wird. Diese Wirkungen können der Person nahegebracht werden. Meist stimmt sie dann einer Beratung zu. In manchen Unternehmen ist es verpflichtend, jede Entscheidung, die eine weitergehende Wirkung hat – und das sind nahezu alle Entscheidungen –, mit Kollegen zu besprechen.

Erst mit dieser Absicherung darf die Entscheidung getroffen und umgesetzt werden.

Abzuwägen bleibt, ob dieser Prozess Geschwindigkeit kostet und ob das Tempo wichtiger ist als die Qualität. Es kann vorkommen, dass es wichtig ist, ganz schnell zu entscheiden. Hier ist das Risiko zu betrachten.

Digitale Umsetzung

Die Beratungsregel kann digital einfach umgesetzt werden.

Tool 37 Beste Lösung +

Oft fühlen wir uns genötigt zu entscheiden. Wir glauben, es gäbe nur zwei Möglichkeiten: Entweder ich bekomme das letzte Stück Kuchen oder mein Bruder. Fairerweise wird geteilt. Einer teilt, der andere wählt. Aber ist das tatsächlich die einzige Option? Unsere Art, vorhandene Ressourcen zu teilen, ist oft in dem Entweder-oder-Denken verhaftet. Der Kuchen ist eben begrenzt. Oft stimmt das nicht. Bei den meisten Problemen gibt es ein Sowohl-als-auch. Manchmal nicht parallel, sondern sequenziell. Manchmal nur in Teilen. Oft aber mit größerer Zufriedenheit der Beteiligten und im Sinne einer guten Lösung. Vielleicht liegt noch ein Eis im Tiefkühlfach?

Wir habe es gerne, wenn es ein eindeutiges Richtig und Falsch gibt. Dann fühlen wir uns auf der sicheren Seite. Dann sind die Dinge kompliziert, aber nicht komplex. Dann haben wir das Gefühl, die Sache noch in der Hand zu haben. Sobald es aber komplex wird, kommen wir in den Bereich: Ja, das ist richtig … Und es ist auch richtig, dass … Und dann wird es für viele Menschen schwierig. Deswegen muss Ambiguitätstoleranz gelernt werden. Oft gelingt das eher ohne Sprache.

Ziel

Mehrere Wahrheiten oder Fakten dürfen nebeneinander stehen bleiben, auch wenn diese widersprüchlich erscheinen. Die Mitarbeitenden sollen trotzdem handlungsfähig bleiben.

Story

An allen möglichen Lösungen vorbeizuspazieren und dabei ganz intuitiv zu spüren, welche sie besonders anzieht: Das gefällt Martina. Peter geht da ganz anders vor. Er zählt die Argumente, die ihn überzeugen, und stellt sich zu der Lösung, die die meisten guten Argumente hat. Und Marc schaut immer nach herausragenden Lösungen. Lösungen, die es auf dem Markt so nicht gibt, mit denen er das Unternehmen wieder positionieren kann. Mit Glück stehen am Schluss alle drei bei der gleichen Lösung. Aber das passiert nicht oft. Vielmehr suchen sie nun nach einem Sowohl-als auch. Entweder als Sequenz oder durch die Integration verschiedener Aspekte der drei Lösungen in eine. Das macht richtig Spaß und bringt oft etwas ganz Neues hervor.

Nachdem jeder eine andere Lösung gewählt hat, tauschen sie die Plätze und erarbeiten die Vorteile der Lösung. Sie entscheiden sich dafür zu tauschen, um den Prozess weiter zu objektivieren, indem sie mit der „fremden" Lösung arbeiten. Außerdem erhoffen sie sich dadurch ein tieferes Verständnis der Lösung und das bereitet gut auf die spätere Integration vor. Nachdem sie mit einem erneuten Wechsel die Risiken betrachtet haben und so jeder die drei relevanten Lösungen noch einmal vertieft kennengelernt hat, kommen sie mit ihren Karten in die Mitte.

Sie legen die Karten auf den Boden und klassifizieren sie: Vorteile, die wir haben wollen; Vorteile, die nice to have sind; Risiken. Und dann basteln sie gemeinsam, geleitet durch „Vorteile, die wir haben wollen" und „Risiken", eine vierte Option, mit der alle einverstanden sind.

Ablauf

Bei diesem Tool gehen wir davon aus, dass mehrere Lösungen vorliegen. Ziel der Session ist es, eine Entscheidung zu finden.

In den meisten Entscheidungssituationen hat man das Gefühl, nur einen der Wege nutzen zu können. Entweder geht man nach rechts oder nach links. Beides zusammen ist nicht möglich. In Sowohl-als-auch-Lösungen liegt die Option, beide Lösungen gehen zu können. Vielleicht geht man zunächst nach links und später nach rechts. Die Frage „Gehe ich links oder rechts?" ändert sich dann in die Frage: „In welche Richtung gehe ich zuerst?" Vielleicht gibt es auch geradeaus einen Weg, auch wenn er nicht sofort erkennbar ist?

Der New Work Coach bereitet gemeinsam mit den Experten für diese Sitzung die Lösungsoptionen so auf, dass sie einfach erfassbar und kurz formuliert vorliegen. Es können auch Zeichnungen, Modelle oder Grafiken sein.

Phase 1:
Die Lösungsmöglichkeiten, die in Solution Sessions erarbeitet wurden, werden visualisiert oder dargestellt. Visulisierungen und Darstellungen bleiben im Raum. Hier kann das Tool *3 MT und Co* (Tool 27) zum Einsatz kommen.

Phase 2:
Es können fünf Minuten lang Fragen gestellt werden.

Phase 3:
Die Lösungsoptionen werden im Raum an verschiedenen Stellen platziert. Die anwesenden Personen machen einen Spaziergang durch den Raum und schauen sich die Lösungen nochmals an. Sie versuchen aufzunehmen, welche Lösung sie etwas stärker anzieht als die anderen, verraten aber ihre Intuition noch nicht. Dieser Teil erfolgt unbedingt sprachfrei.

Phase 4:
Auf ein Signal des Coachs gehen alle Personen gleichzeitig zu der Lösung, die sie am meisten anzieht. Ebenfalls unkommentiert.

Phase 5:
Manchmal ist hier schon Schluss, wobei dann keine Integration stattgefunden hat. Denn obwohl alle Lösungen ausgearbeitet wurden, um zu einer guten Entscheidung kommen zu können, sticht eine besonders hervor. Oft ist es hilfreich, trotzdem nochmals in die anderen Lösungen zu schauen, um erkennen zu können, ob ein integrierbarer guter Aspekt dabei ist. Auch das kann sprachfrei gelingen, indem jeder bei den anderen Lösungen die Aspekte auswählt und zur besten Lösung mitbringt, die er gerne integrieren würde. In einer separaten Working Session werden diese Aspekte dann eingearbeitet.

Wenn die Entscheidung nicht eindeutig für eine Lösung ausfällt – und damit beginnt dieses Tool erst richtig –, dann erarbeitet die Gruppe, die sich jetzt vor einer Lösung eingefunden hat, die Punkte, die diese Lösung besonders auszeichnen. Sie fassen in ein bis fünf Punkten zusammen, warum sie sich so entschieden haben. Gleichzeitig befassen sie sich auch mit den Herausforderungen dieser Lösung: Wo liegen die Risiken?

Phase 6:
Diese Punkte werden aufgeschrieben und in die Mitte des Raums gelegt. Das Team steht oder sitzt um alle Karten herum und versucht aus diesen Hinweisen

- eine neue integrierte Lösung zu kreieren,
- zwei oder drei Kärtchen zu einer Sequenz zu basteln,
- bestimmte Punkte zu kombinieren,
- seine Entscheidung mit diesen neuen Impulsen nochmals zu überdenken,
- die Risiken abzuwägen.

In Teilen kann auch diese Phase ohne Sprache gestaltet werden. Manchmal wird besser gearbeitet, wenn weniger gesprochen wird.

Phase 7:
Die neue Lösung wird skizziert und die Umsetzung geplant. Durch die Integration verschiebt sich oft das erste Meinungsbild.

Tipps und Erfahrungen

Der New Work Coach kann bei diesem Tool nicht oft genug betonen, dass es um eine Sowohl-als-auch-Lösung geht. Denn die Tendenz, sich entscheiden zu müssen, liegt in unseren Erfahrungen. Verschiedene Lösungen auseinanderzunehmen und etwas Neues, Tragfähiges zu konstruieren ist oft noch nicht ausreichend in den Köpfen verankert. Wir brauchen einen Schubs. Je höher die sprachfreien Anteile bei diesem Tool sind, umso effektiver wird es in der Regel genutzt. Denn das Entweder-oder-Denken spielt uns schnell einen Streich und hält uns in bestehenden Mustern. Verbal herauszukommen fällt oft deutlich schwerer als nonverbal.

Das Tool kann genauso in der individuellen Betreuung angewendet werden. Man erarbeitet gemeinsam die Vorteile jeder Lösung und versucht mit diesen Informationen etwas Neues zu entwickeln. Gelingt das nicht und eine Person kann sich auch nach genauer Betrachtung nicht entscheiden beziehungsweise eine Integration denken, dann bleibt nur der Münzwurf. Meist wird einer Person schon vor dem Münzwurf bewusst, welche Lösung sie stärker anzieht. Deswegen mögen viele Coachees die Münze nicht: „Und wenn die falsche Seite kommt?!“

Digitale Umsetzung

Für die digitale Umsetzung brauchen wir bei diesem Tool eine gemeinsame Plattform, auf die alle Beteiligten Zugriff haben. Dann können hier genauso wie auf einem Tisch Ideen auf Kärtchen hinzugefügt und entsprechend verschoben werden. Digital dauert das Tool etwas länger als live.

Tool 38 25/5

Eine Kartenabfrage und hinterher die Vorschläge zur Priorisierung bepunkten, das kennt jeder aus Workshops und Trainings. Oft hängt dann die ganze Wand voller Karten und der Trainer hat Mühe, eine Kategorisierung zu finden. Bei 50 Personen und je drei Karten ist die Unübersichtlichkeit programmiert und es dauert etwa zwei Stunden, bis alle Karten hängen und sortiert sind.

Im Fokus steht bei dieser klassischen Methode, alle abzuholen und wenn möglich nochmals nachzufragen: „Ist es dir recht, wenn ich deine Karte zu dieser Gruppe hänge?" Manchmal schickt der Trainer nach dem Anpinnen die Gruppe in eine Kaffeepause, um sich einen Überblick zu verschaffen. *25/5* kürzt diesen langwierigen Prozess ab und macht darüber hinaus auch mehr Spaß.

Das Tool 25/5 verbindet nun den Ideenreichtum einer großen Gruppe mit einem strukturierten Verfahren, ohne den Anspruch zu erheben, dass jeder bei jeder Idee mitentscheidet. Das Tool vertraut eher dem Zufallsprinzip. Viele Personen in einer großen Gruppe haben gute Ideen. Und eine gute Idee kommt – vielleicht in Facetten – von mehreren. Fünf Bewertungen reichen dann schon aus, um der Idee eine Tendenz zu geben. Und über die Summe entsteht automatisch eine Priorisierung.

Dieses Multi-Tool lässt sich in sehr vielen verschiedenen Kontexten anwenden. Immer dann, wenn Ideen gefunden, gewichtet oder ausgewählt werden sollen, hat es seinen Platz. Und weil es Spaß macht und eine Gruppe aktiviert, kann man es immer wieder einsetzen.

Ziel

Eine größere Gruppe soll gemeinsam zu interessanten Lösungen finden, ohne Meinungen und Optionen auszutauschen. (Abgeleitet von 25/10, Liberating Structures und angelehnt an Bewertungsportale)

Story

Dieses Tool macht sogar mit der ganzen Firma Spaß, wenn man mal ganz neue Richtungen einschlagen und die Ideen von allen nutzen will. Heute gibt es die Idee, die Working Sessions zu verbessern. Und alle, die im Haus sind, werden gebeten, teilzunehmen. Das ist immer lustig, denn so oft sehen sich auch nicht alle zusammen. Johanna hat die Fragestellung aufgeschrieben und jede Person hat eine individuelle Lösung notiert. Dafür gab es zehn Minuten Zeit. Denn etwas nachdenken muss man schon, wenn man Working Sessions verbessern möchte. Dann werden die Kärtchen 30 Sekunden lang ausgetauscht, um sie gut durchzumischen. Jeder hat nun eine für ihn neue Idee in der Hand und notiert seine Bewertung. Alleine durch das Herumlaufen und die Begegnung mit anderen hat Hannah wieder Gesichter gesehen, die sie schon lange nicht gesehen hat. Sie hat sich gleich für kurze Duos verabredet. Auch dafür ist dieses Tool gut. Es gewinnt schließlich die Idee, Team Working Sessions zugunsten von Singles und Duos weiter zu verkürzen. Mal sehen, wie das gelingen kann. Ein Duo arbeitet das Ganze jetzt weiter aus. Auch die nächsten vier Ideen sind nicht schlecht. Diese werden die beiden bei ihrer Ausarbeitung auch berücksichtigen.

Ablauf

Der New Work Coach erklärt kurz die Regeln und leitet jede Phase aktiv an. Für die Phasen stehen feste Zeiten zur Verfügung. Das Tool bewährt sich auch für große Gruppen. Mit 50 Personen klappt es hervorragend.

Phase 1:

Jeder schreibt eine Lösungsidee zu einem konkreten Thema auf ein Kärtchen (fünf bis zehn Minuten, je nach Komplexität).

Phase 2:

Die Personen bewegen sich durch den Raum und tauschen 30 Sekunden lang immer wieder ihre Karte gegen eine neue, zur guten Durchmischung der Kärtchen.

Phase 3:
Auf Kommando des Coachs lesen alle Personen die Idee auf dem Kärtchen in ihrer Hand und schreiben eine Bewertung auf. Die Bewertung bewegt sich zwischen eins und fünf, wobei fünf die beste Bewertung ist und bedeutet: Diese Idee ist so gut, dass ich sie gerne mit euch umsetzen möchte. Dieses Vorgehen wiederholt sich weitere vier Male, sodass jede Lösung am Schluss fünf Bewertungen hat. Jede gegebene Bewertung wird so nach hinten gefaltet, dass der nächste Bewertende zwar die Idee lesen, nicht aber die Bewertungen sehen kann, die die Kollegen notiert haben (Bias!). Er muss eine eigene Meinung zu dieser Idee entwickeln (jeweils 30 Sekunden). Alternativ kann auch ein Post-it® mit einer Bewertung hinten auf die Karte geklebt werden.

Phase 4:
Der fünfte Bewertende öffnet die Kärtchen und rechnet alle Ergebnisse zusammen. Eine Idee kann minimal fünf und maximal 25 Punkte bekommen haben (30 Sekunden).

Phase 5:
Die Gruppe stellt sich nun so auf, dass die höchste Punktzahl an der einen Seite steht und alle anderen absteigend folgen – von 25 abwärts. Gleiche Punktzahlen stehen nebeneinander. Die fünf am höchsten bepunkteten Ideen werden vorgelesen und notiert.

Phase 6:
Die Umsetzungsentwicklung erfolgt in einem Duo. Ziel ist es, die Umsetzung in den nächsten vier Wochen vorzunehmen und zu testen.

Tipps und Erfahrungen

Dieses Tool macht besonders mit Gruppen ab 15 Personen Freude. Die vielen Ideen, das Durcheinanderlaufen, die Stopps mit den Bewertungen und das Aufstellen bringen Dynamik in die Gruppe und damit eine sehr kreative Stimmung.

Achtsam sollte der Coach auf Personen sein, die noch nicht verstanden haben, dass es darum geht, die besten Ideen zu finden, und nicht darum, zu sehen, wie die eigene Idee positioniert wurde. In manchen Gruppen fragen Personen nach: „Ich hatte Idee X, wo ist die denn? Wie viele Punkte hat sie?“ Diesem Wunsch sollte der Coach keinen Raum geben. Es geht hier tatsächlich um die besten Ideen der Gruppe.

Manchmal ist es auch wichtig, die Punkte zu erläutern. Fünf Punkte erhält eine Idee, wenn man sie so gut findet, dass sie ausgewählt werden soll. Einen Punkt, wenn man sie auf keinen Fall auswählen möchte. Das hilft Menschen, die tendenziell keine Extreme ankreuzen und sich lieber zwischen den Bewertungen zwei und vier aufhalten.

Digitale Umsetzung

Auch digital macht dieses Tool Spaß. Die Lösungsideen können per Whiteboard, Chat oder auch mit einem Abstimmungstool für alle visualisiert und bewertet werden. Derzeit gibt es schon eine gute Auswahl an Abstimmungstools im Netz, die eine digitale Bewertung ermöglichen. Die besten Ideen werden auch hier in Duos im Nachgang ausgearbeitet und umgesetzt.

Tool 39 Sekundäre Rationalisierung

Für alle unsere Entscheidungen finden wir schnell eine rationale Begründung. Warum wir nicht auf die Kollegin zugegangen sind? Wir hatten so viel zu tun. Warum wir nicht entschieden haben? Die Fakten waren unzureichend. Warum wir das Projekt weiterschieben? Es liegt sehr Dringendes auf dem Schreibtisch. Emotionale Entscheidungen sekundär rational verkaufen: Das kann jeder. Das haben wir alle gelernt. Den primären Grund anzugeben und zu sagen „Ich hatte keine Lust dazu" oder „Ich hatte Angst" – das kommt nur schwer über die Lippen.

Erkennt ein Coach rationalisierende Tendenzen bei Personen oder Teams, ist es seine Aufgabe, das in einer guten Form anzusprechen und darüber zu reden, was dahinterliegt. Nicht selten macht Unsicherheit oder Sorge vor dem Risiko eine Person oder ein Team passiv. Entscheidungen werden vermieden.

Ziel

Alle sollen mutig entscheiden. (Inspiriert durch die klassische Hinderungsfrage und das Worst-Case-Szenario aus der Betriebswirtschaftslehre)

Story

Was ihn daran gehindert hat zu entscheiden? So hat sich Peter die Frage noch nicht gestellt. Klar ist ihm bewusst, dass das Thema jetzt seit langer Zeit bei ihm liegt und unbedingt Entscheidungen getroffen werden müssen, es voranzubringen. Und ehrlicherweise ist ihm jeden Tag etwas eingefallen, warum das genau heute nicht geht. Jetzt steht Konstantin vor ihm und fragt. Sie holen sich einen Kaffee und ziehen sich zurück. Konstantin hört sich seine Gedanken an und Peter nimmt sich die Zeit zu überlegen, was ihn abhält. Ihm fallen alle möglichen Gründe ein. Aber Konstantin grinst nur. „Gut rationalisiert", sagt er anerkennend. Und Peter weiß genau, was das heißt: Das sind alles nette Gründe, aber wir sind nicht am Kern. Konstantin schlägt ein Worst-Case-Szenario vor. Und als sie das zusammentragen, ergeben sich einige Risiken, die betrachtet werden wollen. Am liebsten zusammen mit Marc.

Ablauf

Der New Work Coach beobachtet aufmerksam einzelne Personen und Teams. Wenn er wahrnimmt, dass sekundäre Rationalisierungen benutzt werden, um Entscheidungen nicht zu treffen, sie zu verschieben oder emotionale Entscheidungen rational zu begründen, geht er ungefragt und aktiv auf die Person oder auf das Team zu.

Phase 1:

Der Coach beschreibt die Situation: „Ich habe wahrgenommen, dass ... Kann das sein?" Der Coach beschreibt das, was er gesehen hat. Er bildet keine Hypothesen oder Begründungen ab. Ziel dieser ersten Phase ist es, Einigkeit über eine Wahrnehmung zu erhalten. Es kann passieren, dass der Beschreibung der Wahrnehmung direkt sekundäre Rationalisierungen der Person folgen. Was im Hier und Jetzt passiert, kann sehr gut dazu genutzt werden, die Situation zu reflektieren: „Was passiert hier gerade?"

Phase 2:

Der Coach versucht durch Fragen zu ergründen, welche Motivation hinter dem automatisierten Verhalten liegt:

- „Was hält dich/euch zurück, zu entscheiden?"
- „Was befürchte(s)t du/ihr, folgt deiner/eurer Entscheidung?"
- „Was könnte schlimmstenfalls passieren, wenn du/ihr entscheide(s)t?"
- „Worauf wartest du/wartet ihr? Wird das eintreten?"

- „Was macht dich/euch so sicher, dass es besser ist, zu warten?"
- „Woher kommt das Wohlfühlen mit dem Nicht-Entscheiden?"
- „Ist die offene Situation besser? Inwiefern?"
- „Wie könnte mit einer Fehlentscheidung umgegangen werden?"
- „Für welchen Zeitraum sollte die Entscheidung getroffen werden?"

In einem unüberschaubaren Umfeld Entscheidungen zu treffen erfordert ein hohes Maß an Ambiguitätstoleranz. Diese wird hier trainiert. Der Coach denkt gemeinsam mit der Person oder dem Team darüber nach, welche Ängste und Sorgen die Handlungsfähigkeit gerade blockieren oder emotionalisieren. Sie zeichnen gemeinsam ein Worst-Case-Szenario und wägen die Risiken ab. Es geht darum, die Ängste ernst zu nehmen und ihnen zu begegnen. Ängste zeigen oft etwas an, das unbedingt berücksichtigt werden muss. Insofern ist der Impuls, nicht entscheiden zu wollen, unbedingt zu würdigen. In einigen Fällen zeigen sich hier relevante, nicht ausreichend betrachtete Risiken, die man nun bearbeiten kann.

Phase 3:
Für die relevanten Themen werden nun Lösungen gesucht. Mit einer einzelnen Person erarbeitet der Coach gemeinsam Lösungen für die dahinterstehenden Themen. In einem Team gibt er die Lösungsfindung in Duos. Mit den Ergebnissen finden alle wieder zusammen und entscheiden über das weitere Vorgehen.

Phase 4:
Jetzt geht es zurück zur ursprünglichen Entscheidung, die getroffen werden sollte. Ist es nun möglich, eine Entscheidung zu treffen? Wie sieht diese aus? Fällt sie nun anders aus?

Der Coach begleitet moderierend die Entscheidungsfindung. Dazu nutzt er ein anderes Tool.

Tipps und Erfahrungen

Dieses Tool kann in zwei Richtungen gehen. Entweder bearbeitet man Risiken oder es geht um individuelle Sorgen. Im ersten Fall ist es rückblickend sehr hilfreich, dass eine Person oder ein Team nicht einfach entschieden hat, um irgendetwas zu machen. Dem Impuls zu folgen und zu warten war hier die richtige Intuition. Im zweiten Fall geht das Tool sehr tief. Ängste werden formuliert und möglicherweise alte Geschichten hochgespült. Diesen kann der Coach mit Verständnis begegnen. Gleichzeitig prüft er gemeinsam mit dem Coachee, welches Mindset aus den Erfahrungen abgeleitet wurde und inwiefern dieses im aktuellen Kontext hilfreich ist. Dafür kann der Coach auch den *Sokratischen Dialog* (Tool 51) einsetzen.

Digitale Umsetzung

Für die digitale Umsetzung braucht man bei diesem Tool eine solide Vertrauensbasis.

7. Kollaboration

Die Art und Weise, wie Menschen miteinander umgehen und zusammenarbeiten, die Kollaboration miteinander, beeinflusst das individuelle Verhalten genauso stark wie das persönliche Mindset. Das wird heute gerne unterbetont. Dabei wissen wir spätestens seit den Studien von Stanley Milgram (1961), dass eine Versuchsperson, die beobachten kann, wie einem Lernenden bei Schlechtleistung Elektroschocks verabreicht wurden, signifikant häufiger dazu bereit ist, ebenso Elektroschocks zu verabreichen, als Versuchspersonen, die beobachten dürfen, wie sich eine andere Versuchsperson verweigert.

Das beobachtbare Verhalten in unserer Umgebung bedingt unser eigenes Verhalten. Das beginnt mit der konsequenten Nachahmung im Kindesalter und findet sich später in Gruppen und in Teams wieder. Wir tun das, was andere tun. Wir verhalten uns so, wie es in das System passt. Wir gleichen uns aneinander an. Und das auch bei unterschiedlichem Mindset.

Die Überbetonung der Individualität, des persönlichen Glücks und der Zufriedenheit hat die gemeinschaftlichen Aspekte zwischenmenschlichen Verhaltens etwas in den Hintergrund gerückt. Es lohnt, diese genauer zu betrachten, wenn es darum geht, eine ergebnisreiche Kollaboration miteinander zu entwickeln. Der Blick auf das Team, das System, die Strukturen und Prozesse kann hilfreich sein, wenn man eine optimale Kollaboration ermöglichen möchte. Diesen Gedanken greifen die folgenden Tools auf.

Tool 40 Zielfusion und Erwartungen

Ein Ziel ist zwar schön und gut, nützt aber nichts, wenn es nicht zu den Zielen der anderen Personen im Team passt. Individuelle Ziele, die nicht aufeinander abgestimmt sind, können Teamarbeit nicht nur stören, sondern gar unterbinden. Nur dann, wenn gemeinsam in eine Richtung gedacht und gearbeitet wird, kann auch zusammen etwas geschaffen werden.

Dieses Tool zeigt eine Möglichkeit, im Team eine gemeinsame Richtung zu finden und die Erwartungen an sich selbst und an andere auf realistische Füße zu stellen.

Das, was zu Beginn einer Working Session Zeit kostet, zahlt sich im weiteren Vorgehen aus. Gleichzeitig darf nicht zu viel Gewicht in diese Anfangsphase gelegt werden. Sie sollte nicht überproportional viel Zeit beanspruchen. Es gibt Situationen, in denen sich das gemeinsame Ziel erst im Laufe der Zusammenarbeit schärft. So können sich nach Ideenfindung und Realitätscheck Ziele auch verändern. Wollte man zu Beginn beispielsweise eine Idee konkretisieren und die ersten Schritte planen, stellt man vielleicht fest, dass die Idee nicht ausreichend tragfähig ist. Oder umgekehrt: Was man zu Beginn für eingeschränkt möglich hielt, entwickelt sich im Laufe der Ausarbeitung zu einem tragfähigen Konstrukt.

Ziel

Für jede neue Zusammenarbeit sind gemeinsame Ziele zu definieren, an denen sich die Gruppe ausrichten kann.

Story

Eleonora nimmt ihren Mut zusammen und wendet sich an Johanna. Johanna und sie sind ungefähr ein Alter und Johanna wird sie verstehen. Eleonora freut sich, dass Johanna einwilligt, als sie um eine 40-Minuten-Session fragt. Sie treffen sich außerhalb des Unternehmens und gehen ein Stück am See spazieren. „Also, Eleonora", fragt Johanna, „was möchtest du in dieser Session erreichen?" „Ich möchte ernst genommen werden", schießt es aus Eleonora heraus. „Wie kommt es zu deinem Anliegen?", fragt Johanna nach. „Ich habe das Gefühl, dass mich ältere Kunden als junge Softwarearchitektin nicht ernst genug nehmen. Nicht nur dass ich jung bin, auch trauen sie einer Frau keine technisch versierten Ideen zu." „Und was möchtest du nicht?" „Den Kunden über den Mund fahren, laut werden und vor allem nicht zickig rüberkommen." „Welche Erwartungen hast du an deine Kollegen?" Eleonora fällt erst mal nichts dazu ein. Johanna setzt das Gespräch fort: „Wie können dich deine Kollegen unterstützen?" Hier hat sie schon mehr Ideen. „Was davon wäre hilfreich für dich?" Jetzt wird es immer konkreter. Gemeinsam überlegen sie Strategien, tauschen sich darüber aus, wie andere das Problem lösen, und finden schließlich ein paar gute Ansätze. Johanna schlägt vor, diese Ansätze mit den anderen zu teilen. Gerade in dem Team, in dem Eleonora arbeitet, ist meist nicht nur eine Person beim

Kunden. Sie könnten eine kurze Session dazu machen, wer sich Unterstützung wünscht und wie diese genau aussehen kann. Mit einer Zielfusion wollen sie diese kurzen Sessions starten, um aus einem gemeinsamen Ziel dann ein paar optionale Handlungsmöglichkeiten abzuleiten, die allen zur Verfügung stehen und eingesetzt werden können.

Bei der Zielfusion mit der großen Gruppe bemerken Johanna und Eleonora, dass es sich um ein sensibles Thema handelt, mit dem sich viele Kolleginnen und Kollegen emotional beschäftigen. Zu einem gemeinsamen Ziel zu kommen gelingt hier nicht. Es scheint besser zu sein, aufgrund der Emotionalität einen Blog zu starten, in dem unternehmensweit Tipps und Ideen dazu ausgetauscht werden können, wie man mit überzogenen Ansprüchen oder unfairem Verhalten von Kunden umgehen kann – ganz unabhängig von Geschlecht oder Alter. Allein der freie Austausch von Tipps kann einige Personen schon entlasten und unterstützen. Vielleicht lassen sich aus diesen Ergebnissen ein paar Leitlinien bilden, die neue Mitarbeitende unterstützen können?

Ablauf

Der New Work Coach gibt im Vorfeld als ersten Schritt die Aufgabe, eine Zielformulierung zu überlegen, mit der er diese Working Session startet. Eingeladen wird zu einem Thema. Das genaue Ziel wird dann im ersten Schritt entwickelt. Falls das Ziel schon genau feststeht, kann dieser Schritt übersprungen werden – es sei denn, einige Personen sind mit dem Ziel nicht einverstanden. Jeder der Teilnehmenden weiß also zuvor genau, worum es geht, und kann sich entsprechend vorbereiten. Die Zielformulierung, die er mitbringen soll, erfüllt folgendes formales Kriterium: Ein Satz, zukunftsorientiert formuliert, beantwortet die Frage: Was wollen wir erreichen? Außerdem regt der Coach diese erste Formulierung mit folgenden Fragen an:

- „Wie ist es zu dem Ziel gekommen?“
- „Was genau ist nicht das Ziel?“
- „Von wem kommt der Auftrag?“
- „Welche weiteren Personen sind involviert?“
- „Welche Schnittstellen gibt es?“
- „Welche Pfade und kritischen Pfade gibt es?“
- „Wie soll das Ergebnis aussehen?“
- „In welcher Form soll es vorliegen?“
- „Welcher Detaillierungsgrad ist relevant?“

Mit diesen individuellen Zielformulierungen startet im zweiten Schritt die Session. In Paaren werden die Formulierungen dann zum ersten Mal miteinander verknüpft. Zwei Personen stellen sich gegenseitig ihre Zielformulierungen vor und einigen sich auf ein gemeinsames Ziel – die erste Zielfusion.

Im dritten Schritt kombinieren vier Personen zwei Ziele als zweite Zielfusion. Diese Verknüpfungen werden so lange durchgeführt, bis schließlich eine letzte gemeinsame Zielformulierung entstanden ist.

Bei größeren Projekten kann es wichtig sein, die Formulierung in einem iterativen Prozess nochmals mit der Unternehmensleitung zu überprüfen. Eine oder zwei Personen aus der Gruppe – kompetenzgeleitet – werden dazu gewählt. Sie starten einen Klärungsprozess mit der Unternehmensleitung, damit sichergestellt ist, dass das Team in die richtige Richtung läuft. Der New Work Coach moderiert diese Session und stellt sicher, dass die wesentlichen Gedanken aus der Diskussion transportiert werden.

Idealerweise wird das festgelegte Ziel im Anschluss auch mit Personen besprochen, auf die es sich auswirken wird. Ein oder zwei kurze Interviews helfen, um alle wichtigen Punkte zu berücksichtigen. Folgende Anregungen kann der Coach geben:

- „Inwiefern interagiert dieses Ziel mit deinen anderen Zielen?“
- „Welche Erwartungen hast du an uns?“
- „Wie könnte es sich günstig auswirken?“
- „Wie ungünstig?“

Gemeinsam wird betrachtet, was berücksichtigt werden muss, damit sich überwiegend günstige Einflüsse ergeben können. Die Interaktion des Projektziels mit den Unternehmenszielen ist ebenfalls bedenkenswert. Nur wenn sich insgesamt eine gute Passung ergibt, kann das Ziel erfolgreich umgesetzt werden. Spitzenziele, die nicht ins Konzept passen, scheitern und produzieren Unzufriedenheit. Deswegen ist es hoch relevant, die Passung eines Ziels im Team und im System zu prüfen.

Das Vorgehen in diesem Tool verknüpft *1, 2, viele* (Tool 29) mit dem Werkzeug *Interfaces* (Tool 41). Besonders relevant ist hier die Einbettung in die Unternehmensstrategie.

Tipps und Erfahrungen

Je größer oder je emotionaler das Thema ist, umso schwieriger wird es, sich mit einer größeren Gruppe auf ein gemeinsames Ziel zu verständigen. Die Zielfusion kann da gut unterstützen. Gleichzeitig hat sie ihre Grenzen, und andere Methoden sollten hinzugezogen werden. Ohne gemeinsames Ziel in eine Diskussion oder Arbeitsaufteilung zu starten, wäre allerdings ein gewagtes Unterfangen.

Digitale Umsetzung

In der digitalen Gestaltung einer Working Session hat die Zielfusion einen festen Platz. Ein eigenes Ziel zu finden und sich in einem Breakout Room, telefonisch oder per Chat mit einer zweiten Person auszutauschen und sich gemeinsam auf ein Ziel zu verständigen, klappt prima. Im nächsten Schritt können zu viert wieder im Breakout Room oder per Telko zwei Ziele fusioniert werden. Ein weiterer Breakout oder eine weitere Telefonsession mit acht Personen wird meist nicht mehr akzeptiert. Lieber schaut man sich die zwei, drei oder vier Ziele an, die jetzt gefunden worden sind, und integriert sie in einen moderierten Fish Bowl.

Tool 41 Interfaces und Co-Creation

„Execution" oder „Bitte umsetzen" – mit der Überzeugung, dass ein Team sich etwas ausdenken oder entwickeln kann und ein anderes Team die Ergebnisse umsetzt, entsteht eine Vielzahl von Konflikten. Kollaboration gelingt immer dann, wenn diejenigen, die das umsetzen sollen, was sich andere ausgedacht haben, in den Prozess des Ausdenkens integriert sind. Und zwar von Anfang an. So können Übergaben in jeder Form minimiert werden und diejenigen, die ein Projekt weiterführen sollen, verstehen auch, was sie übergeben bekommen. Denn sie haben am Entwicklungsprozess teilgenommen.

Was in der IT „DevOps" heißt, also die optimale Zusammenarbeit von Development und Operations, kann auf allen Gebieten eines Unternehmens Anwendung finden. Ein geniales neues Produkt einem Kunden richtig zu kommunizieren ist keine Kunst mehr, wenn Mitarbeitende aus dem Vertrieb und ausgewählte Kunden selbst bei der Produktentwicklung involviert waren. Und da nicht jeder bei einer Entwicklung dabei sein kann, informieren die Beteiligten die anderen Kollegen. Peers genießen meist ein besonderes Vertrauen.

Ziel

Ausgewählte, relevante Personen werden in einen Entwicklungsprozess integriert.

Story

„Wir müssen ja das ganze Unternehmen und den halben Markt involvieren", stellt Peter nach der Session fest. „Wie soll das denn gehen?" Justus kennt diesen Frust schon. Wenn man einmal damit startet, die Schnittstellen zu definieren und sieht, wer alles einbezogen werden sollte, dann kann man sich gar nicht mehr vorstellen, wirklich voranzukommen und ein Projekt nach vorne zu bringen. Zehn Menschen, 100 Meinungen. Deswegen geht es jetzt darum, zu priorisieren: Wen wollen wir zu welchem Zeitpunkt in unsere Projektarbeit involvieren – und mit welcher Fragestellung? Justus unterstützt das Team im Definieren von Arbeitspaketen. Die jeweilige Person, das Duo oder das Team, das dieses Arbeitspaket übernimmt, definiert gleichzeitig, wer gehört und involviert werden muss. Dabei geht es auch um den Grad der Einbeziehung. Geht es nur um einen Impuls? Eine individuelle Einschätzung? Um eine Zusammenarbeit? Um einen Test? In kleinen Decision Sessions werden diese Themen erörtert und eine Entscheidung wird dem Gesamtteam vorgestellt. Dann gleicht das Team alle Involvements ab: Passt das so zusammen?

Ablauf

Hier beginnt die Arbeit genau genommen vor der eigentlichen Solution Session. Der Coach moderiert eine kleine Vorsession, in der das Team überlegt, welche Schnittstellen zu involvieren sind: Wer muss mit der entwickelten Lösung später umgehen und sollte daher einbezogen werden?

In dieser Session wird erarbeitet, wer mit den Arbeitsergebnissen weiter umgehen muss. Alle diese Personen oder Personengruppen werden festgehalten. Das gelingt wie beim Außenfokus mit einer Mal-Session. Es braucht einen Raum mit Kreativmaterialien, eine große Tapete und das Team, das etwas Neues entwickeln möchte. Der New Work Coach moderiert die Session. Die Moderation kann auch übertragen werden.

Das Team malt sich zunächst selbst in die Mitte. Dann überlegen alle, welche Schnittstellen sich im Entwicklungsprozess und danach im Unternehmen und außerhalb ergeben. Jedes Teammitglied schlüpft in eine Rolle und zeichnet an eine Position außerhalb des Teams diese Personen. Dazu schreibt es die Wünsche und Erwartungen der indirekt Beteiligten.

Dieser Perspektivwechsel zu Beginn eines Projekts ist sehr hilfreich. Das Team bleibt so im Verlauf offen für seine Kooperationspartner innerhalb und außerhalb des Unternehmens. Das Plakat wird abfotografiert oder an zentraler Stelle aufgehängt, damit alle Beteiligten regelmäßig daran vorbeigehen. Auch die Kolleginnen und Kollegen, die auf dem Plakat erwähnt werden, können später Dinge auf dem Plakat ergänzen. Vielleicht hat das Team eine Personengruppe oder Wünsche und Erwartungen übersehen?

Im zweiten Schritt wird nun priorisiert. Welche Personen oder Personengruppen sind am stärksten berührt? Die entsprechenden Personen oder Gruppen sind in geeigneter Form miteinzubeziehen. Dafür gibt es verschiedene Möglichkeiten:

- Interview vor Projektstart
- Beobachtung bei der Arbeit, um zu verstehen, wie vorgegangen wird
- Involvierung beim Aufsetzen des Projekts
- Integration in das Projekt
- Übergabe eines Projektabschnitts
- Check der Zwischenergebnisse
- Check der ersten Version

In der „großen" Version heißt dieses Tool *Co-Creation* und involviert ausgewählte Kunden bei der Entwicklung oder Optimierung von Produkten und Services. Erfahrungsgemäß ist es bei Kunden am besten, sie bei ihrer Arbeit zu beobachten, um genau zu verstehen, wie sie vorgehen.

Tipps und Erfahrungen

Was einfach klingt, hat es in sich. Tatsächlich den richtigen Grad zu finden, um andere zu involvieren, ist nicht trivial. Täglich ist die Balance zwischen Ergänzung und Erweiterung auf der einen Seite und einer möglichen Verlangsamung auf der anderen Seite zu betrachten. In der Regel ist es nicht hilfreich, in allen Phasen eng zusammenzuarbeiten. Gerade dann nicht, wenn es um Innovationen geht. Zu viele Kräfte, die am Bewährten festhalten, können hier hinderlich sein.

Digitale Umsetzung

In der digitalen Umsetzung brauchen wir ein Tool mit einem Whiteboard oder einer ähnlichen Funktion, damit alle Beteiligten darauf zugreifen und mit einem eigenen „Stift" etwas ergänzen können. Zu beachten ist hier eine Reihenfolge, weil meist nur eine Person zeichnen kann.

Tool 42 Sprachlos

Sprache ist ein tolles Werkzeug, wenn man es nicht wie eine Dampfwalze gebraucht. Sprache ist differenziert, kann pointieren und Fragen aufwerfen. Sprache wird aber auch dazu verwendet, Macht zu demonstrieren, Zeit zu beanspruchen und sich das Gefühl zu sichern, besonders wichtig zu sein, weil man glaubt, den „richtigen" Weg zu kennen. Oder ihn zumindest durchsetzen zu können. Auch dann, wenn die Entscheidung schlichtweg schlecht ist.

Mehr reden ist oft keine Lösung. Nicht immer ist der Ausdrucksstärkste in einer Gruppe auch der Klügste oder derjenige, der am meisten zur Zusammenarbeit beitragen kann. Das Tool *Sprachlos* ermöglicht es auch Personen, ihre Ideen einzubringen, die etwas leiser sind und keinen Spaß daran haben, sich einen Raum zu erkämpfen. Je mehr Menschen im Raum sind, die sich nicht bevorzugt ausdrücken und einbringen, umso eher haben sprachfreie Methoden Relevanz. Sprachlos unterstützt auch dabei, in kurzer Zeit und ohne viele Schleifen ein Ergebnis miteinander zu erzielen. Auch für Gruppen, die dazu tendieren, lange und nicht unbedingt ergebnisreiche Diskussionen miteinander zu führen, können sprachfreie Methoden erhellend sein. Es gibt für die Kollaboration kaum eine Grenze für sprachfreie Methoden. Für nahezu jede Aufgabenstellung kann ein Coach sprachlose Anteile ersinnen und einbringen.

Ziel

Konstruktive Zusammenarbeit soll unabhängig von sprachlicher Dominanz gelingen.

Story

Aron wird unsanft zur Seite gedrängt. Peter, der sonst immer so zurückhaltend ist, will seine Punkte machen und platziert seine rote Karte genau dahin, wo Aron seinen Prozessschritt platzieren wollte. Aron schaut Peter konsterniert an. Erstens will er nicht geschubst werden und zweitens stand er zuerst vorne. Peter ignoriert Aron einfach. Er holt schon Luft, um etwas zu sagen, da steht Justus neben ihm und lächelt ihn freundlich an. Er nickt Aron ebenfalls freundlich zu. Das beruhigt. Justus packt Peter kurz am Oberarm, um ihm zu bedeuten, dass Schubsen nicht die feine Art ist. Peter nickt. „Gar nicht so blöd, was Peter da gebaut hat ...", denkt Aron nach einer Weile. Er ändert seine Karte und legt sie ergänzend daneben. Peter strahlt. Ob die anderen die Szene mitbekommen haben? Sie wirken alle sehr vertieft in ihre Aufgaben.

Ablauf

Sprachlos kann man für viele Arbeitsschritte nutzen. Beispielsweise hat bei der Zielfindung jeder die Aufgabe, ein geeignetes Bild zu finden, das das Ziel besonders gut zeigt. Mit einem Punktesystem wird dann das relevante Bild oder die Bildkombination ausgewählt, die das Team gemeinsam am besten findet.

Ausgehend von diesem Zielbild werden nun Karten für die einzelnen Arbeitsschritte geschrieben. Diese werden in der Mitte auf einem Tisch gesammelt. Ein paar geschriebene Worte stören hier nicht. Es ist nur wichtig, die Dinge nicht miteinander zu diskutieren. Diese Sammlung darf auch in den folgenden Schritten weiter ergänzt werden.

In der nächsten Phase werden dann die gefundenen Arbeitsschritte in eine Reihenfolge gebracht. Sollte um die Reihenfolge gerungen werden, dürfen manche Arbeitsschritte auch parallel zueinander positioniert werden.

In der letzten Phase werden die Arbeitsschritte mit Namen versehen. Dabei schreibt jeder so viele Karten mit seinem Namen, wie er aus seiner Sicht Input liefern kann, und ordnet sie den Aufgaben zu. Aber auch jede andere Person kann einen Namen positionieren oder umpositionieren, wenn sie davon überzeugt ist, dass ein Kollege an anderer Stelle einen höheren Mehrwert leisten kann.

Die Session schließt ab, wenn alle im Moment relevanten Schritte definiert sind und einer oder mehreren Personen zugeordnet wurden. Dann starten die Einzelnen oder die kleine Gruppe ihre Arbeit und es wird vereinbart, wann die nächste gemeinsame Working Session stattfindet, um die Ergebnisse zu sichten und in Einklang zu bringen. Möglicherweise kommt die Gruppe nun länger nicht mehr in dieser Form zusammen, sondern es bilden sich funktionale Untergruppen, die ihre Parts immer wieder auf Passung überprüfen.

Es macht auch Spaß, den Schluss der Session sprachlos zu gestalten. Eine Terminfindung ohne Sprache hat durchaus ihren Reiz.

Tipps und Erfahrungen

Da wir es gewohnt sind, mit Kollegen viel zu reden, fordern sprachlose Momente uns auf ganz neue Weise. Dieses Tool fokussiert uns auf das Denken. Sprachfreie Methoden produzieren besondere Ergebnisse. Das liegt an ihrer Art, andere Fähigkeiten zu nutzen. Verbale Häuptlinge können so ihre Strategie nicht mehr umsetzen. Sprachlos wird vor allem von Wenigrednern bevorzugt. Oft kommt eine Gruppe erheblich schneller zu einem Ergebnis als mit einem verbalen Austausch: „Hätten wir darüber diskutiert, wären wir morgen noch nicht fertig …“

Da die Methode anfänglich sehr ungewohnt ist, hat der New Work Coach hier eine besonders aktive Rolle: Immer wieder muss er bedeuten, nicht zu sprechen, und manchmal auch einzelne Personen eng begleiten, damit sie mit der Methode umgehen können. Oft reicht es schon, neben diesen Personen zu stehen und sie anzusehen.

Digitale Umsetzung

Selbst das Tool *Sprachlos* lässt sich digital umsetzen. Auch hier brauchen wir eine Möglichkeit, dass alle Teilnehmer der Working Session auf eine Art Whiteboard zugreifen und ihre Ideen platzieren können. Mit der Möglichkeit, geschriebene „Karten“ zu verschieben, können auch Prozesse abgebildet werden. Auch wenn man kein Wort hört, wird beim Hin- und Herschieben oft gelacht.

Tool 43 Stopp

Läuft eine Working Session nicht so, wie man es sich wünscht, läuft sie zu gut und es gibt sofort Einigkeit oder beginnt man mittendrin sehr zu ermüden, dann braucht es jemanden, der das erkennt und handelt. Das weiß das Team von der Marsmission 2033 genauso wie der Polarforscher Roald Amundsen. Eng beieinander, aufeinander angewiesen und in schwierigen Situationen braucht jede Gruppe eine Person, die Spannungen auflösen kann. Sie braucht jemanden, der Teams zusammenführt, wenn sich Untergruppen bilden, jemanden, der humorvoll ist und so dabei unterstützt, schwierige Situationen zu überstehen. Dazu gehört ein entspanntes Gemüt, das Aussagen nicht auf die Goldwaage legt und dafür sorgt, dass Menschen miteinander reden, solange es möglich ist, und nicht übereinander bis hin zur Eskalation. Der Betreffende muss auch jemand sein, der auf humorvolle Art ansprechen kann, wenn Vereinbarungen nicht eingehalten werden oder Verbindlichkeiten unter den Tisch fallen. Gerade in angespannten Zeiten sind solche Personen diejenigen, die das Team am Laufen halten und für Zusammenhalt sorgen. Oft mehr, als eine eingesetzte Führungsperson es vermag. Sollte diese Kompetenz im Team nicht vorhanden sein, ist es die Aufgabe des Coachs, diese Qualität einzubringen oder – falls das Team auf eine kritische Arbeitsphase zusteuert – eine entsprechende Person in das Team zu integrieren.

Ziel

Die Kollaborationsfähigkeit eines Teams soll auch in schwierigen Arbeitsphasen unterstützt werden. (Inspiriert vom Stopp-Tool nach Timothy Gallway, entwickelt für den Leistungssport)

Story

„Eingreifen oder warten?“, schwirrt es in Johannas Kopf. Diese Solution Session läuft nicht gut. Sie dreht sich im Kreis. Das Team kommt nicht voran. Johanna beobachtet mehrere Dinge. Und sie hofft, dass einer der Kollegen selbst formuliert, dass sie gerade nicht vorankommen. Aber alle scheinen so mit sich beschäftigt zu sein, dass sie das nicht merken. Langsam steht Johanna auf, und während sie nach vorne geht, überlegt sie noch, was sie jetzt tut. Sie beschließt, ihre Hypothesen zu teilen, ohne sie an Personen festzumachen. Die Blicke folgen ihr aufmerksam. Sie schreibt ans Flipchart:

Hypothesen:
- „Wir drehen uns im Kreis" – sie malt ein Karussell.
- „Die möglichen Lösungen bergen zu viele Risiken" – sie malt eine steile Klippe.
- „Uns fehlen entscheidende Informationen" – sie malt Fragezeichen.

„Und nun?" – schreibt sie darunter.

Sie schaut einen Moment in die Runde. Bevor jemand Luft holen kann, malt sie eine Kaffeetasse und Lippen mit einem Finger darauf. Dann setzt sie sich wieder hin. Das Team erhebt sich still und geht ohne sich auszutauschen zum Kaffeetrinken. Jeder denkt über Johannas Hypothesen nach.

Nach der Pause hat die Gruppe neue Ideen. Sie entscheidet, die Solution Session zu schließen und eine kurze Working Session anzuschließen, in der sie die Aufgaben neu strukturiert und offene Punkte klärt. Offensichtlich fehlen relevante Informationen und bestimmte Risiken lassen sich im Moment nicht einschätzen. Dadurch entsteht ein Diskussionskarussell.

Ablauf

Bei diesem Tool ist besonders die Beobachtungsgabe des Coachs in verschiedenen Sessions gefragt. Oftmals bemerkt das Team selbst nicht, dass sich die Kollaboration verschlechtert. Als Außenstehender kann man das deutlich leichter wahrnehmen. Folgende Phänomene stellen sich ein, bevor Konflikte beginnen:
- Eine Person liefert einen sehr großen Beitrag, überengagiert sich.
- Eine Person spricht überproportional viel.
- Die Diskussion verlässt das Ziel.
- Ein Diskussionskarussell entsteht: Die Solution Session kommt nicht ausreichend voran.
- Eine Person baut Zeitdruck auf.
- Eine Person formuliert oder praktiziert einen Perfektionsanspruch.
- Eine Person hält sich ganz zurück.
- Eine Person arbeitet sehr viel schneller als die anderen.
- Kompetenzen einzelner Personen werden ungenügend genutzt.
- Eine Person erhebt einen Führungsanspruch.
- Eine Person bringt ihre Kompetenz nur unzureichend ein.
- Argumente werden wiederholt.

- Die Stimmung ist angespannt.
- Es entstehen impulsive Kommentare.

Sollte das Team über ein Mitglied verfügen, das ebenso aufmerksam das Geschehen wahrnimmt und entsprechend humorvoll eingreift, besteht für den Coach kein Handlungsbedarf. Andernfalls stoppt er die Diskussion. Dies geschieht am besten dadurch, dass er seine Beobachtung in geeigneter Form dem Team überlässt. Dafür gibt es verschiedene Möglichkeiten:
- Humorvoller Eingriff: Überspitzung, ohne einer Person zu nahe zu treten
- Verbales oder nonverbales angemessenes Beschreiben der Situation, neutrale Formulierungen, um nicht den Rechtfertigungsmodus zu provozieren, und geeignete Unterbrechung
- Storytelling

Manchmal braucht es auch alle drei Interventionen, wenn sich das Team so verstrickt hat, dass der Knoten nicht auf Anhieb gelöst werden kann. Falls die Unterbrechung gewählt wird, ist es hilfreich, sie sprachfrei zu gestalten. Sonst besteht die Gefahr, dass alle in der Pause genauso weiterdiskutieren und es nicht zu einer wirklichen Pause und damit zu einer Reflexion der Situation kommt.

Tipps und Erfahrungen

Das Tool lebt nicht nur von einem inhaltlich passenden Eingriff, sondern auch vom Momentum. Es passt genau in die Atempause einer Diskussion. Und es ist besser, zu stoppen und sich als Coach dann in der Situation zu orientieren, als nicht zu stoppen, weil man sich nicht entscheiden kann, wie. Wem spontan nichts Humorvolles und auch keine Story einfällt, kann beschreiben (wie Johanna). Im Laufe der Zeit sammeln sich Geschichten an und oft fällt dem Coach im Nachgang eine humorvolle Intervention ein. Diese kann er sammeln und dann in einer entsprechenden zukünftigen Situation nutzen.

Digitale Umsetzung

Auch digitale Working Sessions kann man unterbrechen. Gerade hier tut manchmal eine Pause gut, um wieder zusammenzufinden. Und auch in dieser Arbeitsform kann der Coach seine Beobachtung teilen – entweder verbal, auf seinem Bildschirm, auf dem er etwas aufgeschrieben hat, oder er nutzt das gemeinsame Whiteboard.

Tool 44 Realität anerkennen

15 Grad sind 15 Grad, möchte man meinen, und 100 Euro sind 100 Euro. Dass das nicht so ist, zeigen zahlreiche Untersuchungen von Daniel Kahneman und Dan Ariely. 15 Grad sind im Sommer kalt und im Winter warm. 100 Euro sind dann viel, wenn der Kollege 50 erhält. Und sie sind dann wenig, wenn besagter Kollege 200 erhält. Und nicht nur das: Wenn es um Knappheit geht, dann gibt es mehr Vergleiche.

Eine Wohnung, ein Auto, ein Buch wird interessanter (wenn auch nicht besser), wenn viele Menschen die Wohnung und das Auto haben wollen oder das Buch lesen. Beststellerlisten, Bewertungen auf Portalen und die Anzahl beeinflussen die Wertigkeit. Unser mentales Organ ist begrenzt und fixiert sich gerne auf Vergleiche. Und Zusammenarbeit bewerten wir gern vor dem Hintergrund von Erfahrungen: Was sind wir gewöhnt? Was kennen wir schon? Genau das suchen wir. Weil wir wissen, wie wir damit umgehen können.

Ziel

Die Realitätswahrnehmung soll geschärft werden. (Angelehnt an provokative Tools von Frank Farrelly und Noni Höfner)

Story

Erschöpft plumpst Martina in den Sessel. Heute will sie nicht mal mehr spazieren gehen. Sie will eigentlich nur ihren Frust abwerfen. Und da kommt Konstantin gerade recht. „Ich kann echt nicht mehr“, seufzt sie. „Fünf Projekte sind einfach zu viel. Ich weiß gar nicht mehr, wo ich anfangen soll. Nur offene Themen.“ „Ja, genau“, steigt Konstantin ein. „Fünf ist einfach zu viel. Schließlich bist du keine Maschine.“ „Ja, so komme ich mir manchmal vor. Vollkommen überlastet. Verstehe nicht, wie Marc sich das vorstellt. Nachher brechen wir alle zusammen.“ „Ja, klar“, greift Konstantin den Faden auf, „Marc will einfach das meiste aus allen rausholen. Er schaut, dass alle mindestens fünf Projekte haben. Wenn dann einer zusammenkracht, holt er einfach einen neuen Werkstudenten.“ „Das habe ich auch schon überlegt“, bestätigt Martina. Oh je, denkt Konstantin, jetzt habe ich schon so übertrieben und sie sagt immer noch „ja“. Sie muss wirklich erschöpft sein. Ein Balance Day wird ihr guttun. Aber erst einmal legt er noch einen drauf. „Manchmal habe ich das Gefühl, Marc hat dieses Unternehmen nur gegründet, um uns zu erschöpfen." „Was?", fragt Martina irritiert. Und dann lacht sie …

Ablauf

Bei diesem Tool lässt der Coach am besten eine Tonaufnahme mitlaufen und gibt sie nach dem Gespräch dem Coachee mit. Denn im Anhören der eigenen Befindlichkeiten liegt ein großartiges kuratives Element. Meist kommt der Coachee danach nicht mehr mit dem gleichen Thema zu einer Session. Im aktuellen Moment denkt man leider oft nicht daran.

Um die Realitätswahrnehmung zu schärfen, eignet sich am besten die Methode „Humor". Der Coach greift die Annahmen und Überzeugungen des Coachees dabei auf und bestätigt diese voll. Er regt sich gemeinsam mit dem Coachee über die Realität auf und gibt ihm auf der ganzen Linie recht: „Genau so ist es. Du hast vollkommen recht. Das geht gar nicht." Im weiteren Verlauf überspitzt er das Ganze und treibt es ins Absurde: „Es ist noch viel schlimmer, als du denkst. Hast du eigentlich schon bemerkt, dass …" Das macht er so lange, bis der Coachee nachhaltig irritiert ist. Idealerweise gelingt dieses Spiel, bis der Coachee lacht und einlenkt: „Nein, so schlimm ist es nicht." Nach dieser Lockerung kann der Coachee entspannt überlegen, wie er mit seinem Problem weiter verfahren möchte.

Tipps und Erfahrungen

Ein extrem wirksames Tool, wenn sich eine Person in einen Lieblingsgedanken verrennt und ihn mit der Realität verwechselt. Interessant wird es, sobald der Coach schnell Ideen generiert und in die Klage des Coachees einsteigt. Was sich wie ein „Einander-Hochnehmen" unter Freunden anfühlt, legt den Finger in die Wunde und spielt mit den Überzeugungen. Um ein Grinsen kommen beide Seiten meist nicht herum.

Digitale Umsetzung

Dieses Tool lebt vom guten Kontakt miteinander. Was wir dem Gegenüber in einer Live-Situation körpersprachlich deutlich machen können, transportieren wir digital mit Mimik, Augenkontakt oder der verbindenden Wärme in der Stimme.

Tool 45 „Und jetzt?"-Session

„Und jetzt?" Das fragt man sich öfter im Alltag, wenn überraschende Situationen aufkommen. Gut, wenn es eine Working Session gibt, in der man solche Themen mit Kolleginnen und Kollegen diskutieren und Lösungen entwickeln kann. Der New Work Coach bietet regelmäßig Sessions dazu an. Jeder Interessierte ist willkommen, an der Session teilzunehmen. Jeder Teilnehmende bringt eine Fragestellung mit. Es gibt keine Zuschauer.

„Und jetzt?"-Sessions bieten eine Gelegenheit, die Personen wahrnehmen können, die ein Thema mit Kollegen und Coach reflektieren möchten. Die Sessions werden regelmäßig angeboten, bleiben aber unverbindlich. Sie können auch entfallen, wenn sich niemand anmeldet, finden aber statt, sobald eine Person Interesse hat. Dann trifft sich diese Person nur mit dem New Work Coach. Idealerweise nehmen drei Personen an einer „Und jetzt?"-Session teil.

Ziel

In einem festen Format werden schwierige Situationen betrachtet und gelöst.
(Angelehnt an die Formate Supervision, Peer-Coaching und Führungszirkel)

Story

Johanna leitet heute ihre erste „Und jetzt?"-Session. Deswegen ist auch Justus dabei. Sie haben die Fragestellungen, die die Kollegen eingereicht haben, vorbesprochen. Alle drehen sich um das Thema „Kommunikation mit den Kunden". Hier scheint es leicht Missverständnisse zu geben. Johanna und Justus nehmen sich vor, nach der Session die Muster zusammenzutragen und den Beteiligten zur Verfügung zu stellen. Ein paar Hypothesen, die sie für einige Fälle haben, sind vorformuliert. Es wird sicher spannend, gemeinsam diese Themen zu knacken. Johanna freut sich sehr, auch wenn ihr etwas mulmig ist. Sie möchte doch gerne, dass die Kolleginnen und Kollegen ihre Session als Mehrwert erleben. Zu manchen Themen hat sie gar keine gute Idee. Nicht jeder Kunde ist kooperativ. Manche schauen einfach nur auf ihren kurzfristigen Vorteil und bringen das Unternehmen immer wieder an seine Grenzen. Möglicherweise ergeben sich aus der Diskussion Themen, die sie an Marc weiterträgt – vorausgesetzt, das Team wünscht das. Ihrer Erfahrung nach möchten die meisten ihre Themen lieber selbst lösen. An Marc zu delegieren wäre zu einfach.

Ablauf

„Und jetzt?“ übt der New Work Coach mit interessierten Personen ein und bietet regelmäßig, zum Beispiel monatlich, Sessions an. Eine „Und jetzt?“-Session folgt einem festen Format und dient der Hilfestellung zu arbeitsplatzrelevanten Themen. Dabei werden alle Mitglieder dieser Session dazu befähigt, eine andere Person bei einer Problemlösung zu unterstützen.

Die Sessions werden regelmäßig angeboten, es ist aber nicht notwendig, dass immer die gleichen Personen kommen. Zu einer „Und jetzt?“-Session meldet sich eine Person mit Diskussionsbedarf an und sendet im Vorfeld eine Fragestellung, also etwas, das sie besprechen möchte, an den Coach. Die Einsendung hat folgende Form:

- Meine Situation – ein bis drei Sätze
- Meine Herausforderung – ein Satz
- Meine Frage an die Gruppe – eine konkrete Frage: Wie gelingt es mir, …?

Die Session läuft wie folgt ab:

- Der Fragesteller, der die Sitzung einberufen hat, stellt der Gruppe sein konkretes Anliegen vor (maximal fünf Minuten).
- Die anderen Beteiligten stellen dem Fragesteller Fragen dazu (maximal fünf Minuten).

Der Fragende schaut nun zu, wie die Gruppe arbeitet. Er darf sich aber nicht mehr einklinken, da er die Gruppe sonst in die Denkrichtung leitet, die er ohnehin eingeschlagen hat. Die Gruppe bietet dann keinen besonderen Mehrwert mehr für ihn.

- Die Gruppe generiert Hypothesen: Was läuft hier? (maximal zehn Minuten).
- Die Gruppe generiert zu jeder Hypothese Lösungen (maximal 15 Minuten).

In einem letzten Schritt betrachtet nun der Fragende die Hypothesen und kommentiert sie. Danach wählt er aus den angebotenen Lösungen diejenigen aus, die er gerne umsetzen möchte. Dabei kann er auch Lösungen kombinieren und für sich passend zusammenstellen. Auch dieser Schritt nimmt nicht mehr als fünf Minuten ein.

Die „Und jetzt?"-Session verläuft vertraulich. Deswegen gibt es auch keine Zuschauer. Jeder Teilnehmende bringt auch selbst eine Fragestellung ein. Möglicherweise hat die Person, die ein Thema vorstellt, die entstehenden Schwierigkeiten miteingefädelt (siehe *Die eigenen 90 Prozent*, Tool 50). Darüber zu sprechen erfordert schon etwas Mut. Das Thema sollte deswegen den Raum nicht verlassen. Manchmal ist es besser, solche Aspekte in einem Einzelcoaching zu vertiefen, anderes steht stellvertretend für alle Teilnehmer: Ein Vertragspartner nutzt uns aus – wir lassen uns ausnutzen.

Der Coach moderiert die „Und jetzt?"-Session straff durch. Die Diskussionszeit sollte eingehalten werden. Keine Session dauert mehr als 40 Minuten pro Fragestellung – eher weniger. Und keine Session hat mehr als drei Fragestellungen. Die Fragen werden einen Tag vorher an den Coach gesendet. Er entscheidet, ob sich eine „Und jetzt?"-Session dafür eignet.

Tipps und Erfahrungen

„Und jetzt?"-Sessions sollten regelmäßig und freiwillig angeboten werden. Dann haben sie einen enormen Wert. Als Empfehlung kann gelten, dass jede Person sich zwei Termine im Jahr aussucht, an denen sie teilnehmen möchte. Die Termine sollten insgesamt monatlich angeboten werden, mit einem Vorlauf von einer Woche. Sollten sich mehr als drei Personen anmelden, dann kann eine parallele Gruppe eröffnet werden. Eine „Und jetzt?"-Session dauert drei Mal 40 Minuten plus zwei Mal zehn Minuten Pause. Oft geht es auch schneller. Idealerweise bleibt sie insgesamt unter zwei Stunden. Es ist sinnvoll, die Pausen zwischen den Themen sprachfrei zu gestalten, damit in den Pausen der Fall nicht weiter diskutiert wird.

Digitale Umsetzung

„Und-jetzt?"-Sessions können leicht digital umgesetzt werden. Es sollte nur sichergestellt sein, dass alle Teilnehmer die generierten Hypothesen und Lösungsvorschläge sehen und selbst etwas ergänzen können. In digitalen Formaten können die Zeiten deutlich reduziert werden. Vorstellung der Frage: zwei Minuten, Hypothesenbildung: fünf Minuten, Lösungsfindung: fünf Minuten. Und so weiter.

Tool 46 Gelegenheiten schaffen

Angewiesene Kommunikation ist genauso wenig umsetzbar wie angewiesene Spontanität. Es funktioniert einfach nicht. „Tauscht euch jetzt aus! Und zwar über Relevantes, nicht über irgendetwas!", ist ein interessantes Anliegen ohne jede Wirkung. Ein Unternehmen kann nur Gelegenheiten schaffen. Die Gelegenheiten sind vielfältig, sie bedienen jedes Bedürfnis. Denn Menschen funktionieren unterschiedlich. Es gibt Sessions mit und ohne Agenda, Geplantes und Spontanes, mit definierter Zielgruppe oder offen. Alles darf und sollte nebeneinanderstehen können. Es gibt kein Besser oder Schlechter, sondern ein konsequentes Sowohl-als-auch.

Oft entstehen aus zufälligen Kontakten interessante Ideen. Für jede Person ist eine andere Form richtig, und so erreicht man alle Mitarbeitenden nur, wenn man dieser Vielfalt gerecht wird. Gleichzeitig bleibt die Verantwortung dafür, dass man über die relevanten Informationen verfügt, in der Hand des Einzelnen. Ganz ohne Anwesenheitspflicht.

Ziel

Menschen kommen in den Austausch.

Story

Justus unterbricht seine Arbeit. Ein Kaffee wäre nun prima. Er begibt sich zur Küche und hört schon von Weitem eine hitzige Diskussion. Nachdem er beim Kaffeekochen verstanden hat, worum es geht, läuft er los und versucht relevante Personen zu aktivieren, sich in diese Diskussion einzuklinken. Denn ohne sie kann kein gutes Ergebnis dabei herauskommen. Und er beobachtet, dass auch Peter losläuft. Justus findet die Personen, leitet die Pause um in eine Solution Session und startet mit einer provokativen These: „Was würde passieren, wenn ..."

Ablauf

Menschen miteinander in einen Austausch zu bringen ist eine der wichtigsten Aufgaben für den New Work Coach. Dadurch, dass er mit verschiedenen Personen und Teams arbeitet, weiß er, über welche Dinge an welcher Stelle im Unternehmen nachgedacht wird. Es ist sein Job, dieses Wissen weiterzugeben und so Vernetzungen anzuregen. Und das nicht nur zufällig. Für den Coach ist es wichtig, für sich eine Dokumentation darüber anzulegen und dann sein Wissen systematisch an besondere Stellen ins Unternehmen zu bringen.

Gleichzeitig bemerkt er vielleicht spontane Gespräche in der Kaffeeküche, stellt sich dazu, damit er weiß, worum es geht. Er empfiehlt, mit wem noch über dieses Thema gesprochen werden sollte, oder holt sogar konkrete Personen von ihren Schreibtischen und integriert sie ins Gespräch – wenn er das für richtig hält.

Aufgabe des Coachs ist es, vielfältige Formate anzubieten. Bewährt haben sich zum Beispiel:

- Andauernde Chats
- Webinare, um etwas zu lernen
- Gemeinsames Essen ohne Agenda
- Konferenzschaltungen – jeden Tag 16.00 Uhr
- Wöchentlicher Austausch mit Kaffee
- Coffee Corners
- Lunch and Learn
- Offsites
- Learning from Experts
- Flurgespräche
- Apps für Teams
- Blogs
- Day in / Day out
- Week in / Week out
- Große Tische als Treffpunkt

Und gleichzeitig bleibt es genauso wichtig, die Privatsphäre zu schützen und ausreichend Raum für das Arbeiten ganz alleine und in Ruhe zu schaffen. Denn für viele Menschen ist es sehr anstrengend, immerzu in Interaktion mit anderen Personen zu sein. Sie können sich besser alleine und in Ruhe konzentrieren. Die Zeiten dafür werden in der der Single Working Session definiert. Damit Deep Work einen festen Rahmen bekommt.

Tipps und Erfahrungen

Zu Beginn – zum Beispiel nach Abschaffung von Regelmeetings – unterstützt der Coach sehr viel in diesem Bereich. Nicht jedem ist sofort klar, dass bestimmte Personen nun einbezogen werden sollten, damit die Diskussion beim Kaffee oder am Tisch auch ein tragfähiges Ergebnis haben kann. Nach ein paar Monaten aber sieht man immer wieder Kollegen durch die Gänge sprinten auf der Suche nach relevanten Personen für eine Session. Wenn der Coach das bemerkt, kann er seine eigenen Bemühungen zurückstellen. Es funktioniert dann von alleine.

Digitale Umsetzung

Wenn nur digital zusammengearbeitet wird, dann kann der Coach eine digitale Kaffeeküche gründen. Das ist ein Zeitraum täglich oder wöchentlich, bei dem man sich in einem virtuellen Raum ohne Thema oder Agenda trifft. In vielen Teams hat auch der Chat die Funktion einer Kaffeeküche. Wenn sich hier Themen ergeben, die aus Sicht des Coachs in einer Session aufgegriffen werden sollten, kann er das anregen.

Tool 47 Feedback? Direkt!

Wochen oder Monate später interessiert Feedback nicht mehr. Es ist nur dann wirkungsvoll und kann umgesetzt werden, wenn es direkt kommt. Dann kann man sich noch an die Situation erinnern – auch emotional. Und dann kann man sein Verhalten überdenken und modifizieren, wenn man es möchte. Feedback ist auch dann besonders interessant, wenn es aus dem Team kommt. Denn die Kolleginnen und Kollegen können durch die intensive Zusammenarbeit das Arbeitsverhalten besonders gut beobachten und Hinweise geben. Das direkte Feedback will gelernt sein, denn es birgt auch Risiken. Schließlich möchte man niemanden vor den Kopf stoßen. Es geht darum, Einzelne und das Team voranzubringen. Dabei unterstützt das Tool.

Ziel

Feedback erfolgt spontan.

Story

„Wollt ihr direkt Feedback beauftragen?“ „Ja!“, ruft Peter spontan. Erschrocken über sich selbst, röten sich seine Wangen und er fügt leise hinzu: „Ein bisschen vielleicht.“ Johanna greift den Faden auf: „Peter, woran genau hast du gedacht?“ Peter schweigt einen Moment. Dann sagt er: „Ich habe das Gefühl, dass wir ganz schnell vom Thema abkommen. Wenn darauf jemand achten könnte …“

Justus prüft das mit der Gruppe: „Hat jemand einen Einwand gegen Peters Vorschlag?“ Er wartet und schaut in die Runde. „Wer möchte es dann gerne übernehmen?“ Zur Überraschung aller meldet sich Aron. „Eine gute Idee“, unterstützt Johanna Aron. „Du hast sicher einen guten Außenblick auf uns.“

Ablauf

Auf Wunsch der Teilnehmer werden vor einer Working Session Beobachtungsaufgaben verteilt. Jede Person hat die Möglichkeit, mit einem vereinbarten Geräusch darauf hinzuweisen, dass sie das definierte Verhalten beobachtet hat. Das Geräusch löst einen kurzen Stopp aus. Alle Beteiligten reorientieren sich, dann geht es weiter. Nach der Session gibt es einen kurzen Review zur Methode.

Ein paar Ideen:

- „Kommen wir vom Thema ab?“
- „Beansprucht jemand zu viel Redezeit?“
- „Gibt es Ideen, die aufgegriffen werden sollten?“
- „Gibt es versteckte Ideen?“
- „Nutzen Experten ihren Raum ausreichend?“
- „Setzt sich jemand kraft vieler Worte durch?“
- „Hält sich ein Experte zu stark zurück?“

Es sollten in einer Session nicht zu viele Aufgaben verteilt werden. Ein bis zwei sind ausreichend. In der Folgesession werden dann ein bis zwei andere Aufgaben ausgewählt. Gleichzeitig nutzt sich das Tool sehr schnell ab, wenn man es bei jeder Working Session einsetzt. Für das Geräusch sollte etwas bereitgestellt werden, ein Buzzer oder eine Glocke. Möglich sind auch Handyklingeltöne oder Ausschnitte von Songs mit bekannten Titeln. Manchmal treffen die Refrainzeilen den Kern.

Alternativ kann man eine von Lehrern nicht gern gesehene, aber beliebte Gewohnheit aus der Schule aufgreifen. Wenn eine Person einer anderen etwas sagen möchte, dann schreibt sie einen kleinen Brief mit dem Namen des Empfängers drauf und gibt ihn weiter. Das gelingt auch elektronisch, wenn die Handys auf dem Tisch liegen dürfen. Der Brief wird zum Empfänger weitergereicht. Auf dem Brief steht nur ein Stichwort, zum Beispiel „Aktive Beteiligung" und dahinter ein Smiley – entweder lachend oder nicht. Der Empfänger kann auf dieses Feedback reagieren und sein Verhalten anpassen. Besonders interessant wird es dann, wenn eine Person von mehreren anderen das gleiche Feedback erhält.

Auch möglich ist es, jedem eine Karte in die Hand zu geben. Soll beispielsweise darauf geachtet werden, dass sich eine Diskussion nicht im Kreis dreht, dann kann jeder, sobald er das Gefühl hat, seine Karte vorne an die Tischkante legen. Liegen mehrheitlich die Karten vorne, wird die Diskussion gestoppt, eine kurze Pause eingeläutet und anschließend mit einer anderen Methode weitergearbeitet.

Manchmal lernen Teams durch das Vorbild des Coachs. Sie bevorzugen es, wenn der Coach ihnen Feedback gibt. Erst im Laufe der Zeit fühlen sie sich sicher genug, sich gegenseitig relevantes Feedback zu geben. Der Coach kann zunächst diese Rolle übernehmen – er kann auch schon den Klingelton oder das Briefchenschreiben nutzen. Nach und nach gibt er diese Rolle ab ins Team. Der Coach kann dann von seiner Seite das Feedback noch ergänzen, indem er Muster und implizite Regeln, die er in der Teamarbeit wahrnimmt, der Gruppe zurückspielt.

Dieses Tool sollte vor allem dann eingesetzt werden, wenn das Team daran Spaß hat.

Tipps und Erfahrungen

Das Tool hebt die Stimmung und bringt zum Lachen. Die Teilnehmer werden sich ihrer Handlungsweise bewusst und bekommen Distanz zu sich selbst. Sie kommunizieren aufmerksamer. Teams, die diese Methode einsetzen, gehen sparsam damit um. Und das sollte der Coach auch unterstützen.

Digitale Umsetzung

Die Variante dieses Tools, bei der die Teilnehmer eine Karte an die Tischkante legen, wenn sie das Gefühl haben, dass sich beispielsweise die Diskussion im Kreis dreht, kann digital einfach umgesetzt werden. Es ergibt sich ein lustiges Bild, wenn immer mehr Karten in die Kamera gehalten werden. Zeit für einen Neustart.

Tool 48 Admin of the week

(Abgeleitet aus der agilen Arbeitsweise)

Eigentlich ist es unerheblich, wie genau dokumentiert wird. Wichtig ist nur, dass die Informationen allen Personen zugänglich sind und dass sie gepflegt werden. Genauso wenig wie ein unsortierter Aktenschrank oder stapelweise Papier unterstützen unsortierte und ungepflegte elektronische Dokumente die Arbeit. Deswegen muss sich regelmäßig jemand darum kümmern. Dafür gibt es in vielen agilen Teams schon eine Rolle: Admin of the week.

Wesentlich bleibt, dass eine attraktive Möglichkeit zum Wissenstransfer über die gesamte Organisation gefunden wird. Ausgehend von einem Startpunkt wird sich das System ohnehin weiterentwickeln. Sonst wäre es spätestens nach zwei Jahren veraltet. Um eine wöchentliche Pflege kommen wir nicht umhin. Diese entbindet nicht einzelne Personen, ihre Informationen einzustellen. Es geht lediglich darum, regelmäßig für Ordnung zu sorgen, Doppeltes herauszunehmen, Dinge, die nicht mehr aktuell sind, gesondert abzulegen und dafür zu sorgen, dass es Freude macht, sich in den gemeinsamen Bereich einzuloggen und sich Informationen zu suchen.

Ziel

Gut strukturierte Informationen sollen allen zur Verfügung stehen.

Story

Admin of the week? Darauf hat Martina gar keine Lust. Und Zeit hat sie eigentlich auch nicht. Das teilt sie den anderen mit und hofft, dass jemand anderes die Rolle für sie übernimmt. Dürfte ja kein Problem sein. Sind ja alle sehr kooperativ im Team. „Wie kommt es dazu, dass du das in dieser Woche nicht machen möchtest?", fragt Henrik. „Keine Zeit", sagt Martina knapp. Eigentlich möchte sie nicht befragt werden, sondern nur jemanden finden, der es für sie übernimmt. Sie wartet. Keine Reaktion. Alle schauen sie an. „Weißt du", startet Annika vorsichtig, „ich glaube, wir haben im Moment alle das Problem. In der kommenden Woche stehe ich vor dem gleichen Thema, dann Peter, danach Henrik. Und wenn wir jetzt schieben, dann ändert sich nichts. Jede fünfte Woche muss man das einplanen." Justus schaut sie an und wartet. Eingreifen muss er nicht. Denn Martina wird gleich zurückziehen. Das kann er in ihren Augen schon sehen. „Okay", sagt sie und lacht. „Dann mache ich in dieser Woche eben Nachtschichten." „Und kommende Woche kannst du dafür schon nachmittags ins Schwimmbad", ergänzt Annika.

Ablauf

Zu Beginn ist hier der New Work Coach noch gefragt. Später dann übergibt er diese Verantwortung dem Team. Um die Dokumentation sinnvoll zu gestalten, braucht es einen *Admin of the week*. Das ist eine Person, die sich um die Dokumentation im Projekt kümmert. Ihre Aufgaben können sein:

- Dokumentation im Intranet verfolgen,
- Dokumentation einfordern, falls sie nicht zeitnah erfolgt,
- schwarzes Brett aufräumen,
- sich coole Formate überlegen, mit denen es Spaß macht zu arbeiten,
- Doppelungen aussortieren (*Stop doing*, Tool 15),
- Entscheidungsmonitor pflegen – dafür sorgen, dass jede relevante Entscheidung eingestellt wird,
- den eigenen Fortschritt per Chat oder auf einer Pinnwand wöchentlich mitteilen,
- Chats verfolgen und auswerten, wichtige Ideen gesondert dokumentieren,
- wichtige Punkte herausfischen und diese in den entsprechenden Sessions einbringen,
- Dokumente, die nicht mehr gebraucht werden, in dauerhafte Ablagen überführen.

Die Aufgaben des *Admin of the week* definiert jedes Team für jedes Projekt neu. Nicht immer sind alle Aufgaben relevant, manchmal kommen ganz andere dazu. So wie sich das Projekt voranentwickelt, entwickelt sich auch diese Rolle.

Tipps und Erfahrungen

Ohne in jedem Team einen *Admin of the week* zu installieren, wird die Dokumentation nicht ernst genommen. Und das gar nicht mal aus böser Absicht. Es ist bequem, wenn man auf gut gepflegte Daten zurückgreifen kann. Gleichzeitig ist es mühsam und erfordert Disziplin, sie regelmäßig zu pflegen. Wenn jemand diese Rolle innehat und dabei unterstützt, funktioniert das deutlich leichter. Und: Die Kolleginnen und Kollegen sind oft aufmerksamer bei ihrer Dokumentation, um dem *Admin of the week* nicht unnötig viel Arbeit zu machen. Schließlich sind sie selbst auch regelmäßig in dieser Rolle.

Es passiert leicht, dass ein Team diese Aufgabe an eine Person binden möchte, zum Beispiel an einen Werkstudenten oder an neue Mitarbeiterin. „Dann lernen sie gleich was“, ist oft die Begründung. Das klingt unglaubwürdig und bequem, und das ist es auch. Als Admin muss eine Person geübt mit Informationen umgehen und Entscheidungen treffen können. Das können neue Mitarbeitende nicht leisten.

Digitale Umsetzung

Bei der digitalen Zusammenarbeit ist ein *Admin of the week* unerlässlich.

III NEW WORK SELF

8. Individuen begleiten

Bei allem, was wir tun, vor allem im Kontakt mit anderen, steuern uns unsere Emotionen. Ob bewusst oder nicht, angenehm oder unangenehm, Emotionen sind immer dabei. Emotionen gehören zu uns wie unsere Augenfarbe oder unsere Körpergröße. „Jetzt lass uns doch mal sachlich bleiben …“ ist ein oft hoch emotional vorgetragener vergeblicher Wunsch. Denn kein Mensch kann seine Emotionen abschalten. Wir können nur mit ihnen umgehen. Das gelingt dem einen besser als dem anderen.

Und weil wir oft die eigenen Emotionen erst an den Reaktionen anderer Menschen bewusst erleben, kann uns der New Work Coach immer wieder sachte auf die Schulter tippen und uns aufmerksam machen, wenn wir auf Triggern ausrutschen oder alte Muster bedienen. Denn in dieser Situation denken wir, dass die andere Person verursachend ist. Wir selbst haben meist einen viel größeren Einfluss auf das Miteinander, als wir es annehmen und uns eingestehen.

Die Klassiker unter den Gesprächsführungstools wie „Aktives Zuhören“ und „Ich-Botschaften“ reichen im Gespräch oft nicht aus, denn meist geht es gar nicht um die Kommunikation an sich, sondern eher um tiefer liegende Muster, Überzeugungen, Einstellungen oder um Werte. Und damit beschäftigen sich die folgenden Tools.

Tool 49 Bias als Filter

Bekannt geworden ist der Bias durch die Gender-Diskussion. Aus der Psychologie kommend kann man den Begriff am besten mit „kognitive Verzerrung“ übersetzen. Aufgrund von häufig kulturell basierten Vorannahmen schätzen wir eine Person falsch ein, schreiben ihr Kompetenz, Inkompetenz und anderes zu, einfach aufgrund ihres Erscheinungsbildes, ihrer Herkunft, ihrer Orientierung. In unserem Bias befinden sich alle Erfahrungen und Annahmen, die uns einen unbefangenen Blick auf eine Person verstellen. Dies geschieht unbewusst und obwohl wir glauben, ein reflektiertes und bewusstes Urteil zu fällen.

Für die Forschung wurde das Thema „Bias" vor allem bei Personalentscheidungen interessant. Beispielsweise wurde in den USA nachgewiesen, dass Bewerbungen mit einem amerikanischen Namen wohlwollender geprüft werden als Bewerbungen mit einem indischen oder arabischen Namen und Bewerbungen von Männern wohlwollender als von Frauen. Bei gleichen Unterlagen wurde von den meisten Versuchspersonen der Mann mit amerikanischem Namen bevorzugt. Das wirkt zum Beispiel auch bei der Auswahl von Orchestermusikern. Seit die Auswählenden nur dem instrumentalen Können lauschen und den Musizierenden nicht sehen, wird Frauen häufiger ein Vertrag angeboten. Google macht mit seinen Mitarbeitenden Seminare (in Teilen auf YouTube zu sehen) zum Thema „Bias", um sie auf ihre unbewussten Fehlannahmen aufmerksam zu machen. Viele andere Unternehmen machen das auch.

Ziel

Indem wir uns die unbewusste Basis unseres Denkens bewusst machen, werden wir flexibler. (Inspiriert durch den provokativen und humorvollen Kommunikationsstil von Frank Farrelly und Noni Höfner, durch den Gender-Diskurs und durch das Google-Bias-Training)

Story

Marc hat eine neue Idee und hat diese gerade mit allen Kolleginnen und Kollegen geprüft. Er würde gerne verpflichtend einführen, dass jeder einmal im Jahr eine eintägige Fortbildung zu einem Thema besucht, das er bisher nicht kennt oder das ihn bisher nicht interessierte. Das Thema muss so aufbereitet sein, dass man es auch ohne Vorkenntnisse verstehen kann. Zu diesem Vorschlag hat er ein „Go" bekommen und nun sucht sich jeder etwas Spannendes, Fachfremdes aus. Das macht richtig Spaß und erweitert den Horizont.

Eleonora will zu einem biologischen Vortrag über Schleimpilze, Aron ins Verkehrsministerium zu einer Simulation zum Thema „Stau", Hendrik interessiert sich für mögliche Wege, wie sich die Wirtschaft weiterentwickeln kann – auch dann, wenn das Wachstum aufhört, Peter interessiert sich für Kunststofftechnik und nimmt an einem Seminar zu alternativen, sich selbst abbauenden Kunststoffen teil. Marc will einen freiwilligen Zirkel initiieren, bei dem jeder, der einen interessanten Vortrag gehört hat, in einem Seminar oder bei einem Workshop war, eine kurze Zusammenfassung für die anderen aufbereitet. Im *3-MT-Format* (Tool 27). Dafür stellt er Zeit und Raum bereit und einmal monatlich können sich Referenten dafür eintragen und Teilnehmer anmelden. Leichter kann man den Horizont eines Unternehmens kaum erweitern. Und manche Idee aus anderen Disziplinen hat schon zu einem neuen Produkt geführt.

An welcher Veranstaltung Marc selbst teilnimmt, verrät er zunächst nicht. Er will mit einem besonderen Vortrag überraschen. Aber er möchte bewusst nicht der Erste sein, der vorträgt.

Gleichzeitig nimmt Konstantin nach jeder Session den Referierenden beiseite und gibt ihm Feedback zu seinem Bias, der in der Session wahrzunehmen war. Das gefällt nicht immer jedem. Konstantin sorgt durch seine angenehme und verbindliche Art dafür, dass diese ungemütlichen Seiten möglichst angenehm wirken. Gleichzeitig überspitzt er gerne und bringt den anderen zum Lachen. Dafür lässt er sich immer wieder etwas einfallen. Mal einen Film, mal einen kurzen Hinweis, mal ein kleines Geschenk, das wie ein Anker wirkt. Und immer verbindet er es mit seinem gewinnenden und wohlwollenden Lächeln, als wollte er sagen: „Wir sind alle nur Menschen und weit entfernt davon, perfekt zu sein. Du und ich und ich und du."

Ablauf

Das Unbewusste ist deutlich schneller und agiert längst vor dem Bewussten. Es kennt die Abkürzungen und nutzt Erfahrungen, Einstellungen und Erwartungen einer Person bei der Wahrnehmung neuer Sachverhalte. Das führt dazu, dass wir die meisten Dinge so wahrnehmen, wie sie in unser bestehendes Mindset passen, und nicht, wie sie tatsächlich sind. Ein angenehmer Irrtum.

In definierten Situationen gibt der Coach deswegen Rückmeldung zum Bias, den eine Person unbewusst formuliert. Der Coach nutzt das Tool auch in anderen Situationen, wenn ihm etwas besonders auffällt:

- „Ach, du meinst also ..."
- „Ach so, du glaubst also ..."
- „Aha, habe verstanden, für dich ist XY richtig ..."
- „Ach so sieht das aus – in deiner Welt ..."
- „Verstehe, du denkst also ..."

Der Coach kann der Person gegenüber auch das, was er wahrnimmt, überspitzen und etwas persiflieren. Das macht dann beiden meist Spaß:

- „Okay. Du glaubst also, du bist die einzige Person, die nachdenkt auf dieser Welt? Interessant ...“
- „Jetzt verstehe ich. Du hältst unsere Kunden für blöd!“
- „Also entweder oder: Entweder alle machen es so, wie du meinst. Oder es funktioniert nix. Beides geht schließlich nicht.“
- „Klar, wenn die Kunden nicht so kompliziert wären, dann wäre unser Unternehmen schon längst Marktführer. Logisch.“

Der New Work Coach bleibt unermüdlich am Bias der einzelnen Personen dran und meldet ihn zurück. Darüber hinaus leitet er immer wieder dazu an, vor einer Urteilsfindung folgende Schritte einzuhalten:

- *Datensammlung:* Jeder soll versuchen, Daten und Fakten zu finden, die als solche stehen können und keiner Bewertung bedürfen. Wenn man sich selbst besser kennenlernen möchte, dann braucht man Möglichkeiten, um Daten über sich selbst zu erhalten. Dafür lohnt es, einige Tests zu machen, um das Selbstbild zu überprüfen. Da Tests oft auf einer Selbsteinschätzung basieren, ist es auch interessant, diese Tests von einem oder besser mehreren Friendly Usern für sich ausfüllen zu lassen und dann mit der eigenen Einschätzung zu vergleichen. So können wir direkt Selbstbild und Fremdbild miteinander abgleichen.
- *Bewusste Wahrnehmung:* Immer wieder sollten wir Gelegenheiten nutzen, um Dinge bewusst wahrzunehmen. Immer dann, wenn wir denken, „Ah, okay. Kenn ich“, nutzen wir unseren unbewussten Bias. Dinge neu und anders wahrzunehmen und immer wieder zu hinterfragen, andere Aspekte zu fokussieren und zu versuchen, neu darüber zu denken, erweitert unsere Urteilsfähigkeit.
- *Prüfung:* Jede Person sollte nicht sofort an die Idee glauben, die ihr zuerst in den Sinn kommt. Sie könnte von einem Bias gesteuert sein. Jeder Eindruck sollte hinterfragt und mit Daten belegt werden. Das bedeutet, ein Gespräch zu entschleunigen. Wenn es schnell gehen muss, dann nutzen wir immer unseren Bias, weil er einfach und schnell zur Verfügung steht. Anders geht Tempo nicht.
- *Austausch mit verschiedenen Personen:* Sich mit Personen innerhalb und außerhalb des Unternehmens auszutauschen, die nicht die gleiche Profession oder eine ähnliche Rolle haben, erweitert die Sicht auf Dinge entschei-

dend. Der Austausch mit Freunden, Kollegen, Bekannten, die ohnehin ähnlich denken, liefert meist keine neuen Einsichten. Sich immer wieder zu Personen zu setzen, mit denen man nicht so viel zu tun hat, und ins Gespräch zu kommen, erweitert unser Denken und gibt neue Handlungsimpulse – wenn es uns gelingt, einfach hinzuhören, ohne zu werten.

Tipps und Erfahrungen

Ganz schnell sind wir betriebsblind. In Bezug auf uns selbst, aber auch in Bezug auf das Unternehmen. Deswegen lohnt es, immer wieder Formate anzubieten, die das betrachten lassen, was uns als selbstverständlich erscheint. Und wenn dann ein Coach das Vertrauen genießt und jedem auch mal humorvoll eins „einschenken" kann, dann wird Entwicklung möglich – für den Einzelnen, für das Team und für das Unternehmen.

Besonders interessant wird es immer dann, wenn der Coach und eine Person den gleichen Bias haben. Dann wird es eng. Auch ein noch so erleuchteter Coach sollte regelmäßig an seinem Bias arbeiten. Am besten in der Reflexion mit Kolleginnen und Kollegen.

Digitale Umsetzung

Bias zeigt sich in der Kommunikation über ein Medium genauso wie in einer Live-Situation. Das macht keinen Unterschied.

Tool 50 Die eigenen 90 Prozent

Die heilende Kraft von Stopps ist hinreichend beschrieben. Immer genau dann, wenn sehr viel zu tun ist, wenn man das Gefühl hat, es herrsche Zeitdruck, wenn man ganz schnell ganz viel erledigen möchte oder wenn kaum zu bewältigende Aufgaben vor einem liegen, ist ein Stopp wichtig, um sich nicht zu verzetteln, leistungsfähig zu bleiben und um Qualität abzuliefern.

Mitten im Stress bemerkt man nicht mehr, wie man unpräziser wird, Dinge übersieht und verwechselt. Auch wenn wir dann gefühlt ganz viel wegschaffen, fliegt vieles davon wieder zurück, weil der Empfänger nicht zufrieden ist. Und den finden wir dann doof, kleinlich oder wichtigtuerisch. „Wenn doch alle so arbeiten würden wie ich …" Dieser Wunsch, der nahe an einer Wahnvorstellung liegt, wird zumeist nicht Wirklichkeit. Glücklicherweise. Denn ganz viele Situationen, die uns nicht gefallen, fädeln wir selbst ein. Unbewusst.

Der Blick auf uns selbst ist geschönt. Andere Menschen hingegen betrachten wir durchaus kritisch. Und bei Schwierigkeiten erkennen wir ganz leicht deren Anteil. Den eigenen blenden wir aus. Wir schauen nicht gerne in den Spiegel, den uns in solchen Situationen der New Work Coach vor die Nase hält. Riskieren wir einen Blick, bringt uns das weiter: Angeleitet durch den Coach, können wir die eigenen 90 Prozent erkennen.

Ziel

Menschen erkennen den eigenen Anteil an einer Situation und lernen, damit umzugehen. (Angelehnt an paartherapeutische Interventionen)

Story

„Wenn du mit deinem Verhalten zu einem Anteil dazu beigetragen hättest, dass die Situation so ist, wie sie ist, welcher Anteil könnte das sein?" Eleonora schaut Justus an. Sie ist doch extra zu ihm gekommen, damit er erkennt, dass ihr neues Team es ihr nicht ganz leicht macht. Schließlich war sie am Anfang ganz enthusiastisch und hat sich auf ihren neuen Job gefreut. Inzwischen merkt sie schon, dass sehr viel von ihr erwartet wird. Und ihr Team steht ihr eben nicht immer unterstützend zur Seite. Das enttäuscht sie schon. Und das steht auch auf den Karten, die sie mit Justus geschrieben hat: Team lässt mich im Stich, Team kooperiert nicht, Team lässt Dinge liegen, die wichtig sind, Team versteht nicht, worauf es ankommt, Team stellt sich doof …

Justus gibt ihr etwas Zeit. Er schlägt ihr vor, jetzt einen Spaziergang zu machen und zu überlegen, was sie möglicherweise zu dieser Situation beigetragen hat. „Nichts", hätte sie gerne behauptet. Sie hat sich doch so gefreut, mit allen zusammenzuarbeiten. Aber langsam dämmert ihr, dass vielleicht das eine oder andere Gespräch, ihr Auftreten im Chat, das Verschieben der Dokumentation, weil so viel anderes, Spannenderes da war, nicht unbedingt eine gute Zusammenarbeit unterstützt hat. Ob die anderen sie nun für unzuverlässig halten? Und dass sie immer direkt sagt, was sie denkt, könnte auch den einen oder anderen verletzt haben …

Justus schaut sie an. „Magst du spazieren gehen?“ „Ich glaube, ich verstehe, langsam, was du mir sagen möchtest“, lenkt Eleonora ein. „Wir können auch gleich über meine Idee sprechen.“ „Nimm dir die Zeit“, erwidert Justus, „geh lieber etwas spazieren und erwäge deine Gedanken für dich. Und dann schauen wir nochmals gemeinsam drauf. Einverstanden?“

Ablauf

Mit diesem Tool sollte der Coach sehr behutsam verfahren. Denn damit wirft der Coach Personen konsequent auf sich selbst zurück. Deswegen ist das Tool im ersten Moment nicht sonderlich beliebt. Erst nach dem ersten Erfolg wird es interessant. Wenn eine Person einmal verstanden hat, worum es geht, erkennt sie die Chance, sich in großen Schritten weiterzuentwickeln. Der erste Schritt dahin dauert und braucht Geduld.

Zunächst lässt sich der Coach die kritische Situation oder das kritische Verhalten einer anderen Person schildern: Worum geht es hier genau? Er fragt noch etwas nach, damit sich die Situation im Kopf des Coachees weiter klärt und die Details bewusst werden. Dafür bittet er den Coachee, die wichtigsten Dinge, die ihn emotional bewegen, auf Karten zu schreiben. Diese Karten bleiben unkommentiert auf dem Tisch liegen. Darauf kann der Coach oder auch der Coachee später noch zurückkommen.

Im zweiten Schritt fragt er die Hypothesen des Coachees ab: „Was meinst du, wie ist diese Situation entstanden?“ Gemeinsam mit dem Coachee werden alle möglichen Aspekte betrachtet. Der Coach kann hier schon einschätzen, ob der Coachee sich selbst als wirkenden Faktor betrachtet. Vielleicht sind auch einige der geschriebenen Karten relevant?

Im dritten Schritt geht es dann schließlich los. Der Coach formuliert hier ebenfalls hypothetisch, damit der Coachee es auf sich wirken lassen kann:

- „Wenn du etwas mit der Situation oder dem Problem zu tun hättest (Konjunktiv!), was könnte das möglicherweise sein?“ Oder:
- „Wenn du mit deinem Verhalten zu einem Anteil dazu beigetragen hättest, dass die Situation so ist, wie sie ist, welcher Anteil könnte das sein?“

Manchmal braucht der Coachee dann etwas Zeit zum Nachdenken. Möglicherweise ist es neu für ihn, in dieser Form darüber nachzudenken. Manchmal geht der Coachee mit diesen Fragen im Kopf ein Stück spazieren und versucht, seinen eigenen Anteil zu identifizieren. Es ist wichtig, diese Zeit einzuräumen, den Coachee sich selbst zu überlassen und später das Gespräch fortzusetzen.

In manchen Fällen schiebt der Coach auch eine Erläuterung zum systemischen Denken ein. Er erläutert dann, dass es keine linearen Ursache-Wirkungs-Zusammenhänge im zwischenmenschlichen Bereich gibt, dass jeder Beteiligte an einer Situation auch seinen Beitrag leistet (nichts sagen oder tun ist auch ein Beitrag) und dass Situationen meist dann gelöst werden können, wenn mindestens eine Person ihr Verhalten verändert. Für manche Menschen sind diese Erläuterungen ganz selbstverständlich, für andere sind sie sehr neu und bedürfen Beispielen.

Folgende Fragen können den Prozess unterstützen:
- „Was genau willst du erreichen?"
- „Wie wolltest du vorgehen?"
- „Was hast du tatsächlich getan? Mit welcher Wirkung?"
- „Was hast du nicht getan?"
- „Worauf genau reagiert die andere Person? Das Team?"
- „Worauf reagierst du? Und warum in dieser Weise?"
- „Was ist deine Sorge?"
- „Wovor möchtest du dich schützen?"
- „Woher kennst du diese Situation?"

Und wenn die Person vom Spaziergang zurück ist, geht es konkret um die Veränderung:
- „Mit diesem neuen Wissen, was willst du ab sofort anders machen?"
- „Was könnte durch dieses neue Tun neu entstehen?"
- „Welche Risiken siehst du?"
- „Wie möchtest du damit umgehen?"
- „Was könnte dich hindern, es tatsächlich so umzusetzen?"
- „Was müsste sichergestellt sein, damit du es tust?"
- „Wie kannst du verhindern, dass das passiert, was du befürchtest – weil du es kennst?"

Alternativ kann der Coach auch jede Information, die der Coachee ihm gibt, mit der gleichen Frage vertiefen: „Wie kommt es, dass du …“ Meist ist nach vier bis fünf Nachfragen schon eine Erkenntnis aufgetaucht.

Der Coach geht immer davon aus, dass eine Person den bestmöglichen Weg bereits gewählt hat. Der Weg stellt bestimmte Dinge sicher. Diese sind wichtig, sonst hätten die Personen nicht so gehandelt. Der Coach achtet darauf, dass das Ergebnis nicht die Form hat: „Ich rede mit der anderen Person, damit diese ihr Verhalten ändert.“ Zwei Dinge funktionieren hier nicht: Reden statt handeln und die Hoffnung, der andere möge sich ändern.

Und abschließend schauen beide nochmals auf die Karten: Geben sie noch Hinweise auf die eigenen 90 Prozent?

Tipps und Erfahrungen

Wenn ein Coach dieses Tool wenig behutsam nutzt, kann es sein, dass sich Widerstand entfaltet. Das Tool geht weit über ein Feedback (*Spiegel-Session*, Tool 13) hinaus, es vertieft den Spiegel. Einsichten auf diesem Niveau sind nicht alltäglich. Und auch nicht immer schön, denn das, worüber sich Menschen beklagen, begünstigen sie durch ihr Verhalten oft selbst. Und das zu erkennen ist nicht lustig.

Manchmal kann der Coach nur einen Teil dieses Tools umsetzen. Und auch das ist in Ordnung. Jeder folgt seinem eigenen Tempo und seinem Rhythmus. So kann das gesamte Tool überfordern und vorbeirauschen. Besser funktioniert es dann häppchenweise und mit Zeit zum Nachdenken und Spüren dazwischen.

Besonders gelungen ist das Tool dann, wenn der Coach einen Teil anbietet und der Coachee ein paar Tage später wiederkommt und um eine Fortsetzung bittet.

Digitale Umsetzung

Da *Die eigenen 90 Prozent* ein sehr sensibles Tool ist, wirkt es oft angenehmer, wenn man sich persönlich sieht und gemeinsam Zeit verbringen kann. Gibt es eine solide Vertrauensbasis, kann es auch digital gut genutzt werden.

Tool 51 Sokratischer Dialog

Dieses Tool ist einer der Klassiker im Coaching, gleichermaßen anregend wie für anstrengend befunden. Denn es prüft die Dinge, die wir als innere Regeln aufstellen. Und da wir an Selbstverständlichem so gerne festhalten, werden wir immer unflexibler. Eine Zusammenarbeit im Team kann dadurch sogar schwierig werden. Klar schützen uns viele Regeln auch: „Wenn wir über die Straße gehen, dann schauen wir erst nach links …", aber sie können uns auch beengen, zum Beispiel in England. „Wenn man anderen etwas von seiner Arbeit zeigt, dann muss es zu 150 Prozent durchdacht sein", ist auch eine interessante Annahme. Vieles, was im Prinzip ganz gut ist und uns wie das nächtliche Mondlicht den Weg weist, kann in einem anderen Kontext wenig hilfreich sein. Zum Beispiel, wenn wir gemeinsam etwas entwickeln wollen und es sinnvoll ist, alle Gedanken auszutauschen – auch unfertige. Regeln orientieren und geben Sicherheit. Regeln aber unreflektiert anzuwenden engt ein, schafft Rigidität und hemmt Entwicklung. Denn in den meisten Regeln liegen auch Übertreibungen. Das macht der Coach hier mit Fragen deutlich, die an die typischen Dialoge des Sokrates erinnern.

Ziel

Der Coach macht Annahmen bewusst und lässt den Coachee ungünstige Annahmen und Urteile anpassen. (Nach: Albert Ellis, Kognitive Verhaltenstherapie)

Story

„Also, du meinst: Nur weil ich Verbindlichkeit wichtig finde und mich so verhalte, kann ich nicht erwarten, dass andere Personen das genauso tun?" „So ähnlich. Du verhältst dich verbindlich. Das ist fein für dich. Für eine andere Person sind vielleicht andere Dinge wichtiger. Qualität zum Beispiel. Dann verhält die Person sich lieber unverbindlicher – gibt also später als vereinbart die Daten rüber, dafür aber qualitativ viel besser als zum vereinbarten Zeitpunkt." „Aber das geht doch nicht." „Wer sagt das?" „Ich." „Und wer noch?" Peter bleibt hartnäckig. „Aber das ist doch normal, dass …" Und Justus wird langsam ungeduldig. Er unterbricht: „Normal? Was ist schon normal? Wer legt das fest?" Und so geht es noch etwas weiter. Und Peter versteht immer mehr, dass er Pünktlichkeit nicht voraussetzen kann und dass andere Menschen anders ticken, weil sie andere Menschen sind. Wer hätte das gedacht.

Die Erkenntnis ist ja eigentlich logisch. Und trotzdem findet er es besser, wenn sich alle an diese Regeln halten. Sie sind doch so etwas wie Allgemeingut! Das sieht Justus ganz anders. Und er ärgert Peter damit. Wie ein Sich-Hochnehmen unter Freunden. Nicht immer angenehm, aber anregend. Peters Idee von Verbindlichkeit flexibilisiert sich jedenfalls gerade. Das spürt er sogar körperlich. Die Muskelspannung lässt etwas nach.

Ablauf

Innere Regeln steuern genauso wie der Bias unser Denken, unser Fühlen und Handeln. Oft sind diese Regeln gut und helfen uns bei der Bewältigung des Alltags. Ein anderes Mal aber sind sie eher hinderlich. Sie beschränken unsere Sichtweise und unser Handeln. Mit diesen Regeln arbeitet der Coach.

Der erste Schritt ist, die Regeln im Gespräch mit einem Coachee zu identifizieren. Das ist am Anfang gar nicht so einfach und braucht etwas Übung. Denn man hört ja inhaltlich einer Geschichte zu und soll gleichzeitig heraushören, welche inneren Regeln formuliert werden. Der Coach notiert sich beim Zuhören die Regeln, die er gehört hat.

Im zweiten Schritt prüft der Coach die gehörten inneren Leitsätze: „Habe ich dich richtig verstanden, du meinst, man muss immer alles perfekt machen. Sonst ist es Schlamperei?“

Wenn der Coachee zustimmt und sogar noch etwas ausführt, ist es möglicherweise gelungen, eine Regel zu identifizieren, die den Coachee in seinen Handlungen beschränkt. Dadurch, dass er nicht differenziert zwischen Aufgaben, die er tatsächlich perfekt erledigen soll, und Aufgaben, in denen es nur um eine Richtung, eine grobe Schätzung geht, überfordert er sich in seinem Alltag selbst. Und vermutlich auch andere.

Im dritten Schritt versucht der Coach, mittels Sokratischem Dialog diese Annahmen zu flexibilisieren. Dazu stellt er wenig beliebte Fragen wie:

- „Woher weißt du das?“
- „Wo steht das?“
- „Was macht dich so sicher?“
- „Immer? Alles? Wie soll das gehen?“
- „Was passiert, wenn du es nicht erledigst?“

- „Wovor schützt es dich, wenn du versuchst, immer alles sehr gut zu erledigen?"
- „Wie kommt es, dass du glaubst, dass das möglich ist?"
- „Wer hat dir das beigebracht?"

Mit diesen Fragen nähert sich der Coach dem Ursprung der Regel. Gleichzeitig macht er deutlich, dass es diese Regel in der Welt nicht gibt. Sie ist selbst gemacht – oder von wichtigen Bezugspersonen gemacht worden. Und sie hat den Coachee unterstützt und für ihn gut funktioniert. Bis heute. Jetzt darf sie geändert werden.

Anstatt mit Muss- und Sollvorstellungen versucht es der Coach nun mit Formulierungen, die weicher sind. Diese testet er mit dem Coachee. Kann dieser sie annehmen und es fühlt sich gut an? Wird er blass?

- „Es ist sinnvoll, ausgewählte Aufgaben hervorragend zu erfüllen."
- „Nicht alles muss hervorragend abgeliefert werden. Oft reichen 80 Prozent."
- „In einem Ideenentwicklungsprozess wirft jeder Ideen ein. Diese sind oft nicht zu Ende gedacht."

Mit diesen Vorschlägen arbeitet der Coachee und formuliert sie so lange um, bis sie gut zu ihm passen. Gemeinsam überlegen Coach und Coachee jetzt, wie Letzterer die neue Sichtweise umsetzen kann. Sollten sich Schweißperlen auf der Stirn des Coachees bilden, passt die neue Regel noch nicht so optimal.

Tipps und Erfahrungen

Unseren inneren Regeln sitzen wir auf wie ein Nervenkranker Wahnvorstellungen. Sie entsprechen zwar nicht der Realität, aber wir halten daran fest, auch dann, wenn wir täglich das Gegenteil erleben. Und selbst dann wollen wir einfach, dass es anders ist. Aber es ist so und es bleibt auch dann so, wenn es uns nicht gefällt. Realitäten anzuerkennen fällt vielen Menschen enorm schwer. Und es ist gar nicht so einfach, sie dafür zu interessieren, ihre gelernten Konzepte zu hinterfragen. Deswegen ist es einfacher, eine Annahme zu flexibilisieren, wenn der Impuls vom Coachee ausgeht. Sollte sein Verhalten aber anecken, darf auch der Coach ihm freundlich auf die Schulter tippen und ihn für eine Reflexion interessieren. Manchmal auch mit etwas mehr Nachdruck.

Digitale Umsetzung

Das genaue Zuhören fällt in einer digitalen Variante oft leichter als im direkten Gespräch. Am Telefon, im Chat oder bei einer Videokonferenz nehmen wir nur einen Ausschnitt unseres Gegenübers wahr und sind durch andere Eindrücke nicht so leicht abgelenkt wie in einem direkten Gespräch. Sich tatsächlich auf das Gesagte und die dahinterstehenden Annahmen zu fokussieren, fällt etwas leichter.

Tool 52 Impostor-Phänomen

„Irgendwann werden sie herausfinden, ...", das ist der typische innere Satz einer Person mit einem sogenannten Impostor-Phänomen, „... dass ich nicht so kompetent bin, wie sie glauben." Gerade unter besonders kompetenten Menschen gibt es dieses eigentümliche Phänomen. Ein Gefühl, irgendwann ertappt oder entlarvt zu werden, als nicht kompetent befunden zu werden, weil man selbst an seiner Qualifikation zweifelt. Und das ohne besonderen Grund. Einfach aus dem Gefühl und Wissen heraus, dass kein Mensch perfekt ist, dass jeder Fehler macht und dass man viel wissen und sehr kompetent sein kann, aber niemals alles weiß oder perfekt ist.

Je mehr man weiß, umso mehr erkennt man auch, wie wenig das ist im Verhältnis zu all dem, was man wissen könnte, und im Verhältnis zu allem, was es zu wissen gäbe. Und so kommt es zu diesem Gefühl von Kleinheit, Wenigkeit und Unbedeutsamkeit, das ganz real die Welt abbildet – zum Beispiel im Verhältnis zu Erdalter oder Weltraumgröße. Im Grunde genommen spiegelt dieses Gefühl mehr die Realität als jede gefühlte Kompetenz.

Gleichermaßen schafft dieses Gefühl, falls es sehr stark ist, im Unternehmen entsprechende Verhaltensweisen, mit denen die Personen auffallen. Aus der Angst heraus, „erwischt" zu werden, versuchen sie, die Dinge, die ihnen anvertraut sind, besonders sorgfältig zu bearbeiten. Und wenn dann tatsächlich mal etwas fehlt, neigen diese Personen zu Schuldzuweisungen, Vertuschen oder Rückzug oder sie erklären sehr lange und ausführlich, warum etwas nicht geht, damit sie sich wieder sicher fühlen können. Auch bei einem Feedback wird die gesamte Verteidigungslinie aufgefahren. Sie werden als „resistent" wahrgenommen, obwohl sie eigentlich schon einen Schritt weiter sind. Die Übertreibung ihres Gefühls führt sie in die Enge.

Ziel

Überselbstkritische Menschen müssen Annahmen neu betrachten und Selbstbewusstsein entwickeln. (Inspiriert durch Reframing, Komplimente und Begeisterung für das Symptom aus verschiedenen psychotherapeutischen Richtungen)

Story

„Irgendwann“, denkt Annika manchmal nachts, „irgendwann werden sie bemerken, dass ich überhaupt nicht programmieren kann.“ Und das denkt sie manchmal, obwohl einige Kollegen sie für ihre Fähigkeiten schätzen. Sie ist ein Quell guter Ideen, inspirierend und absolut kollegial. Eine selten gute Mischung. Gleichzeitig schläft sie oft nachts schlecht und macht sich Sorgen, dass sie ihrem guten Image nicht ausreichend gerecht wird.

Bei einem Spaziergang entschließt sie sich nach längerem Überlegen, diese Sorge mit Johanna zu teilen. Diese sagt nur kurz: „Ja, ja. Nur Idioten halten sich für großartig!“ Und dann gehen sie ein Eis essen und unterhalten sich über dies und das. Aber Annika geht dieser Satz nicht aus dem Kopf. Vielleicht braucht sie doch keine Sorgen zu haben? Vielleicht denkt sie zu viel nach.

Beim zweiten Gespräch geht Johanna einen Schritt weiter. „Deine Kompetenz lässt dich zweifeln. Ein Inkompetenter käme gar nicht auf diese Idee. Könnte es sein, dass du schlecht schläfst und es dir unnötig schwermachst? Aber ohne dein großes Wissen würdest du gar keine Sorge formulieren können. Es kann zwar sein, dass du komisch wirkst in deiner übertriebenen Sorge, aber wen stört das schon?“ Das erscheint logisch, erleichtert und irritiert Annika zugleich. Was hat Johanna da gerade gesagt?

Ablauf

Der Coach fokussiert sich bei den Gesprächen mit Menschen, die das Impostor-Phänomen verinnerlicht haben, ausschließlich auf Reframing und Komplimente. Er zeigt immer wieder und systematisch auf, warum es gut ist, wie der Coachee denkt und fühlt, und dass er eine enorme Kompetenz haben und gleichzeitig selbstreflektiert sein muss, damit er überhaupt so denken und fühlen kann. Den negativen Impact seines Verhaltens streift er nur beiläufig.

Folgende oder ähnliche Sätze, das Gute im Schlechten zu benennen, können dem Coachee helfen:

- „Man muss erst verstanden haben, welche Leistung möglich ist, um die eigene so bewerten zu können."
- „Nur intelligente Menschen würdigen, was es alles auf dieser Welt zu entdecken gibt. Idioten halten sich für großartig."
- „Hohe Kompetenz und Zweifel liegen nah beieinander."
- „Zweifel schützt vor Arroganz."

Beiläufig erwähnt der Coach, dass sich sein Coachee gerade mächtig selbst im Weg steht: „Man muss schon sehr intelligent sein, um eine hochkompetente Arbeit bezweifeln zu können. Es fällt zwar sehr schwer, mit Feedback umzugehen, eigentlich kennt man ja schon seine Fehler ... Da muss einen keiner drauf hinweisen. Auch wenn man dadurch das Team stören könnte."

Danach stimmt er wieder versöhnlich und beteuert, dass das vermutlich nicht so stark ins Gewicht fällt. Aber der Stachel bleibt gesetzt. Eine explizite Nennung würde möglicherweise eine Rechtfertigung auslösen. Deswegen ist es relevant, die Fallstricke eher nebenbei zu vermitteln. Abschließend, wenn der Coachee langsam lockerer und interaktiver wird, weil er dem Coach vertraut, kann dieser die relevante Frage stellen: „Wovor hast du Angst?"

Ist das Reframing in Bezug auf Kontent und Kontext zuvor geglückt, kann der Coachee in diesem Moment folgen und ein offenes Gespräch wird möglich. Mit einer Beschreibung der Angst können Coach und Coachee gemeinsam überlegen, wie die Angst unter Kontrolle gebracht werden kann außer mit Arbeiten bis zum Umfallen, durch Selbstausbeutung und durch überhöhte Perfektion. Gemeinsam mit dem Coach erarbeitet der Coachee konkrete neue Verhaltensweisen, die er ausprobieren möchte.

Tipps und Erfahrungen

Zunächst waren es überwiegend Frauen, die Karriere gemacht haben, die diese Sorge formulierten und das Phänomen hervorbrachten. Die Damen waren selbst mit sich sehr streng und bauten eine undurchdringliche Fassade auf, was sie Sympathiepunkte kostete. Später fanden sich auch Männer und inzwischen sind es Personen, die außerordentlich kompetent sind und auch das Glück gehabt haben, zum richtigen Zeitpunkt am richtigen Ort zu sein.

Ein Coach kann immer dann das Thema aufgreifen, wenn er das Gefühl hat, die Sorge wachse sich zu einer Angst aus oder die Person verliere ihr Selbstbewusstsein. Ein Kompliment zwischendurch, auch wenn man nicht gerade zusammensitzt, kann helfen. Dabei formuliert der Coach sein Kompliment immer zur positiven Absicht, die hinter dem Verhalten steht, nicht zu der verheerenden Wirkung, die er im Team beobachten kann. Wenn die Person Vertrauen gefunden hat, dann ist auch eine kleine Spitze erlaubt, die das Denken in eine neue Richtung lenken kann. Und irgendwann, wenn das Thema auf dem Tisch liegt, kann man konkret am Verhalten arbeiten.

Digitale Umsetzung

Um das Impostor-Phänomen anzusprechen, braucht es eine vertraute Ebene. Wenn diese besteht, kann das Tool auch digital eingesetzt werden. Ist der Coach unsicher, wartet er besser auf eine Live-Situation.

Tool 53 Überdurchschnittlich

Eine realistische Welt- und Selbstsicht müsste uns in den Keller der Gefühle schicken. Wir könnten vor lauter Unzulänglichkeiten nicht mehr in den Spiegel sehen. Deswegen sorgen wir täglich dafür, dass wir recht haben. Sich überdurchschnittlich klug und umsichtig zu finden, tut besonders gut. Selbst dann, wenn unsere Annahmen nicht mit der Realität übereinstimmen. Wenn sich Menschen beispielsweise einem Propheten zuwenden, ihm nach und nach Haus und Hof überschreiben, den Partner aufgeben, die Kinder vernachlässigen und sich quasi als selbstständige Person aufgeben, werden sie an ihrem Glauben auch dann festhalten, wenn der vorausgesagte Weltuntergang nicht eintritt. Das konnten wir 2012 beobachten. Es geschah nichts. Jedenfalls nichts, was wir hätten direkt wahrnehmen können. „Kognitive Dissonanz" nennen das Psychologen. Je mehr Energie, Zeit und Geld wir investiert haben, je intensiver wir von einer Sache überzeugt sind, umso mehr halten wir daran fest. Niemand will als Idiot dastehen. Deswegen verteidigen wir unsere Ansichten auch dann, wenn es offensichtliche Gegenbeweise gibt. Und gerade dann kämpfen wir verbal besonders erbittert.

Der Grad der Selbstüberschätzung hängt häufig direkt mit dem Grad der Inkompetenz zusammen. Der in der Psychologie beschriebene Dunning-Kruger-Effekt zeigt, dass Menschen, die weniger klug sind, sich besonders prächtig fühlen. Ein Teufelskreis, denn wir brauchen ein gewisses Maß an Intelligenz, um unsere Leistungsfähigkeit realistisch einzuschätzen.

Gleichzeitig ist eine gewisse Selbstüberschätzung eine gute Triebfeder. Und sie hält uns gesund, auch psychisch. Sie lässt uns Risiken tragen, offen sein und neugierig experimentieren. Und genau dabei kommen manchmal gute Ideen heraus. Wer allzu schüchtern mit seinen Kompetenzen umgeht, erreicht meistens nicht viel. Insofern brauchen wir die Selbstüberschätzung, um nach vorne zu kommen.

Der Coach greift also nur dann ein, wenn die Selbstüberschätzung zu einem Problem wird – für die Person selbst oder für andere. Meist ist Letzteres der Fall. Die Person selbst bemerkt es nicht. Aus ihrer Sicht ist alles prima.

Ziel

Personen sollen die Annahmen über sich selbst auf realistische Füße stellen.

Story

„Alles zu 100 Prozent." Das kann er ja schlecht so einschätzen. Aron beißt sich auf die Lippe. Im Studium sieht das schon so aus. Schließlich hat er in fast allen Prüfungen eine 1,0. Es fällt ihm leicht zu lernen, einmal gesehen, prägen sich Informationen in sein Gehirn ein. Aber hier im Unternehmen gibt es viele außergewöhnliche Menschen mit unglaublichen Kompetenzen. Kompetenzen ganz anderer Art. Hier fühlt er sich eher noch wie ein kleines Mäuschen. Konstantin wollte eigentlich dieses Tool nur mal mit ihm ausprobieren. Und jetzt greift es doch so tief. „Also", hakt Konstantin nach, „wie schätzt du deine IT-Kompetenz ein?" „100", hätte Aron am liebsten gesagt, aber er presst ein „60" hervor. „Und deine Kommunikation?" „40" kommt es kaum hörbar. „Und wie erfahren bis du im Umgang mit Kunden?" „0." Aron findet das Tool inzwischen doof, es tut fast weh. Aber eins hat es bewirkt. Er weiß nun genau, in welchen Feldern er gerne noch arbeiten möchte und welche er nutzen kann. Sie erarbeiten noch, in welchem Gebiet er sich zuerst weiterentwickeln möchte und wie ihm das gelingen kann. Und dann lässt Konstantin ihn in Ruhe. Arons Schmerzen sind ihm nicht entgangen.

Ablauf

Dieses Tool versucht, die Selbstüberschätzung zu visualisieren, damit der Coachee selbst seine Einschätzung und Wahrnehmung korrigieren kann. Der Coach führt eine Person, die aus seiner Sicht eine zu positive Selbsteinschätzung hat, die sie davon abhält, sich weiterzuentwickeln, durch den folgenden Prozess.

„Heute sind wir auf der Suche nach deinen Kernkompetenzen. Wollen wir mal sammeln, welche Kompetenzen und Fähigkeiten du hast, und später betrachten, wie du diese für alle gewinnbringend einsetzt. Ziel ist es, die Kompetenzen und Fähigkeiten aufzuzeigen, damit du auch den richtigen Platz im Team finden kannst."

Phase 1:

Gemeinsam visualisieren Coach und Coachee die Fähigkeiten. Dafür können Moderationskärtchen genutzt werden, aber auch Kissen, Steine und anderes sind schöne Werkzeuge, weil man daraus so gut Türme bauen oder Felder legen kann. Oder man nimmt Bauklötze oder DUPLO®-Steine. Jedes Symbol wird beschriftet. Auch der Coach kann Kompetenzen und Fähigkeiten einbringen. Manchmal ist es schwer, diese Phase abzuschließen, weil dem Coachee immer noch etwas einfällt. Die Aufstellung kann jederzeit ergänzt werden. Die Phase ist dann abgeschlossen, wenn alle relevanten Kompetenzen in einem Feld ausgelegt sind oder als Turm aufeinandergestapelt vorliegen.

Phase 2:

Der Coach sagt etwa: „Nun betrachten wir jede Kompetenz einzeln und skalieren sie. Nehmen wir an, auf einer Skala von 0 bis 100 bedeutet 0, dass die Fähigkeit oder Kompetenz nicht vorhanden ist oder nicht genutzt wird. 100 bedeutet, dass sie virtuos ausgeprägt ist und jederzeit zur Verfügung steht. Wo stehst du bei dieser Fähigkeit, dieser Kompetenz im Moment?"

In dieser Form werden alle Fähigkeiten und Kompetenzen besprochen. Der Coach fragt nach jeder Einschätzung nach. Zum Beispiel mit Fragen aus dem *Sokratischen Dialog*:

- „Woher weißt du das?"
- „Was macht dich so sicher?"
- „Verglichen womit?"
- „An welchem Beispiel kannst du das festmachen?"

Alle Ergebnisse werden mit Karten oder Klebezetteln an die jeweilige Kompetenz oder Fähigkeit angeheftet.

Phase 3:
Jetzt startet eine zweite Bewertungsrunde mit andersfarbigen Karten: „Bitte schätze jetzt ein, zu wie viel Prozent du diese Fähigkeit hier in der Arbeit und in der Zusammenarbeit einbringst. 0 steht für: Ich habe die Fähigkeit oder Kompetenz zwar, nutze sie aber im Moment hier nicht. Und 100 steht für: Ich bringe sie bei jeder Gelegenheit gewinnbringend für das Team oder das Unternehmen ein."

Phase 4:
Der Coach kann, wenn er es für sinnvoll hält, eine weitere Bewertungsrunde anschließen, die durch folgende Frage geleitet ist: „Inwieweit (0 – 100) wird diese Kompetenz von deinen Kollegen wahrgenommen?"

Danach bittet der Coach seinen Coachee, sich seinen bewerteten Turm einmal von allen Seiten anzusehen, und begleitet diese Betrachtung mit folgenden Fragen:

- „Wie wirkt dieses Feld / dieser Turm auf dich?"
- „Was fällt dir auf?"
- „Was erkennst du neu?"
- „Wie fühlst du dich bei der Betrachtung?"
- „Welche Frage stellst du dir jetzt?"

Da die meisten Fähigkeiten und Kompetenzen nicht mit zwei- oder dreimal 100 bewertet wurden, entsteht ein realistischeres Bild. Dieses Bild kann der Coachee fotografieren. In manchen Fällen kullern hier auch Tränen oder Enttäuschung steht im Gesicht geschrieben. In diesen Fällen steht ein Gespräch an zu Überzeugungen der Art: „Man muss immer perfekt sein ..." Letztendlich hilft es nicht, Perfektion vorzuspielen, die es gar nicht gibt. Meist schließt sich hier ein auffangendes Gespräch an. Manchmal wird auch deutlich, wie viel Kraft es kostet, immer den Helden zu spielen. Energie, die man gut anders nutzen könnte.

Tipps und Erfahrungen

Was als Selbsteinschätzung beginnt, entwickelt sich manchmal zu einem interessanten Austausch. Vor allem dann, wenn der Coachee mit seiner Einschätzung danebenliegt. Manches Thema verändert sich dann. Und nicht alles, was zunächst glänzt, hält diesem prüfenden Blick stand. Auch wenn es vielen Menschen keinen Spaß macht, nehmen doch alle etwas daraus mit. Gelingt es dem Coach, eine Selbsterkenntnis zu initiieren, dann fallen oft schwere Steine von den Schultern. Denn es kostet durchaus Kraft, immerwährend eine Heldeninszenierung von sich aufrechtzuerhalten. Ein unaufmerksamer Moment könnte alles zerstören. Der Coach geht hier mit wohlwollender, nicht verführbarer Konsequenz ins Gespräch.

Digitale Umsetzung

Dieses Tool wirkt wie ein Korrektiv. Es basiert auf einer stabilen und vertrauensvollen Beziehung und kann auch digital eingesetzt werden. Wenn beide auf eine Plattform zugreifen und gemeinsam ein Bild entwickeln können, umso besser. Sollte sich das Gespräch sehr vertiefen, kann man immer eine Pause einlegen und es in einer Live-Situation weiterführen.

Tool 54 Silent Finish

In der Vielfältigkeit des Alltags vergessen wir oft, auf uns zu achten. Wir hetzen von einem Termin zum anderen, bereiten uns weder vor noch nach und am Abend haben wir zwar das Gefühl, den ganzen Tag aktiv gewesen zu sein – aber was haben wir eigentlich erreicht? Erstaunlich wenig bei dem vergleichsweise hohen Energieeinsatz. Zu diesem frustrierenden Schluss kommen viele Menschen beim Nach-Hause-Fahren. Nicht unbedingt förderlich für das eigene Wohlbefinden und für das der Menschen, mit denen wir den Abend teilen. *Silent Finish* hilft uns, uns bewusst darüber zu werden, was wir geleistet haben. Durch ein paar Minuten für uns – mit oder ohne Notizen – lassen wir den Tag Revue passieren und schreiben gute Situationen und Erfolge auf.

Um uns selbst gut zu strukturieren und um nicht in einer unbefriedigenden Situation zu verharren, ist es zunächst notwendig, zu erkennen, was uns daran hindert, Ergebnisse zu erzielen. Und gleichzeitig wäre es schade, wenn wir nicht bemerken würden, dass ein sehr erfolgreicher Tag hinter uns liegt. Und wir zufrieden sein können. Vor lauter offenen Punkten, die wir am Folgetag noch erledigen wollen, übersehen wir manchmal das Geleistete und würdigen es nicht ausreichend. Auch das macht unzufrieden. Und irgendwann wechseln wir den Arbeitgeber, weil wir hoffen, es sei woanders besser, weil wir nicht erkennen können, dass wir unsere Unzufriedenheit selbst einfädeln. *Die eigenen 90 Prozent* (Tool 50) grüßen auch hier.

Ziel

Menschen kommen in Reflexion und Entschleunigung, sortieren ihren Alltag.

Story

Auch für einen Coach ist es hilfreich, den Tag mit einem *Silent Finish* abzuschließen. Das merkt Justus immer wieder. Es strukturiert, räumt auf und er kommt ganz anders nach Hause. Darüber hinaus ist es interessant, die Dinge, die man empfiehlt, auch selbst anzuwenden. Zum Beispiel weiß Justus, dass für ihn der achte Tag ein relevanter ist. Er hält *Silent Finish* ohne Anstrengung sieben Werktage durch und am achten Tag muss er sich überwinden, den Tag so abzuschließen. Er hat keine rechte Lust, immer stören andere Ideen im Kopf. Und so geht es womöglich seinen Coachees auch. Vielleicht schon am sechsten oder auch erst am zwölften Tag. Also braucht es eine Strategie, um dranzubleiben. Oder auch eine gute Toleranz, um ein erfolgreiches Tool nicht zum Zwang und damit unbrauchbar werden zu lassen. Das will Justus bald mit seinen Kolleginnen und Kollegen besprechen und überlegen, wie sie das Tool weiter ausgestalten wollen.

Ablauf

Der New Work Coach ermittelt gemeinsam mit dem Coachee die relevanten Fragen für einen abendlichen *Silent Finish*. Welche Fragen möchte sich der Coachee täglich, wöchentlich, monatlich stellen, um zufrieden und handlungsfähig zu bleiben? Der Coach bietet Fragen an, individualisiert sie aber mit dem Coachee. Möglicherweise sind für die kommenden vier Wochen Fragen relevant, die danach nicht mehr wichtig sind. Diese oder ähnliche Fragen bewähren sich meistens:

- „Was tue ich?“
- „Wie tue ich es?“
- „Wie kommt es zu dem Impuls, genau das in dieser Form zu tun?“
- „Was war heute wichtig für mich? Wichtig für andere?“
- „Was war heute richtig gut? Was hat Freude gemacht?“
- „Welches ist die Erkenntnis des Tages?“
- „Was habe ich heute gelernt?“

Das Format kann ganz unterschiedlich gewählt sein. Für eine Person ist es hilfreich, am Arbeitsplatz mit einem *Silent Finish* abzuschließen, eine andere nutzt die Fahrt nach Hause, eine dritte geht mit dem Hund spazieren und stellt sich die Fragen zum Tagesabschluss, eine andere wählt den Garten, den Sport oder die Musik. So unterschiedlich Menschen sind, so different ist ein guter Tagesabschluss. Und es kann auch von Tag zu Tag variieren, je nachdem, wie die Abendplanung aussieht. Wichtig sind nur der Moment für sich und die Reflexion. Bewährt hat sich, eine bis maximal drei Fragen auszusuchen. Und diese sollten variieren, damit es nicht langweilig wird. Das *Silent Finish* sollte nicht mehr als drei bis fünf Minuten beanspruchen.

Tipps und Erfahrungen

Manchmal tut eine Regelmäßigkeit gut. Vor allem, wenn sie hilft, für sich etwas zu klären und sich auf etwas Neues einzulassen. Aber auch Regelmäßigkeiten können langweilig werden und nerven. Das ist dann schade um das schöne Tool. Deswegen gilt die Regel: Gute Tools nutzen nur dann etwas, wenn man Spaß daran hat oder sich am Ergebnis freut. Wenn es anstrengt, dann ist eine andere Form zu wählen oder man pausiert einfach mal.

Digitale Umsetzung

Silent Finish kann ganz einfach digital eingesetzt werden. Der Coach gibt dem Coachee eine Frage mit auf den Heimweg. Nach und nach stellt sich der Coachee selbst die Fragen und braucht den Coach nicht mehr.

9. Konflikte und Krisen

Sobald Menschen miteinander in Kontakt kommen, treffen unterschiedliche Erfahrungen, Einstellungen und Erwartungen aufeinander. Was sich im günstigen Fall hervorragend ergänzt, kann im ungünstigen Fall das Miteinander schwerfällig machen. Gefühlt bereiten immer die anderen den Ärger. Jede Person selbst hat den Eindruck, sich korrekt zu verhalten und zu einem guten Miteinander beizutragen. Deswegen kommt es in einem Konflikt sehr schnell zu Schuldzuweisungen. „Wenn die anderen sich anders verhalten würden, dann wäre doch alles ganz einfach ..." Kaum jemand, der nicht mit diesem Gedanken schon verträumt aus dem Fenster gesehen hätte. Manche Personen toppen das noch: „Wenn doch alle so kompetent reagieren würden wie ich ..." Vermutlich gäbe es dann weitaus mehr Konflikte in der Zusammenarbeit. Denn Gleich und Gleich gesellt sich zwar gern, ergibt aber auch eine ganz besondere Konfliktlinie.

Unser viel geliebtes „Friede, Freude, Eierkuchen" im Miteinander bildet nach Meinung von Sozialpsychologen eher die Ausnahme als die Regel. Und je höher die Kompetenz und die Individualität in einem beruflichen Umfeld sind, umso härter werden Konflikte oft ausgetragen.

Konflikte entstehen meist ganz klein. Eine unbedeutende Bemerkung, ein unabsichtliches Nichteinbeziehen, ein unbedachter Plan, und schon sind negative Gefühle ausgelöst. Und diese bilden dann den Unterton für weitere Begegnungen. Wen wundert es, wenn Konflikte dann die Tendenz haben, sich auszuweiten? Denn die meisten Menschen möchten am liebsten über ungute Stimmungen hinwegsehen. Menschen scheuen sich davor, Dinge anzusprechen, sie möchten ungern kleinlich wirken, sie möchten sich keine Blöße geben und respektiert werden. Kurz: Sie wollen anerkannt werden. Und das gelingt sicher besser, wenn sie über die ersten Anzeichen hinwegsehen und hoffen, dass sich ein Konflikt bald von selbst auflösen möge. Manchmal klappt das. Oft nicht. Und an diesen Stellen kann der New Work Coach sehr gut unterstützen.

Tool 55 Auf den Tisch

Möglichst schon bevor sich ein Konflikt manifestiert, greift ein Coach ein und spricht mit einer oder mehreren Personen. Oft ist nicht eine Person der Auslöser, sondern mehrere reagieren in hoher Geschwindigkeit emotional aufeinander. Es entsteht ein Knoten, der virtuos gelöst werden will. Eine echte Aufgabe.

Jede *„Auf den Tisch"*-Session findet deswegen nur mit den Personen statt, die zum Knoten beigetragen haben. Je mehr Personen involviert sind, umso eher besteht die Gefahr, dass sich der Knoten festigt, anstatt sich zu lösen. Im Zentrum dieser Form von Working Session steht die Beschreibung, damit sich alle einig darüber sind, worüber gesprochen wird. Es geht explizit nicht um Schuldzuweisungen. Denn um sich miteinander zu verknoten, braucht man mindestens zwei Fäden. Ideen zum Entwirren und Lösen sind immer willkommen. Dabei kann es sein, dass mehrere kleine Knoten aufgelöst werden müssen, um den großen Knoten zu entwirren.

Ziel

Personen sollen Interpunktionen erkennen und aus Mustern aussteigen.
(Angelehnt an die Prinzipien der Gestalttherapie: Bewusstes Tun und an Konstruktivismus: Interpunktionen)

Story

„Bist du sicher?“, fragt Eleonora. „Also, wenn ich was sage, dann bin ich sicher, sonst würde ich es nicht so sagen“, gibt Martina etwas säuerlich zurück. Justus beobachtet das nicht zum ersten Mal. Eleonora ist selbst unsicher und fragt deswegen häufig nach. Etwas erfahrenere Kollegen reagieren mittlerweile genervt. Das geht Eleonora nicht nur mit Martina so. Deswegen nimmt Justus Eleonora zur Seite: „Wie kommt es, dass du gerne nochmals nachfragst, wenn du eine Info bekommst?“ „Tue ich das?“, fragt Eleonora zurück. Und da muss Justus lachen und Eleonora auch. „Offensichtlich“, sagt Justus. „Okay, wann hast du das noch beobachtet?“ Eleonora wird nun neugierig, weil sie gerade erlebt hat, dass sie quasi reflexartig zurückfragt. Sie denkt gar nicht darüber nach. Und dann erzählt Justus ihr von den Szenen, die er beobachtet hat. Sie ergründen, woran das liegen mag, und Eleonora legt sich eine andere erste Reaktion zurecht, um aus der Rückfrage rauszukommen. Zur Freude der anderen.

Das Gespräch mit Martina steht noch aus. Ihr Beitrag ist die genervte Reaktion. Sie hätte auch die Option, einfach darüber zu lachen und Eleonora ihre Angewohnheit zu spiegeln. Ihre Entscheidung, sauer zu reagieren, hat vermutlich einen Grund. Und damit Eleonoras Bemühen fruchtet, braucht sie auch ein wohlwollendes und unterstützendes Gegenüber.

Ablauf

Der Coach identifiziert in E-Mails, Chats oder Sessions, an denen er beteiligt ist, Interaktionen, die nicht günstig sind. Wenn er diese wiederholt erkennt, greift er ein und bringt die beteiligten Personen in einen direkten Kontakt miteinander.

Dafür spricht der Coach zunächst mit den einzelnen Personen. Denn den meisten Menschen ist es nicht bewusst, dass andere mit ihrer Art zu formulieren oder sich zu verhalten Schwierigkeiten haben könnten. Sie handeln aus einer Gewohnheit heraus, wollen sich einfach Zeit verschaffen oder denken laut nach. Genauso kann es anstrengend für andere sein, wenn jemand nicht reagiert. Er hat zwar alles gehört, aber er zeigt kein kommunikatives Zeichen. Man denkt dann, er hätte es vielleicht überhört, und wiederholt sich. Das wird dann schnell anstrengend.

Hier ist es die Aufgabe des Coachs zu sehen, wie der Betroffene anders als nicht reagieren kann, damit die Kollegen nicht irritiert sind und er sich selbst nicht darüber wundert, dass eine Kollegin sich immer wiederholt – was er möglicherweise anstrengend findet, ohne zu ahnen, dass er das Verhalten durch sein Schweigen triggert. In sehr vielen Fällen kann der Konflikt individuell gelöst werden. So hat das Tool drei Phasen:

Phase 1: Beschreibung der Situation und Interpunktion

Was tut A? Was tut B? Wie beziehen sie sich aufeinander? Wie empfinden sie das Verhalten des anderen als Ursache für das eigene Verhalten? Was ist Aktion und was Reaktion? Wird in einer Schleife aufeinander reagiert?

Interpunktionen verlaufen in einem sehr hohen Tempo. Der Coach verlangsamt die Interaktion und beschreibt, was passiert. Dabei bezieht er auch nonverbale Reaktionen ein. Denn oft reagieren Menschen nicht auf Worte, sondern auf einen Blick, auf eine Stellung der Augenbrauen, auf einen Mundwinkel …

Phase 2: Ideen zur Veränderung entwickeln und vereinbaren

Möglicherweise hilft ein vereinbarter Code, der ausgetauscht werden kann, sollte einer der beiden wieder in das anstrengende Verhalten zurückfallen. An dieser Stelle ist es wichtig, dass alle Beteiligten einen Beitrag zur Veränderung leisten. Jeder bekommt eine Aufgabe, die zur Verbesserung der Situation beitragen wird.

Phase 3: Testphase und Checkup nach einem passenden Zeitraum

Das Ergebnis wird nach einiger Zeit betrachtet. Oft lässt sich eine Verbesserung beobachten. Manchmal läuft sie noch nicht stabil und wird dann in der zweiten Runde weiter verfeinert.

Tipps und Erfahrungen

Je früher der Coach das Thema auf den Tisch bringt, umso leichter fällt der Weg hinaus aus dem Konflikt. Deswegen lohnt es sich, immer wieder aufmerksam Interaktionen zu folgen und auf Konfliktlinien zu achten. Manchmal reicht schon ein kurzes Feedback einer Vertrauensperson, damit man erkennt, dass sein Verhalten ein Problem werden könnte. Die meisten Menschen sind für diese Art von Hinweisen sehr dankbar. Denn jeder kann sein Verhalten nur dann verändern, wenn er die Wirkung versteht.

Digitale Umsetzung

Themen auf den Tisch bringen kann ein Coach auch in digitaler Form. Interpunktionen hingegen zu beobachten und zu benennen ist schon schwieriger, weil diese oft auch nonverbal ablaufen. Es braucht eine extrem gute Auflösung in der Übertragung, um das wahrnehmen zu können. Erfahrungsgemäß werden Konflikte auch dann härter ausgetragen, wenn wir Abstand zueinander haben. Physische Nähe stellt eine Verbindung her, die sich auf das Konfliktgeschehen auswirkt.

Tool 56 Bewährtes nutzen

Wenn ein Konflikt auf dem Tisch liegt, dann suchen viele Menschen erst einmal den Schuldigen und später vielleicht noch eine Lösung, wenn sie danach überhaupt noch miteinander reden mögen.

Dieses Tool wählt einen anderen Weg. Ziel ist es, das herauszustellen, was in der Zusammenarbeit gut funktioniert. Dadurch wird das Problem gefühlt kleiner. Denn meistens läuft mehr gut als schlecht. Und vor dem Bewusstsein darüber, was alles im Miteinander gut funktioniert, gibt es mehr Ideen auf allen Seiten, wie man mit dem Thema umgehen könnte. Je mehr man auf die Schwierigkeiten schaut, umso größer scheinen sie zu werden. Deswegen fokussiert der Coach hier die bewährten Dinge. Auch wenn das an dieser Stelle dem einen oder anderen schwerfällt.

Ziel

Durch den Blick auf die Dinge, die funktionieren, gewinnen Menschen Handlungsoptionen und neue Möglichkeiten der Zusammenarbeit entstehen.
(Angelehnt an „Ausnahmen" der lösungsorientierten Therapie nach Steve de Shazer)

Story

Eigentlich wollte Peter gar nicht darüber sprechen. Es ist für ihn ohnehin schwierig, überhaupt seine Befindlichkeiten zu äußern. Und nun reden sie schon eine ganze Weile um den heißen Brei herum und kommen nicht auf den Punkt. „Warum ist das Thema so wichtig", fragt Justus gerade. „Warum wohl?", denkt Peter, „weil es nervt." Weil er sich damit nicht mehr beschäftigen möchte. Peter schweigt. Justus spricht ihn direkt an: „Peter, das läuft hier nicht so, wie du es gerne hättest. Was brauchst du jetzt?" Da platzt es aus Peter raus: „Es nervt!", sagt er etwas aggressiver, als er wollte. „Wir brauchen eine Lösung und kein Blabla." Justus unterbricht die Session und gibt Peter die Chance, nach draußen zu gehen. Eine halbe Stunde später treffen sie sich wieder und sprechen unter vier Augen. Gemeinsam schauen sie auf alles, was funktioniert, und betrachten auch das, was Peter nervt. Peter erkennt, dass etwa 70 Prozent gut laufen. Diese Erkenntnis ermutigt ihn sofort, für die letzten 30 Prozent auch eine Lösung finden zu wollen. Das nervige Gefühl verschwindet. Ideen steigen auf. Peter lächelt Justus an: „Was hältst du davon, wenn wir ..."

Ablauf

In dieser Session kümmert sich der Coach nicht um den Konflikt. Auch dann nicht, wenn die Betroffenen am liebsten darüber sprechen möchten. Der Coach fokussiert hier nur die Dinge, die gut funktionieren. Das schafft eine gute Grundlage für die folgende Konfliktlösung. Der Konflikt erscheint im Anschluss meist deutlich kleiner.

Mit folgenden Fragen kann das gelingen:

- „Was funktioniert in der Zusammenarbeit, obwohl es im Moment einen Konflikt gibt?“
- „Worauf könnt ihr euch gegenseitig verlassen?“
- „Wann fühlt sich der Konflikt kleiner oder weniger schwer an?“
- „Was soll in der Zusammenarbeit auf jeden Fall so bleiben, wie es ist?“
- „Wofür schätzt ihr den anderen?“
- „Mit welchen Ergebnissen seid ihr zufrieden?“
- „Wie lösen eure Kolleginnen und Kollegen Konflikte dieser Art?“
- „Falls der Konflikt für irgendetwas nützlich wäre, was könnte das sein?“

In vielen Fällen ist nach diesem Gespräch die Stimmung eine andere und ein Aufeinander-Zugehen fällt nicht mehr so schwer. Der Coach überlässt dann die Beteiligten erst mal sich selbst. Vielleicht sind sie nach dieser Intervention bereits in der Lage, den Konflikt selbstständig zu lösen.

Tipps und Erfahrungen

Den Fokus auf das Funktionieren zu lenken ist ein sehr hilfreicher Schritt, um die Gemüter zu entspannen und Lösungen möglich zu machen. Dieses Tool gehört in jede Konfliktklärung und Mediation. Gleichzeitig fällt es manchen Menschen schwer, sich darauf einzulassen. Viele mögen es nicht unbedingt, über Konflikte zu sprechen. Sie möchten schnell eine Lösung – und fertig. Das Tool ist ein Schritt innerhalb einer komplexeren Lösung. Der Konflikt ist danach zwar kleiner, besteht aber immer noch. Weitere Schritte sind notwendig. Vielleicht sind auch noch nicht die richtigen Personen am Tisch. In vielen Fällen gibt es Auseinandersetzungen zwischen Menschen, die zusammenarbeiten, weil der Auftrag unklar war. Dann gehört eine weitere Person zur Konfliktlösung dazu.

Digitale Umsetzung

Auch digital kann ein New Work Choach dieses Tool einsetzen. Er sollte es wirken lassen, bevor er dann anbietet zu unterstützen, um den Teil zu klären, der immer noch strittig ist.

Tool 57 Perspektivwechsel

Genau das fällt in schwierigen Situationen besonders schwer: sich auf die Perspektive des Gegenübers einzulassen. Gerade dann, wenn man sich im Recht fühlt. Und das fühlen sich die meisten Menschen, sonst käme es erst gar nicht zu einem Konflikt.

Im Perspektivwechsel liegen viele neue Erkenntnisse, die erst dann möglich werden, wenn man sich die Mühe macht, die Situation mit den Augen des Gegenübers zu betrachten. Mit dem Erkennen und dem Verständnis für die Perspektive des anderen können neue Lösungsansätze gefunden werden.

Ziel

Menschen sehen, erkennen und erleben mehr als aus dem Moment des Konfliktes heraus und werden wieder handlungsfähig.

Story

Hannah steht nun auf dem Kreis, in dem Marcs Name steht. Justus stellt ihr die Frage: „Wenn du Marc wärst, wie würde für dich die Situation aussehen?" Hannah lässt die Position etwas auf sich wirken. Sie versucht sich in Marc einzufühlen. Das ist nicht einfach, weil sie dazu eigentlich keine Lust hat. Gleichzeitig will sie ja wissen, was ihn dazu bewegt, so harsch zu reagieren und sich so kompromisslos zu geben. „Ich glaube," sagt sie nach einer Weile, „Marc hat Angst." Justus schaut sie an und sie fragt leise nach: „Wovor hast du Angst, Marc?" Hannah versenkt sich und bildet Hypothesen. Als sie den Kreis wieder verlässt, hat sie eine Idee, wie Marc die Situation wahrnimmt und was ihn bewegt. Gemeinsam mit Justus überlegt sie, wie sie sich am besten aufstellen kann, um ihn zu unterstützen und das Unternehmen optimal voranzubringen. Und immer wieder muss sie sich sagen: „Mit seiner Art, die ich als ‚harsch' erlebe, meint er nicht mich, er drückt nur seine Sorgen aus." Das erleichtert sie schon sehr. Nach einem Spaziergang hat sie ein paar Ideen entwickelt und fühlt sich gut auf die nächste Begegnung mit Marc vorbereitet.

Ablauf

Der Coach hat hier einen Strauß an Handlungsmöglichkeiten. Er kann mit einer Person, zwei Personen oder einem ganzen Team arbeiten. Dabei kann er verschiedene Formen des Perspektivwechsels vorschlagen. Die Intensität steigert sich vom Darüber-Reden hin zum kurzzeitigen Einnehmen einer Perspektive bis zum tatsächlichen Handeln aus einer anderen Perspektive.

Darüber-Reden:

Der Coach spricht mit einer Person, einem Duo oder einem Team über andere Perspektiven:

- „Welche weitere Perspektive gibt es außer deiner/eurer?"
- „Was ist diesen Personen, Teams oder Organisationen wichtig?"
- „Worauf werden sie bestehen? Wo besteht Spielraum?"
- „In welchem Kontext handeln sie?"
- „Worauf legen sie besonderen Wert?"
- „Was möchten sie vermeiden?"
- „Was würde Sicherheit vermitteln?"
- „Wie könnt ihr diesen Perspektiven entgegenkommen?"

Kurzzeitiges Einnehmen der Perspektive:

Schritt 1: Die Person oder die Personen, die eine andere Perspektive haben könnten, werden identifiziert.

Schritt 2: Eine Perspektive wird ausgewählt und hinterfragt:

- „Wie betrachtet/-n die Person/-en das Thema?"
- „Was ist ihr/ihnen wichtig?"
- „Auf Basis welcher Rahmenbedingungen und Notwendigkeiten handelt/-n sie?"
- „Was würdest du denken, fühlen, tun, wenn du in deren Situation wärest?"
- „Was wäre wichtig für dich?"
- „An was oder wem würdest du dich orientieren?"
- „Welchen Blick hättest du auf dein Gegenüber – also dich selbst? Wie würdest du das Gegenüber beschreiben?"

Handeln aus einer anderen Perspektive:
Der Coach schafft nun eine Situation, in der der Coachee oder das Team aus Sicht der anderen Person / des Teams handeln soll. Hier geht es nicht darum, sich das nur vorzustellen, sondern es tatsächlich zu tun. Also tatsächlich etwas so umzusetzen, wie es für den Konfliktpartner ideal wäre. Zum Beispiel wird eine E-Mail formuliert, eine Person angerufen, ein Projektschritt überlegt, eine Verhandlung simuliert, in der die Person die Rolle des Gegenübers einnimmt. Diese Möglichkeit sollte nur dann genutzt werden, wenn sich tatsächlich eine sinnvolle Handlung anbietet. Besonders interessant ist es, die Wirkung des Handelns abzuwarten. Vielleicht ändert das etwas auf der anderen Seite?

Am Schluss, also nach dem Gedankenexperiment oder nach dem Tun und der Beobachtung der Wirkung, steht immer die Lösungsorientierung: „Wie wollt ihr mit euren Erkenntnissen nun umgehen? Was beibehalten? Was ändern? Was tut ihr zukünftig? Was nicht mehr?“

Tipps und Erfahrungen

Perspektivwechsel haben oft einen sehr großen Effekt, wenn die Person dazu bereit ist, sich in einen anderen Menschen und dessen Perspektive einzufühlen, mit dessen Denken und Verhalten sie gerade nicht einverstanden ist. Das kostet manchmal etwas Überwindung, bringt aber meist eine ganz neue Qualität in das Miteinander. Wichtig ist, dass der Coach einen Ort im Raum definiert, an dem sich eine Person in eine andere hineinversetzt. Diesen kann sie auch immer wieder verlassen. Es gibt auch Personen, die dann auf der anderen Seite verharren und schwer zu ihren eigenen Interessen zurückfinden. Auch darauf sollte der Coach vorbereitet sein.

Digitale Umsetzung

Ein gedanklicher Perspektivwechsel kann auch gut digital angeleitet werden. Wenn wir Positionen im Raum markieren und sich Personen draufstellen und sich tatsächlich einfühlen, brauchen wir eine gute Kamera, um auch eine entfernt stehende Person sehr gut beobachten zu können.

Tool 58 Verstehen? Respektieren!

Man kann sich sehr bemühen und tatsächlich empathisch sein. Aber wirklich verstehen wird man eine andere Person nicht. Dafür gibt es zu viele Unterschiede hinsichtlich genetischer Ausstattung, Sozialisation, Erfahrungen, Einstellungen und Erwartungen. Vor allem die Gefühle eines anderen Menschen kann man nicht 1:1 nachempfinden. Eine andere Person ist eine andere Person und bleibt dies auch. Und es braucht auch gar kein Verstehen, um miteinander auszukommen. Das Einzige, was man wirklich braucht, ist Respekt voreinander.

Ziel

Personen verstehen, dass man nicht verstehen, sondern nur respektieren kann. (Angelehnt an das systemische Denken)

Story

„Vielleicht könntest du deinem Kunden mehr Sicherheit geben?" „Mehr Sicherheit?", Martina wird leicht schummrig. „Dem?" „Na ja, was ich verstanden habe, ist, dass er dich nervt", meint Johanna. „Vielleicht steckt da eine ganz andere Absicht dahinter und er will dich gar nicht nerven. Was könnte das sein?" „Keine Ahnung", antwortet Martina matt. Diesem Kunden gegenüber nett zu sein, löst kein gutes Gefühl bei ihr aus. „Vielleicht will er einfach, dass alles super klappt, und versucht sich abzusichern. Vielleicht hat er Angst vor seinem Chef? Vor Sanktionen? Vielleicht ist er deswegen so ein Kontrolletti und will jeden Tag Auskunft von dir?" Martina denkt nach. Vielleicht hat Johanna recht und der Kunde hat nur eine ungewöhnlich nervige Art, seine Bedürfnisse kundzutun. Auch wenn sie sein Verhalten nicht verstehen kann, weil er ihr damit auf die Nerven geht, muss sie es wohl respektieren. „Wie könntest du ihm Sicherheit und Zuversicht geben?" „Ich?", fragt Martina matt. „Wer sonst?", entgegnet Johanna. „Er selbst kann es nicht. Und sein Chef tut es vermutlich auch nicht." Darüber muss Martina erst einmal nachdenken. Aber sie hat schon die Idee, dass hierin der Schlüssel liegen könnte.

Ablauf

Der New Work Coach kann folgenden Ablauf wählen, bei dem ein Schritt aus dem anderen hervorgeht:

1. Frage: Welchen Anteil im Denken, Fühlen oder im Verhalten eines anderen kannst du nicht verstehen?

Übersetzt heißt „Verstehe ich nicht" oft: „Ich finde das doof", „Ich will das so nicht" oder auch „Ich würde es anders – also besser – machen". Deswegen geht es hier nicht im eigentlichen Sinne um Verstehen, sondern einfach darum, das Konfliktthema zu identifizieren.

2. Frage: Was ist die positive Absicht deines Gegenübers – auch wenn dir die Wirkung seines Denkens, Fühlens oder Verhaltens nicht gefällt?

Der Coach unterstützt damit den Coachee, zwischen einer Absicht und einer Wirkung zu trennen. Im Konflikt wird diese Trennung häufig nicht vorgenommen. Personen orientieren sich nur an der Wirkung und vergessen, dass das Verhalten möglicherweise die beste zur Verfügung stehende Variante ist, auch wenn die Absicht damit nicht erreicht werden kann.

3. Frage: Wie kannst du die Absicht würdigen und die Art und Weise des Denkens, Fühlens und Handelns respektieren – ohne sie gut zu finden?

Hier fokussiert der Coach den Coachee auf die Absicht. In vielen Fällen betrachtet der Coachee den kritischen Punkt nach dieser Frage neu und kann sein Gegenüber wieder anders wahrnehmen.

4. Frage: Wie kannst du damit umgehen, dass dein Gegenüber anders denkt, fühlt oder sich anders verhält, als es dir gefällt?

Abschließend überlegen Coach und Coachee gemeinsam, wie sich der Coachee zukünftig deeskalierend verhalten kann.

5. Frage: Was kannst du neu tun?

Tipps und Erfahrungen

Zu verstehen, dass es mit dem Verstehen nicht funktioniert, ist für viele Menschen schwer. Deswegen braucht es hier etwas Geleit durch den New Work Coach. Er kann Fragen stellen, Blickweisen ändern und langsam den Coachee für den Gedanken erwärmen, dass man andere nicht verstehen kann, sie aber dennoch in ihrem Handeln und ihrer Art zu sein respektieren kann. Und dann braucht es einen neuen Umgang mit anstrengend wirkenden Situationen und Personen. Zum Beispiel, indem man die positive Absicht eines Verhaltens würdigt und aufhört zu versuchen, die Handlungen des anderen zu verstehen.

Digitale Umsetzung

Dieses Tool kann genauso digital genutzt werden. Manchmal gelingt ein konzentrierter telefonischer Austausch besser als ein Austausch im Büro.

Tool 59 Faul? Feige? Eitel?

Konflikte zeigen immer an, dass Menschen an bestimmten Stellen etwas hinzulernen können. Wäre man dazu in der Lage, mit der Situation souverän umzugehen, gäbe es keinen inneren oder äußeren Konflikt. Insofern können wir an dieser Stelle immer etwas lernen. Auch dann, wenn wir das Gefühl haben, dass der Konflikt von außen verursacht ist – wir also nur zufällig leider dazwischengerutscht sind.

So ganz zufällig ist das oft nicht, sondern wir haben etwas mit dem Konfliktgeschehen zu tun. Manchmal mehr, als es uns lieb ist, und oft stehen uns drei Dinge im Weg:

- Wir haben keine Lust und Energie, etwas zu verändern, weil alles so schön passt – für uns (sind also faul).
- Wir haben Sorgen, etwas neu oder anders zu tun, weil es schiefgehen könnte (sind also feige).
- Wir haben Sorgen, etwas zu verändern und dann wie ein Anfänger dazustehen oder uns in einer anderen Art und Weise eine Blöße zu geben (sind also eitel).

Und schließlich kann man sich auch nicht mehr so bequem zurücklehnen und über die anderen, die Situation und das Leben schimpfen, wenn man doch eine aktive Rolle innehat. Eine knifflige Situation, die ein Coach ansprechen kann. Nicht immer einfach, die richtigen Worte zu finden, um die Person auf die drei Entwicklungsbremsen aufmerksam zu machen. Meist gelingt es am besten mit einer guten Portion Humor.

Ziel

Mit diesem Tool kann man dem Coachee bewusst machen, was hinter seinem ausweichenden Verhalten steht. Man findet damit das Thema hinter dem Thema. (Aus dem Provokativen Kommunikationsstil nach Frank Farrelly und Noni Höfner)

Story

Schweigen. Justus überlegt, wie er nun weiterfragen kann, um neue Räume zu eröffnen. Im Moment hat er fast das Gefühl, dass Marc sich eher zurückzieht. „Hast du Sorge, dass du im Moment nicht mehr als der innovative Unternehmensgründer wahrgenommen wirst, der für jedes Thema eine Lösung weiß? Als kluger Stratege, der in der Lage ist, gute Märkte zu erschließen, viel Geld zu verdienen und trotzdem mit dem Fahrrad zu fahren?“ Marc blickt aus dem Fenster: „Hannah möchte unbedingt allen Mitarbeitenden kommunizieren, dass wir für das neue Produkt auch neue Investoren finden müssen. Sie glaubt, die Kontakte der Kollegen könnten helfen.“ „Und was meinst du?“, fragt Justus. „Ich denke“, beginnt Marc langsam, „dass das unsere Verantwortung als Unternehmensleitung ist, die wir nicht teilen können. Wir sind hier eindeutig gefragt.“ „Und glaubst du, es ist ein Zeichen von Schwäche, wenn ihr mit diesem Thema rausgeht?“, fragt Justus nach. „Vermutlich“, meint Marc, „ich würde es jedenfalls so wahrnehmen.“ „Wie könnte man das noch wahrnehmen?“ Marc schweigt wieder. „Vielleicht ja auch als Stärke? Weil es eine ganz normale unternehmerische Entscheidung ist, bei Neuinvestitionen weitere Geldgeber zu akquirieren? Lass uns morgen weitersprechen. Wäre doch schade, wenn du deine Inszenierung selbst so begrenzt.“ Mit diesen Worten verabschiedet sich Justus.

Ablauf

Das Tool wird immer dann eingesetzt, wenn eine Person die eigenen 90 Prozent erkannt hat, aber keine Veränderung oder Weiterentwicklung geschieht. Dann hindert sie etwas daran. Meist ist es eine Form von Unsicherheit oder gar Angst, die hier im Weg steht. Ein sensibler Moment, den der Coach aufgreifen und ansprechen kann.

Nun einfach zu fragen: „Sag mal ehrlich: Bist du zu faul, zu feige oder zu eitel?“, wäre sehr direkt und träfe auch den Kern der Konversation, ist sozial aber wenig verträglich. Außerdem würde es nicht berücksichtigen, dass jeder Mensch es sich gerne gut einrichtet, Risiken scheut und mit sich zufrieden ist, wenn er sich als stabile Persönlichkeit empfindet. Denn das ist die Basis unserer Identität, die wir nur ungerne erschüttern möchten. Eine Entwicklung geht aber manchmal genau hier durch. Doch diesen direkten Weg sollte der Coach nicht nehmen, denn er möchte ja, dass die Person von seiner Intervention profitiert und nicht erschreckt zurückweicht.

Anstatt also diesen direkten Weg zu nehmen – der möglicherweise bei der einen oder anderen Person auch funktionieren könnte –, geht der Coach etwas sensibler vor und sucht erst das Gespräch mit dem Coachee. Hier baut er auf dem Tool *Die eigenen 90 Prozent* (Tool 50) auf. Der New Work Coach lässt sein Gegenüber zusammenfassen, was es schon in Hinblick auf die konfliktreiche Situation und seine Rolle darin wahrgenommen hat. Vielleicht gibt es einen weiteren Aspekt zu ergänzen? Dann folgt die klassische Hinderungsfrage: „Was hindert dich, dein Verhalten entsprechend anzupassen?" Aus der Antwort des Coachees kann der Coach ableiten, welche der Entwicklungsbremsen hier aktiv ist:

Ist der Coachee zu faul? Also sieht er es nicht ein, etwas zu verändern, weil die Situation bisher für ihn angenehm war und er gar nichts verändern möchte, sondern sich wünscht, dass alles zur alten und bewährten Routine zurückfindet? Vielleicht vertritt er auch die Auffassung, dass sich die andere Person verändern sollte, weil aus seiner Sicht diese Person den Konflikt in das Team gebracht hat? Möglicherweise sieht er keine Veranlassung, sich zu bewegen, sondern wartet lieber, bis sich die andere Person bewegt?

In diesem Fall greift der Coach die Themen „Bequemlichkeit", „Stabilitätsbedürfnis" bis hin zur „Faulheit" auf und fragt erst verständnisvoll und in einem sich steigernden Modus bis hin zur Provokation nach. Beispielsweise so:

- „Verstehe, es ist bequem so. Dann ist es ja besser, wenn sich Person X verändert."
- „Tja, leider tut sie das nicht, dann bleibt wohl alles so, wie es ist."
- „Ist ja auch besser, wenn immer alles so bleibt, wie es ist. Dann musst du dich nicht bewegen. Nie mehr."
- „Nee, sich selbst entwickeln, das geht nicht. Kostet zu viel Kraft. Hast ja genug anderes zu tun."
- „Bleib mal besser so, wie du bist. Bleib einfach sitzen."
- „Oder hast du keine Lust, dafür Energie einzusetzen? Könnte man dich als zu faul bezeichnen, wenn man es auf den Punkt bringen wollte?"

Und in der Folge: „Wie könntest du mehr Energie für diese Entwicklung generieren?“

Ist der Coachee zu feige? Also hat er Angst, etwas zu verändern, aus Sorge, es könnte etwas schiefgehen? Er könnte einen Fehler machen, etwas übersehen oder eine schlechte Situation verursachen, weil er keine Übung in der möglichen neuen Kommunikations- oder Arbeitsform hat? Vielleicht hat er auch einfach Angst vor Neuem und hält deswegen das ehemals Bewährte fest, auch wenn es heute nicht mehr dienlich ist?

In diesem Fall greift der Coach die Themen „Ängstlichkeit“ und „Sorgen“ bis hin zur „Feigheit“ auf und fragt in einem sich steigernden Modus bis hin zur Provokation nach. Beispielsweise so:

- „Du hast also die Sorge, dass etwas schiefgeht. Was könnte das denn sein?“
- „Was wäre daran so schlimm? Wie könntest du dem begegnen?“
- „Sicher ist sicher. Man muss gut überlegen, ob man etwas verändert!“
- „Wenn sich ständig alles verändern würde, dann wüsste man auch gar nicht mehr, woran man ist.“
- „Vielleicht magst du dich ja weiterentwickeln, hast aber einfach zu viel Angst? Könnte man auch sagen, du bist feige?“

Und in der Folge: „Wie könntest du mehr Sicherheit für deine Entwicklung bekommen?“

Ist der Coachee zu eitel? Also sieht er das Risiko, dass er durch ein mögliches neues Verhalten für inkompetent gehalten werden könnte? Will er auf keinen Fall den Respekt, den er von anderen genießt, gefährden, weil er etwas Unüberlegtes tut oder außerhalb seiner Kompetenz agiert? Sieht er ein neues Verhalten als Risikofaktor für die Inszenierung seiner Rolle im Unternehmen?

In diesem Fall greift der Coach die Themen „Respekt“, „Kompetenz“, „persönliche Inszenierung“, „Rollenerwartung“ bis hin zur „Eitelkeit“ auf und fragt erst verständnisvoll und in einem sich steigernden Modus bis hin zur Provokation nach. Zum Beispiel so:

- „Du hast Sorge, dass du inkompetent erscheinst, wenn du dich auf diese Diskussion einlässt?“

- „Lieber ignorierst du das neue Thema, anstatt deinen Verantwortungsbereich zu erweitern?"
- „Wäre ja auch doof, wenn die anderen bemerken würden, dass du auch nur ein Mensch bist und nicht immer ruhig, klug und souverän agierst!"
- „Etwas Neues birgt immer ein Risiko, Fehler zu machen."
- „Das passt auch einfach nicht zu deiner persönlichen Inszenierung als ‚Ruhe in Person'."
- „Oder passt das einfach nicht zu deiner Inszenierung, deiner Rolle? Kratzt das vielleicht etwas an deinem Selbstverständnis, also deiner Eitelkeit?"

Und in der Folge: „Wie könntest du dein Selbstverständnis erweitern?"

Meist braucht ein Coach nicht genau diese Fragen. Sie geben Anregungen und werden in der Situation entsprechend abgewandelt und an die Person angepasst. Auch muss die Steigerung nicht immer bis auf die Spitze getrieben werden. Die Begriffe „Faulheit", „Feigheit" und „Eitelkeit" sind nicht besonders schmeichelhaft. Oft reichen andere Umschreibungen. Manchmal reicht schon eine Frage. Sobald der Coachee verstanden hat, dass nur er selbst sich aus der Situation herausbewegen kann, indem er etwas tut, was für ihn neu ist und durchaus Risiken birgt, kann der Coach in eine lösungsorientierte Richtung umschwenken.

Tipps und Erfahrungen

Für dieses Tool braucht es einen hohen Respekt vor der Person des Gegenübers. Wenn wir als Coach davon überzeugt sind, dass unser Coachee eine reife, erwachsene Person ist, die ihre Themen gut selbst lösen kann, dann können wir damit arbeiten. Nur wenn wir tatsächlich an die Kräfte der Person glauben, funktioniert die Provokation. Weil uns dann ein wertschätzender Draht verbindet und der andere weiß, dass wir wohlwollend versuchen, ihn aus der Reserve zu locken, damit er einen Nutzen davon hat. Einfach auf eine etwas humorvoll-provokante Art. Und diese wird so angepasst, dass sie für die Beziehung und für die Situation als stimmig empfunden wird.

Digitale Umsetzung

Wenn der Coach die Person kennt, erlebt hat und bereits eine Vertrauensbasis aufgebaut ist, kann das Tool gut auch digital eingesetzt werden.

Tool 60 Persönliche Krisen

Auch dann, wenn Menschen das Gefühl haben, leistungsfähig und kooperativ zu sein, kann es passieren, dass sie Verhaltensweisen zeigen, die für andere Personen anstrengend sind, die die Teamarbeit behindern oder einem Vorankommen im Weg stehen. Ob es sich um Sucht, um psychoaffektive Erkrankungen oder um Persönlichkeitsstörungen handelt, oft bemerkt das Umfeld zuerst, dass es Probleme gibt. Denn selbst redet man es sich eher schön. Die meisten Menschen wollen den Realitäten nur ungern ins Gesicht schauen.

Auch in diesem Bereich sollte sich der New Work Coach auskennen, Symptome verstehen und ansprechen können. Denn daraus können sich eine Vielzahl an Konflikten ergeben. Auf der anderen Seite gibt es auch Grenzen. Der New Work Coach ist weder Diagnostiker noch Therapeut. Er kann also nicht mit Bestimmtheit eine Erkrankung erkennen oder einen Heilungsweg vorschlagen. Er kann aber die Themen auf den Tisch bringen, Grenzen aufzeigen und ein Netzwerk pflegen, in dem Personen professionell aufgefangen werden. Dafür hilft ihm ein Grundlagenwissen zu den häufigsten psychiatrischen Erkrankungen am Arbeitsplatz.

Glücklicherweise steckt nicht hinter jedem für andere Menschen anstrengenden Verhalten gleich eine Diagnose. Manchmal schaffen Krisen Verhaltensweisen, die andere Menschen schwierig finden. Und das bei bester Absicht. Oft wissen die Personen selbst es nicht einmal. Sie wundern sich vielleicht, dass sie Aggression ernten, obwohl sie aus ihrer Sicht kooperativ sein wollen, oder ihnen jemand aus dem Weg geht, mit dem sie sich eigentlich gut verstehen. Solche Verhaltensweisen anzusprechen, dem Betroffenen zugänglich zu machen und auf eine gute Art und Weise mit ihm Lösungen zu erarbeiten, das ist genauso Aufgabe des New Work Coachs wie der aktive Eingriff in einen möglichen Konflikt.

So vielfältig Menschen sind, so vielfältig kommen auch Krisen daher, die sich in einem Leben abspielen. Krisen kommen und gehen und Menschen unterscheiden sich vor allem darin, wie sie mit diesen Krisen umgehen können. Manche tragen ihre Schwermut mit an den Arbeitsplatz, belasten sogar andere Personen in diesem Umfeld damit, andere ignorieren Themen oder machen Probleme ganz mit sich selbst aus, Dritte werden einfach krank und Vierte gehen wieder anders damit um.

Dieses Tool ersetzt weder eine psychiatrische Diagnose noch eine psychotherapeutische Begleitung. Beides liegt auch außerhalb der Kompetenzen eines New Work Coachs. Der Coach sollte wissen, wann er externe Hilfe anfragt und wie er den Coachee dabei unterstützt, sachgerechte Hilfe zu finden.

Ziel

Der Coach will eine Person schnell wieder handlungsfähig machen oder Grenzen thematisieren.

Story

„Weißt du, da reagiert jeder anders. Wichtig ist nur, dass du siehst, dass es dir gerade nicht gut geht und du dich nicht zu schämen brauchst, professionelle Hilfe anzunehmen.“ Annika schaut zur Seite. Johanna fährt fort: „Wenn man seine Eltern verliert – und dann noch so plötzlich, Unfall und weg –, dann reißt man quasi seine Wurzeln aus. Dass es dem Baum dann einige Zeit nicht gut geht, bis er gelernt hat, sich selbst einzubetten, versteht jeder.“ Annika nickt. Sie kann gar nicht sprechen. „Ich schlage dir vor, dass ich einen kompetenten Gesprächspartner für dich finde, der für dich passt, und du kannst entscheiden, wie oft du dahin gehen möchtest. Und hierher kommst du nur, wenn du das möchtest und es dir guttut. Wir schaffen das auch ein paar Wochen alleine. Die Zeit wird dir helfen.“ Annika drückt Johannas Hand. „Danke“, flüstert sie.

Ablauf

Der New Work Coach beobachtet jede Person genau. Sollte er auf eine Person besonders aufmerksam werden, achtet er auf Folgendes:

- Hat sich ein kritisches Verhalten in letzter Zeit verstärkt, war aber schon immer da?
- Tritt ein neues Verhalten plötzlich auf?
- Wirkt die Person in ihrem Verhalten so, als würde sie etwas vermeiden, als sei sie auf der Hut vor bestimmten Situationen?
- Wirkt die Person mut- und kraftlos? Sieht sie die Dinge eher negativ? Fehlt ihr der Antrieb?
- Erscheint eine Person insgesamt verändert?
- Gibt es typische Anzeichen für besondere Themen wie Sucht, Depression oder Angststörungen?

Aus diesen Beobachtungen kann der Coach schon erfassen, worum es geht.

Sollte es um ein Verhalten gehen, das schon länger vorkommt und nun verstärkt auftritt, dann gilt es die Ursache dafür herauszufinden:

- Wie kommt es dazu, dass die Person davon ausgeht, dass sie dieses Verhalten verstärken sollte?
- Was hat sich verändert?

Im zweiten Schritt geht es darum, zu ermitteln, ob es sich um eine beeinflussbare Verhaltensvariante handelt. Kann die Person dieses Verhalten willkürlich steuern? Wenn ja, kann der Coach gemeinsam mit dem Coachee Alternativen entwickeln und beobachten, ob die Zusammenarbeit nun wieder besser gelingt. Anderenfalls ist professionelle Hilfe gefragt.

Tritt plötzlich ein neues Verhalten auf, gib es häufig eine aktuelle Ursache. Gelingt es dem Coach, ein entsprechend vertrauensvolles Gespräch zu führen, kann er die Person in der neuen – meist unangenehmen – Situation stützen und leiten. Diese Phase und auch die Rücksichtnahme des Teams sollten vier bis sechs Wochen nicht übersteigen. Sollte eine weitere intensive Begleitung notwendig sein oder sich die Symptomatik ausgeweitet haben, ist dringend externe Hilfe erforderlich.

Die letzten Beobachtungen zielen auf Sucht, Angststörungen und Depressionen. Es gibt immer wieder Anlässe, um vorübergehend eine solche Symptomatik zu entwickeln. Bleibt diese bestehen und erstreckt sie sich auf verschiedene Bereiche des Lebens, sollte der Coach auch in diesen Fällen dem Coachee professionelle Hilfe außerhalb des Unternehmens dringend empfehlen.

Ein New Work Coach kann also in kurzen akuten Fällen aktiv begleiten und unterstützen. Auch das Team spielt hier eine entscheidende Rolle. Langfristig kann weder ein Unternehmen noch ein Coach eine Person stabilisieren, die das benötigt.

Tipps und Erfahrungen

Grenzen erkennen ist hoch relevant. Nicht alle Themen können im unternehmerischen Kontext besprochen oder gelöst werden. Als Faustregel gilt: Alles, was innerhalb von sechs bis acht Wochen ins Lot kommt, ist tolerierbar. Alles, was darüber hinausgeht, braucht eine andere Form der Betreuung, die der New Work Coach nicht anbieten kann. Hier ist die Kooperation mit geeigneten sozialen Einrichtungen hilfreich.

Digitale Umsetzung

Besteht zwischen Coach und Coachee nur ein digitaler Draht, dann kann der Coach auch dieses Thema gut digital ansprechen. Arbeiten beide digital und live zusammen, dann ist es besser, dieses Tool live zu nutzen.

Silent Finish

60 Tools. Und gleichzeitig sind nicht alle möglichen Situationen berücksichtigt. So vielfältig Menschen sind, so viele unterschiedliche Situationen können auftreten. Dieses Buch gibt Anregungen, Ideen, sich selbst als New Work Coach ein Toolset aufzubauen, mit dem Sie gut durch den Tag kommen und den Situationen begegnen können, die im Miteinander entstehen. Es gibt auch Führungskräften Anregungen zu Tools, die sie in ihrer Führung bei der Entwicklung von New Work begleiten können. Und es hilft selbstorganisierten Teams, gemeinsam Lösungen zu entwickeln und zu tragfähigen Entscheidungen zu kommen.

Es gibt hier kein Richtig und Falsch. Manchmal unterstützt ein Tool eine Person oder ein Team sehr gut, ein anderes Mal gelingt es nicht so optimal. Dieses Toolset ist eine Basis, die in der täglichen Arbeit systematisch ergänzt und verfeinert wird. Genau wie das Unternehmen selbst entwickelt sich das Handwerkszeug für den New Work Coach evolutiv. Mit neuen Situationen entstehen neue Tools, werden Tools kombiniert oder erhalten einen neuen Fokus. Je nach Situation. Deswegen sind die Tools auch nicht als feste Formate definiert, die nur in dieser Form Anwendung finden können. Sie sind als Anregungen gedacht, um sie flexibel und pragmatisch nutzbringend einzusetzen. Was funktioniert, bleibt. Was nicht mehr passt, geht. Ein natürlicher Prozess.

Stellen Sie sich nun Ihre Fragen für einen Silent Finish. Zum Beispiel:

- „Was hat mich interessiert?"
- „Was möchte ich ausprobieren? Was macht Spaß und kann helfen?"
- „Mit wem und in welchem Kontext kann das gelingen?"
- „Wie wird das mein bisheriges Tun verändern?"
- „Was ist wichtig für andere? Was sollte ich berücksichtigen?"
- „Welches ist die interessanteste Erkenntnis?"
- „Was war neu?"

Gute Ergebnisse beim evolutiven Experimentieren wünscht
Susanne Klein

Danksagung

Lieben Dank Ditmar Kerkhoff für dein sorgfältiges Lesen des Manuskripts und die vielen Ergänzungen und Hinweise. Lieben Dank Luisa Klein und Felina Klein für eure vielen Ideen, Gedanken und Anregungen.

Herzlichen Dank Sibylle Hupfeld, Karen Kaufmann, Jan Plaumann und Werner Korbinian für unsere Friendly User Session und für euer Feedback.

Vielen Dank an die Coachs und Coachees, an die Unternehmen und Unternehmenseinheiten, die aufgeschlossen experimentieren und den Einsatz der Tools erprobt haben.

Besten Dank Benjamin Landgrebe und Susanne von Ahn vom GABAL Verlag. Danke für den Austausch von Ideen, die Anregungen und die Flexibilität.

Glossar

Agilität gilt heute als Überbegriff für alle beweglichen, wendigen und flexiblen Strukturen und Prozesse in Organisationen. Auch Personen können sich agil verhalten und sich schnell auf unvorhergesehene Ereignisse und neue Anforderungen einstellen. Dabei reagiert man nicht nur auf Neues, sondern arbeitet proaktiv.

Alignment ist die gemeinsame Ausrichtung auf ein Ziel. In Unternehmen kommt es vor, dass jeder Bereich fokussiert an seinen Zielen arbeitet. Damit alle Bereiche in die gleiche Richtung schauen, ist es relevant, immer wieder das Alignment untereinander zu schaffen.

Breakout Rooms werden in Videokonferenzen genutzt. Hier gibt es bei verschiedenen technischen Tools die Möglichkeit, zwei oder mehr Personen in eine gesonderte Session zu schalten, aus der sie nach einer definierten Zeit wieder zurück in die große Gruppe geholt werden.

Day in – Day out ist ein Format für agiles Arbeiten oder für Teams, die virtuell zusammenarbeiten. Dabei geht es darum, einmal am Tag zusammenzufinden und die anstehenden Aufgaben zu besprechen, aufzuteilen, Schnittstellen zu betrachten und sich gegenseitig bestmöglich zu unterstützen. Idealerweise findet das Meeting zu Beginn des Arbeitstages (Day in) oder am Ende des Arbeitstages (Day out) statt.

Deep Work bezeichnet die länger andauernde, ablenkungsfreie und konzentrierte Arbeit an einem Thema oder an einer Aufgabe. Der US-amerikanische Informatikprofessor Cal Newport hat diesen Begriff geprägt. Er geht davon aus, dass großartige Einfälle und Leistungen nur durch Deep Work entstehen können.

Deliverable ist eine Bezeichnung für das Ergebnis einer Zusammenarbeit. Die Idee ist, dass es sich nur lohnt, zusammenzuarbeiten, wenn am Ende auch ein Ergebnis entsteht. Wenn zu Beginn genau definiert wird, was als Deliverable erwartet wird, funktioniert die Zusammenarbeit oft besser.

Design Thinking ist ein Workshop-Format für mehrere Stunden. Es bietet eine besondere Art und Weise, um an Problemstellungen heranzugehen. Neben verschiedenen Voraussetzungen wie Offenheit, flexibles Denken, Spaß am Experimentieren gibt Design Thinking ein Format in sechs Schritten vor: Verstehen, Beobachten, Synthese, Ideenfindung, Prototypen und Testen.

Fish Bowl bezeichnet eine Diskussionsmethode für größere Gruppen. Anstatt dass alle im Raum Anwesenden miteinander ins Gespräch kommen, finden hier Kleingruppengespräche statt, die dann durch einen Vertreter in ein Fish Bowl eingebracht werden. Die Vertreter aller Gruppen diskutieren hier stellvertretend für ihre Gruppe. Alle Gruppen bleiben im Raum und folgen der Diskussion, ohne sich einmischen zu dürfen.

Hybrides Führen bezeichnet analog zum hybriden Antrieb (Benzin und Elektro) eine Führungsform, die klassische und agile Methoden der Führung kombiniert.

Interpunktion ist eine von Paul Watzlawick beschriebene Kommunikationsform, in der jeder Beteiligte das Gefühl hat, auf das, was der andere zuvor gesagt oder getan hat, zu reagieren. Durch diese direkten und schnellen Bezüge aufeinander kann nicht geklärt werden, wer der Verursacher einer besonderen Situation ist.

Kanban kommt aus der Logistikbranche und wurde für die Lagerhaltung entwickelt. Bei Projekten unterstützt Kanban das Team dabei, alle Arbeiten sichtbar zu machen. Durch die Aufteilung in die drei Felder ToDo, Doing und Done kann das Team To-dos definieren und stärkenorientiert Aufgaben übernehmen. Jeder hat jederzeit den Überblick, was noch anliegt, welcher Kollege gerade was bearbeitet und was bereits fertiggestellt ist. Kanban macht die klassische Delegation überflüssig.

Kollaboration bezeichnet die Zusammenarbeit über Hierarchien und Unternehmensgrenzen hinweg. Einzig das Ziel, die Kompetenzen und das Ergebnis zählen.

Learning from Experts ist ein Format, das die Kompetenz, die im Unternehmen zur Verfügung steht, konsequent nutzt. Jeder, der in einem besonderen Gebiet Experte ist, stellt dieses Wissen im Rahmen einer einstündigen Live- oder virtuellen Session zur Verfügung.

Lunch and Learn ist eine Form der Weiterbildung, die beim Mittagessen stattfindet, zum Beispiel ein Vortrag, ein Bericht oder ein informeller Austausch von Gruppen und Teams, die mit diesem Ziel zum Mittagessen gehen.

Mindset beschreibt alle Erinnerungen und Erfahrungen und die damit verbundenen Erwartungen an unsere Umgebung.

Offsite ist ein Ort außerhalb des Unternehmens, an den man sich zurückzieht, um in Ruhe und Abgeschiedenheit konzentriert in einer Gruppe ein bestimmtes Thema zu betrachten.

Remote bezeichnet alle Arbeitsweisen und Zugriffe aus der Ferne.

Rollout ist die Phase, nachdem ein Projektergebnis erzielt wurde. Es soll in der Fläche „ausgerollt" werden. Gerne werden in Konzernzentralen Lösungen entwickelt, die dann in andere Standorte oder auch Länder „ausgerollt" werden.

Scrum Master ist eine Rolle in der systematischen Arbeitsweise Scrum, die dafür sorgt, dass Teams mit regelmäßigen Kommunikations- und Feedbackschleifen in kurzer Zeit zu einem tragfähigen Ergebnis kommen. Der Scrum Master achtet auf die Einhaltung des Prozesses und moderiert die Sessions.

Serendipität beschreibt das zufällige Beobachten von etwas, das wir gar nicht suchen, das sich aber als eine Entdeckung erweisen kann.

Soziokratie ist eine Organisationsform, mit der Organisationen konsequent Selbstorganisation umsetzen können.

Sprint bezeichnet die zweiwöchige Arbeitsphase in der systematischen Arbeitsweise Scrum. Nach zwei Wochen wird das Ergebnis einer Arbeitsphase betrachtet und die folgenden zwei Wochen werden geplant.

Time Boxing ist die Festlegung einer gewissen Zeit für eine gewisse Aufgabe. Eine Aufgabe wird also in eine Timebox gelegt. Was nach Ablauf der Zeit erreicht wurde, ist zunächst einmal ausreichend.

Week in – Week out startet zu Beginn oder zum Ende einer Woche. Gemeinsam werden in dieser Session die Ergebnisse der vergangenen Woche reflektiert und die folgende Woche geplant.

Quellen, Inspiration und Empfehlungen

Bücher

Ariely, D. (2010), *Denken hilft zwar, nützt aber nichts,* Knaur Verlag, München

Ariely, D. (2012), *Wer denken will, muss fühlen,* Knaur Verlag, München

Arbinger Institut (2004), *Raus aus der Box,* GABAL Storytelling, Offenbach

Bauer, J. (2006), *Prinzip Menschlichkeit,* Hoffmann und Campe, Hamburg

Brandes, U. (2016), *Social Energy,* Springer, Wiesbaden

Dewey, J. (1931), *Die menschliche Natur. Ihr Wesen und ihr Verhalten,* Deutsche Verlags-Anstalt, Stuttgart

Ellis, A. (2006), *Training der Gefühle,* mvg Verlag, München

Faschingbauer, M. (2013), *Effectuation. Wie erfolgreiche Unternehmer denken, entscheiden und handeln,* Schäffer-Poeschel, Stuttgart

Farrelly, F. (1994), *Provocative Therapy,* Meta Publications, Capitola 8. Auflage

Gallwey, T. (2010), *Inner Game of Coaching,* AllesimFluss Verlag, Staufen

Höfner, N. E. (2011), *Glauben Sie ja nicht, wer Sie sind!,* Carl Auer Verlag, Heidelberg

Kahneman, D. (2011), *Schnelles Denken, langsames Denken,* Pantheon, München

Kruger, J., Dunning, D. (1999), *Unskilled and unaware of it. How difficulties in recognizing one's own incompetence lead to inflated self-assessments.* In: Journal of Personality and Social Psychology. Band 77, Nr. 6, 1999, S. 1121–1134

Laloux, F. (2016), *Reinventing Organization – Ein illustrierter Leitfaden sinnstiftender Formen der Zusammenarbeit,* Vahlen, München

Lehrick, M., Link, P. und Leifer, L. (2018), *Das Design Thinking Play Book,* Vahlen, München

Luhmann, N. (1993), *Soziale Systeme,* Suhrkamp, Frankfurt

Nowotny, V. (2016), *Agile Unternehmen – Fokussiert, Schnell, Flexibel: Nur was sich bewegt, kann sich verbessern,* Business Village GmbH, Göttingen

Österreicher, B. und Schröder, C. (2017), *Das kollegial geführte Unternehmen,* Vahlen, München

Purps-Pardigol, S. (2015), *Führen mit Hirn,* Campus Verlag, Frankfurt

Robertson, J. B. (2016), *Holocracy – ein revolutionäres Managementsystem für eine volatile Welt,* Vahlen, München

Rüther, C. (2018), *Soziokratie, S3, Holakratie, Frederic Laloux' „Reinventing Organizations" und New Work: Ein Überblick über die gängigsten Ansätze zur Selbstorganisation,* Selbstverlag

Schmidt, G. (2011), *Berater als „Realitätenkellner" und Beratung als koevolutionäres Konstruktionsritual für zieldienliche Netzwerkaktivierung – einige hypnosystemische Implikationen,* in: Leeb, W.A., Trenkle, B. und Weckenmann, M.F. (Hrsg.), *Der Realitätenkellner,* Carl Auer Verlag, Heidelberg, S.18-35

Schmidt, G. (2019), *Liebesaffären zwischen Problem und Lösung: Hypnosystemisches Arbeiten in schwierigen Kontexten,* Carl Auer Verlag, Heidelberg

Schmitt, T. und Esser, M. (2010), *Status-Spiele – Wie ich in jeder Situation die Oberhand gewinne,* Fischer Verlag, Frankfurt

Shazer, S. de (1985), *Wege der erfolgreichen Kurzzeittherapie,* Klett Cotta, Stuttgart

Sutherland, J. (2015), *Die Scrum-Revolution: Management mit der bahnbrechenden Methode der erfolgreichsten Unternehmen,* Campus Verlag, Frankfurt

Taleb, N.N. (2013), *Anti-Fragilität – Anleitung für eine Welt, die wir nicht verstehen,* Knaus Verlag, München

Thaler, R.H. und Sunstein C.R. (2015), *Nudge – Wie man kluge Entscheidungen anstößt,* Ullstein, Berlin

Vollmer, L. (2017), *Wie sich Menschen organisieren, wenn ihnen keiner sagt, was sie tun sollen,* Gorus, Moos

Vorträge

Bauer, Joachim (15. September 2017), *Die Wiederentdeckung des freien Willens,* Vortrag in der Reihe „Lebenskunst" in Bensheim

Links

Augenhöhe
http://augenhoehe-film.de/

Couzin, I., Forscher zur Schwarmintelligenz an der Universität Konstanz
https://www.uni-konstanz.de/universitaet/aktuelles-und-medien/aktuelle-meldungen/aktuelles/aktuelles/die-geheimnisse-der-schwarmintelligenz-11217/

Half, R., Ein Arbeitstag Langeweile pro Woche
https://www.roberthalf.de/presse/ein-arbeitstag-langeweile-pro-woche
23.10.2017 – Quelle: Robert Half, Arbeitsmarktstudie 2017, Befragte: 500 Manager in Deutschland

Interessante Zeitschriften

American Psychologist
Gehirn und Geist
Journal of Applied Social Psychology
Journal of Personality and Social Psychology
Max Planck Forschung
Personality und Social Psychology Bulletin
Proseedings of the National Academy of Sciences of the United States of America (PNAS)
Psychological Sciences
Science
Social Cognition in Annual Review of Psychology
The Journal of Social Psychology

Die Autorin

Bei der Begleitung von Unternehmen in Change-Prozessen steht New Work an erster Stelle. Eine Entwicklung in diese Richtung bedarf einer kompetenten und aufmerksamen Unterstützung durch einen New Work Coach. **Dr. Susanne Klein** reflektiert auf diesem Weg Einzelne und Teams und gibt ihnen Tools an die Hand, mit denen sie ihre Denk- und Verhaltensmuster zu einer New Work Kultur weiterentwickeln können. Die promovierte Psycholinguistin und Master Coachin ist Beraterin, Coachin, Speaker sowie Vorstand Akkreditierung im European Mentoring and Coaching Council (EMCC) und entwickelt mit ihren Kunden neue Konzepte der Führung und Zusammenarbeit.

Für ihre Leadership-Coach-Ausbildung für die Deutsche Telekom hat sie 2012 den internationalen EMCC Ausbildungspreis gewonnen. Sie betreibt in Darmstadt ihr Coaching College, in dem sie bereits mehr als 300 Führungskräfte zu Coachs ausgebildet hat. Sie arbeitet als Business und New Work Coach in verschiedenen Unternehmen.

Bei GABAL hat sie Bücher zu den Themen Führung, Coaching, Training und Konfliktmanagement veröffentlicht:

www.susanne-klein.net/

Ausbildung zum New Work Coach

→ New Work Coaching-Kompetenz erwerben und einsetzen.
→ Berater und Coach in der Unternehmensleitung werden.
→ Betreuung mehrerer selbststeuernder Teams.

Start: einmal im Jahr
Präsenztermine: neun Monate
(3 × 2 Tage und supervidiertes Projekt)
Teilnehmer: bis zehn Personen pro Gruppe

Online: neun Monate (neun Sessions je drei Stunden und supervidiertes Projekt)
Teilnehmer: bis acht Personen pro Gruppe

Inhalte:

- New Work verstehen
- Transition gestalten
- Die Basisprinzipien umsetzen
- New Work Tools einsetzen
- Die Umsetzung reflektieren
- Ein Pilotprojekt durchführen

Termine und weitere Informationen:
info@susanne-klein.net, 0171 388 5196
www.susanne-klein.net